高等学校计算机专业规划教材

嵌入式系统开发

基于ARM Cortex A8系统

刘小洋 李勇 编著

机械工业出版社
China Machine Press

图书在版编目（CIP）数据

嵌入式系统开发：基于 ARM Cortex A8 系统 / 刘小洋，李勇编著. —北京：机械工业出版社，2017.12

（高等学校计算机专业规划教材）

ISBN 978-7-111-58357-8

I. 嵌… II. ①刘… ②李… III. 微型计算机 – 系统开发 – 高等学校 – 教材 IV. TP360.21

中国版本图书馆 CIP 数据核字（2017）第 262891 号

本书基于 ARM Cortex A8 系统介绍嵌入式系统开发，共 8 章，分为三部分：第一部分（第 1 章和第 2 章）介绍嵌入式系统的基础知识，第二部分（第 3～6 章）介绍嵌入式系统开发环境、嵌入式引导系统、嵌入式操作系统内核、嵌入式文件系统，第三部分（第 7 章和第 8 章）通过嵌入式驱动开发与嵌入式系统项目来论述嵌入式开发的方法论和开发过程。

本书可作为工科类计算机、电子信息、通信工程、自动化等相关专业学生的教材，同时可供嵌入式技术开发人员参考。

出版发行：机械工业出版社（北京市西城区百万庄大街 22 号　邮政编码：100037）
责任编辑：佘　洁　　　　　　　　　　　　　　责任校对：殷　虹
印　　刷：三河市宏图印务有限公司　　　　　　版　　次：2018 年 1 月第 1 版第 1 次印刷
开　　本：185mm×260mm　1/16　　　　　　　印　　张：17
书　　号：ISBN 978-7-111-58357-8　　　　　　定　　价：49.00 元

凡购本书，如有缺页、倒页、脱页，由本社发行部调换
客服热线：（010）88378991　88361066　　　　投稿热线：（010）88379604
购书热线：（010）68326294　88379649　68995259　读者信箱：hzjsj@hzbook.com

版权所有·侵权必究
封底无防伪标均为盗版
本书法律顾问：北京大成律师事务所　韩光 / 邹晓东

前　言

嵌入式系统是一种专用的计算机系统，其作为装置或设备的一部分，是现在工业 4.0 架构中的基础设备。嵌入式系统开发是覆盖范围很广的综合性交叉学科，涉及计算机科学与技术、电子科学与技术、自动化、通信工程、电子工程、智能科学与技术等诸多领域，在科技民生、智慧城市、交通运输、物流配送等方面有着广泛的应用前景，是高校工科类学生的首选科目。

全书共 8 章。第一部分共两章：第 1 章对嵌入式系统进行概述，并介绍嵌入式系统组成、嵌入式开源系统相关知识点，给读者一个完整的嵌入式系统概念；第 2 章重点介绍嵌入式 Linux 操作系统的基础知识以及相关操作，为之后的嵌入式学习打下良好基础。第二部分共四章：第 3 章为嵌入式系统开发环境的准备与相关配套工作，其目的是使读者理解嵌入式开发与一般开发的区别所在；第 4 章介绍嵌入式引导系统，基于 Cortex A8 来讲述引导过程的特点与方法，引导系统是嵌入式系统的核心部分；第 5 章介绍嵌入式操作系统内核的移植与相关理论，是本书的重中之重；第 6 章介绍的文件系统是嵌入式系统与普通操作系统区别较大的地方，大家要认真理解。第三部分共两章，通过项目方式来论述嵌入式系统开发的方法论与开发过程。

本书特点

嵌入式系统是集电子、通信、操作系统等多项技术于一体的综合应用。本书在剖析嵌入式体系结构的同时，仔细梳理了嵌入式开发的相关知识点及内在因素。这是作者在近 10 年的教学与工作中得出的相关结论与"教训"。

- 结构清晰，知识完整

全书以嵌入式为主线，按照"从下层到上层，从具体技术到方法论"的思路进行编写，结构清晰，便于读者从宏观上把握嵌入式系统工程的知识内涵。

- 深入浅出，易于理解

本书内容由浅入深，围绕嵌入式所需要的知识点层层论述，同时结合具体操作，避免一切空谈。

- 案例面向实际应用，变抽象为具体

本书中所有的操作与应用都是作者从多年的工作中总结而来的，同时把项目的整个过程按教学要求分解实施，力图向读者展现一幅完整的嵌入式开发画卷。

- 从自然中来，到自然中去

本书的主要目的是将复杂问题用通俗易懂的语言和具体而形象的案例展现给读者，使读者能够从中体会到嵌入式系统开发的整个过程。

本书的编写得到机械工业出版社华章公司多位老师的大力支持与关怀，他们提出了诸多宝贵意见与建议，在此表示感谢。

同时，感谢各高校同行的鼓励与支持，特别是华中科技大学的罗杰老师、广西大学的香赵真老师、湖南大学的王卫平老师、华中科技大学文华学院信息学部的俞侃主任，还有两位研究生付出大量的校对时间，以及对相关数据多次验证并对文档进行整理。

荆楚理工学院的李勇老师负责本教材的校对工作，并多次进行相关内容的调整。

教学建议

本书可作为工科类计算机、电子信息、通信工程、自动化等相关专业学生的教材。

本书安排48学时或更多（其中32学时为授课学时，16学时为实验学时），在结束之后可以依据实际情况安排嵌入式系统课程设计课程。

章 节	授课学时	实验学时
第1章	2	
第2章	4	2
第3章	4	2
第4章	5	4
第5章	5	4
第6章	4	2
第7章	4	2
第8章	4	

授课教师可根据教学计划，灵活调整授课学时。为方便教学，本书提供全部课件。

由于作者水平有限，书中难免存在疏漏之处，敬请读者谅解。如果读者有问题需要与作者讨论，请发送电子邮件到lxy535@163.com。

刘小洋

于华中科技大学文华园

目 录

前言

第1章 嵌入式系统概述 ································ 1
1.1 嵌入式系统组成 ································ 1
1.1.1 硬件层 ································ 2
1.1.2 中间层 ································ 4
1.1.3 系统软件层 ································ 5
1.2 嵌入式开源系统 ································ 6
1.2.1 开源计算项目 ································ 6
1.2.2 开源嵌入式开发平台 ································ 6

第2章 嵌入式Linux操作系统 ································ 8
2.1 主流的嵌入式操作系统 ································ 8
2.1.1 VxWorks ································ 8
2.1.2 Windows Embedded ································ 8
2.1.3 嵌入式Linux ································ 9
2.1.4 嵌入式实时内核μC/OS ································ 9
2.2 嵌入式Linux操作系统简介 ································ 10
2.3 Linux操作系统实践 ································ 12
2.3.1 Linux系统 ································ 12
2.3.2 基于VMware安装RedHat Linux系统 ································ 13
2.3.3 全屏幕编辑器与vi ································ 29
2.3.4 与网络相关的命令 ································ 32
2.3.5 软件包的安装与管理 ································ 37

第3章 嵌入式系统开发环境 ································ 47
3.1 Linux程序设计 ································ 47
3.1.1 GNUC编译器 ································ 47
3.1.2 GCC编译器 ································ 48
3.1.3 Makefile ································ 52
3.1.4 用GDB调试程序 ································ 59
3.2 Linux shell编程 ································ 61
3.2.1 shell的种类和特点 ································ 62
3.2.2 shell程序与C语言 ································ 63
3.2.3 shell脚本的编写 ································ 66
3.2.4 shell与C语言的调用 ································ 66
3.3 嵌入式开发环境 ································ 67
3.3.1 嵌入式Linux开发环境搭建 ································ 68
3.3.2 交叉编译 ································ 70
3.3.3 交叉编译工具的分类和说明 ································ 71
3.3.4 宿主机交叉环境建立 ································ 71
3.4 基于非操作系统的实践 ································ 72
3.4.1 S5PV210硬件介绍 ································ 72
3.4.2 启动方式 ································ 73
3.4.3 S5PV210裸板启动 ································ 78
3.4.4 非操作系统的驱动 ································ 79

第4章 嵌入式引导系统 ································ 96
4.1 概述 ································ 96
4.1.1 BootLoader的种类 ································ 96
4.1.2 不同平台的开源项目 ································ 97
4.2 Linux系统引导过程与嵌入式引导过程的区别 ································ 99
4.2.1 Linux系统引导过程 ································ 99
4.2.2 嵌入式引导过程 ································ 103
4.2.3 引导系统启动方式 ································ 105
4.2.4 NOR Flash和NAND Flash启动过程的区别 ································ 106
4.3 U-Boot系统的实践 ································ 107
4.3.1 U-Boot的组成 ································ 107
4.3.2 定制S5PV210配置 ································ 110
4.3.3 编译U-Boot ································ 110

第 5 章　嵌入式操作系统内核

4.3.4　编译过程分析 …………… 111

第 5 章　嵌入式操作系统内核 …………… 114

5.1　概述 …………… 114
5.2　嵌入式 Linux 内核实践 …………… 123
　　5.2.1　内核编程 …………… 123
　　5.2.2　嵌入式 Linux 内核移植实践 …… 138
5.3　嵌入式 Android 内核移植实践 …… 152
5.4　基于 Android 网关的驱动开发 …… 161
　　5.4.1　LED 灯控制的 Android 驱动开发 …………… 161
　　5.4.2　步进电机实验 …………… 163
　　5.4.3　三路继电器实验 …………… 166

第 6 章　嵌入式文件系统 …………… 168

6.1　概述 …………… 168
　　6.1.1　文件存储结构 …………… 168
　　6.1.2　inode 示例 …………… 169
　　6.1.3　Linux 文件类型 …………… 171
6.2　嵌入式根文件系统 …………… 171
　　6.2.1　基于 Flash 的文件系统 …………… 172
　　6.2.2　基于 RAM 的文件系统 …………… 174
6.3　嵌入式文件系统实践 …………… 175
　　6.3.1　BusyBox 简化嵌入式 Linux 文件系统 …………… 175
　　6.3.2　BusyBox 源码分析 …………… 175
　　6.3.3　基于 S5PV210 内核文件系统移植 …………… 176

第 7 章　嵌入式驱动开发 …………… 187

7.1　概述 …………… 187
　　7.1.1　嵌入式 Linux 的内核空间与用户空间 …………… 187
　　7.1.2　嵌入式 Linux 的设备管理 …… 188
　　7.1.3　嵌入式 Linux 的驱动程序 …… 190
　　7.1.4　嵌入式 Linux 驱动程序的加载方式 …………… 196
　　7.1.5　无操作系统时的设备驱动 …… 196
　　7.1.6　有操作系统时的设备驱动 …… 198
　　7.1.7　内核模块化编程 …………… 199
7.2　嵌入式驱动开发实践 …………… 207
　　7.2.1　嵌入式字符设备的驱动程序结构 …………… 207
　　7.2.2　设备号的申请和字符设备的注册 …………… 208
　　7.2.3　字符设备驱动程序重要的数据结构 …………… 209
　　7.2.4　字符设备驱动程序设计 …… 211
7.3　嵌入式驱动开发案例 …………… 217
　　7.3.1　LED 的驱动 …………… 217
　　7.3.2　LED 驱动程序 …………… 218
　　7.3.3　ADC 转换驱动 …………… 223
7.4　嵌入式 Qt 驱动开发案例 …………… 228
　　7.4.1　Qt Creator 简介 …………… 228
　　7.4.2　Qt Creator 的安装和搭建 …… 228
　　7.4.3　驱动程序分析 …………… 233
　　7.4.4　LED 蜂鸣器控制驱动案例 …… 234
　　7.4.5　步进电机控制驱动案例 …… 238
　　7.4.6　继电器控制驱动案例 …… 241
　　7.4.7　8×7 矩阵键盘驱动案例 …… 244
　　7.4.8　16×24 点阵屏驱动案例 …… 246

第 8 章　嵌入式综合项目案例 …………… 249

8.1　开源硬件 pcDuino3 的开发基础 …… 249
　　8.1.1　通过 VNC 访问 pcDuino3 桌面 …………… 249
　　8.1.2　基于 pcDuino 的编程 …………… 251
　　8.1.3　pcDuino BSP 的开发 …………… 252
8.2　基于 S5PV210 的嵌入式无线路灯控制系统 …………… 259
　　8.2.1　项目背景 …………… 259
　　8.2.2　方案介绍 …………… 260
　　8.2.3　功能实现 …………… 261
　　8.2.4　后台控制系统 …………… 262

参考文献 …………… 264

第1章　嵌入式系统概述

嵌入式系统一般指的是非 PC 系统，即有计算机功能但又不能称之为计算机的设备或器材。它是以应用为中心、软硬件可裁减的，能够适应应用系统对功能、可靠性、成本、体积、功耗等综合性严格要求的专用计算机系统。简单地说，嵌入式系统集系统的应用软件与硬件于一体，类似于 PC 中 BIOS 的工作方式，具有软件代码小、高度自动化、响应速度快等特点，适合于要求实时性和多任务的体系。

嵌入式系统几乎包括了生活中的所有电器设备，如掌上 PDA、移动计算设备、电视机顶盒、手机、数字电视、汽车、微波炉、数字相机、家庭自动化系统、电梯、空调、自动售货机、蜂窝式电话、工业自动化仪表与医疗仪器等。随着人们对嵌入式系统的依赖性越来越高，嵌入式产品将发挥更大的作用。

嵌入式系统一般包含嵌入式微处理器、外围硬件设备、嵌入式操作系统和应用程序四部分。嵌入式领域已经有丰富的软硬资源可以选择，涵盖了通信、网络、工业控制、消费电子、汽车电子等各种行业。

与通用计算机系统相比，嵌入式计算机系统具有以下特点：

1）嵌入式系统面向特定的系统应用。嵌入式处理器大多数是专门特定设计的，具有低功耗、体积小、集成度高等特点。其一般是包含多种外围设备接口的片上系统。

2）嵌入式系统涉及计算机技术、微电子技术、电子技术、通信和软件技术。它是一个技术密集、资金密集、高度分散、不断创新的知识集成系统。

3）嵌入式系统的硬件和软件都必须具备高度可定制性。只有这样才能适合嵌入式系统应用的需要，在产品性能等诸多方面具有竞争力。

4）嵌入式系统工程的生命周期很长，当嵌入式系统应用到产品以后，还需要进行软件升级，它的生命周期与产品的生命周期几乎一样长。

5）嵌入式系统不具备本地系统开发能力，通常需要有专门的开发工具和环境。

美国著名的未来学家尼葛洛庞帝在 1997 年访华时曾预言："4 至 5 年后嵌入式系统将是继 PC 和 Internet 之后的最伟大的发明。"这个预言今天已经成为现实，现在的嵌入式系统正处在于高速发展阶段，有力证明了它在现实生活中并不可或缺。

1.1　嵌入式系统组成

嵌入式系统装置一般由嵌入式计算机系统和执行装置组成。嵌入式计算机系统是整个嵌入式系统的核心。它由硬件层、中间层、系统软件层和应用软件层组成。执行装置也称为被控对象。它可以接收嵌入式计算机系统发出的控制命令，执行所规定的操作或任务。执行装置很简单，可以执行各种复杂的动作并感受各种状态信息。如图 1-1 所示。

嵌入式系统（Embedded System）是一种"完全嵌入受控器件内部，为特定应用而设计的"专用计算机系统。根据英国电气工程师协会（Institution of Electrical Engineer）的定义，嵌入式系统是用于控制、监视或辅助设备、机器或用于工厂运作的设备。与个人计算机这样的通用计算机系统不同，嵌入式系统通常执行的是带有特定要求的、预先定义的任务。由于嵌入式系统只针对一项特殊的任务，所以设计人员能够对它进行优化，减小尺寸，降低成本。嵌入式系统通常要大量生产，由于单个成本减小，所以总体的成本会随着产量成倍下降。

图1-1 基本的嵌入式系统

通常，嵌入式系统是一个控制程序存储在ROM中的嵌入式处理器控制板。事实上，所有带有数字接口的设备，如手表、微波炉、录像机、汽车等，都是嵌入式系统。有些嵌入式系统还包含操作系统，但大多数嵌入式系统都是由单个程序实现整个控制逻辑的。

嵌入式系统的核心是由一个或几个预先编程好、用来执行少数几项任务的微处理器或者单片机组成。与通用计算机能够运行用户选择的软件不一样，嵌入式系统上的软件通常是暂时不变的，所以经常称为"固件"。

1.1.1 硬件层

嵌入式系统中的硬件层包含了嵌入式微处理器、存储器（如SDRAM、ROM、Flash等）、通用设备接口和I/O接口。在一片嵌入式处理器的基础上添加电源电路、时钟电路和存储器电路，就构成了一个嵌入式核心控制模块。其中操作系统和应用程序都可以固化在ROM中。

1. 嵌入式微处理器

嵌入式系统硬件层的核心是嵌入式微处理器，嵌入式微处理器与通用CPU最大的不同在于嵌入式微处理器大多工作在为特定用户群所专门设计的系统中。它将通用CPU许多由板卡完成的任务集成在芯片的内部，从而使得嵌入式系统在设计时趋于小型化，同时还具有很高的效率和可靠性。

嵌入式微处理器的体系结构可以采用冯·诺依曼或哈佛体系结构，指令系统可以选用精简指令集系统（Reduced Instruction Set Computer，RISC）和复杂指令集系统（Complex Instruction Set Computer，CISC）。RISC在通道中只包含最有用的指令，确保数据通道快速执行每一条指令，从而提高了执行效率并使CPU硬件结构设计变得更为简单。

嵌入式微处理器有各种不同的体系，即使在同一体系中也可能具有不同的时钟频率和数据总线宽度，或者集成了不同的外设和接口。据不完全统计，目前全世界嵌入式微处理器已经超过1000多种，体系结构有30多个系列，其中主流的体系有ARM、MIPS、PowerPC、x86和SH等。但与全球PC市场不同的是，没有一种嵌入式微处理器可以主导市场。仅以32位的产品而言，就有100种以上的嵌入式微处理器。嵌入式微处理器的选择是根据具体的应用而决定的。

本书以三星公司生产的、以 ARM 核为主的 S5PV210 CPU 为例来讲述嵌入式系统知识。

2. 存储器

嵌入式系统需要存储器来存放和执行代码。嵌入式系统的存储器包含 Cache、主存储器和辅助存储器。

（1）Cache

Cache 是一种容量小、速度快的存储器阵列。它位于主存和嵌入式微处理器内核之间，存放的是最近一段时间微处理器使用最多的程序代码和数据。在需要进行数据读取操作时，微处理器尽可能地从 Cache 中读取数据，而不是从主存中读取，这大大改善了系统的性能，提高了微处理器和主存之间的数据传输速率。Cache 的主要目标就是：减小存储器（如主存和辅助存储器）给微处理器内核造成的存储器访问瓶颈，使处理速度更快，实时性更强。

在嵌入式系统中，Cache 全部集成在嵌入式微处理器内，可分为数据 Cache、指令 Cache 和混合 Cache，Cache 的大小依不同处理器而定。一般中高档的嵌入式微处理器才会把 Cache 集成进去。

（2）主存储器

主存储器是嵌入式微处理器能直接访问的寄存器，用来存放系统和用户的程序及数据。它可以位于微处理器的内部或外部，其容量为 256KB～1GB，根据具体的应用而定，一般片内存储器容量小、速度快，片外存储器容量大。

常用的主存储器有：
- ROM 类：PROM、EPROM、NOR Flash、NAND Flash 等。
- RAM 类：SRAM、DRAM 和 SDRAM 等。

其中 NOR Flash 凭借其可擦写次数多、存储速度快、存储容量大、价格便宜等优点，在嵌入式领域内得到了广泛应用。

（3）辅助存储器

辅助存储器用来存放大数据量的程序代码或信息，它的容量大，但读取速度与主存相比就慢得多，用来长期保存用户的信息。嵌入式系统中常用的辅助存储器有：硬盘、NAND Flash、CF 卡、MMC 和 SD 卡等。

3. 通用设备接口和 I/O 接口

嵌入式系统与外界交互需要一定形式的通用设备接口，如 A/D、D/A、I/O 等。外设通过与片外其他设备进行连接来实现微处理器的输入输出功能。每个外设通常都只有单一的功能，它可以在芯片外也可以内置于芯片内。外设的种类很多，可从一个简单的串行通信设备到非常复杂的 802.11 无线设备。

目前嵌入式系统中常用的通用设备接口有 A/D（模/数转换）接口、D/A（数/模转换）接口，I/O 接口有 RS-232 接口（串行通信接口）、Ethernet 接口（以太网接口）、USB 接口（通用串行总线接口）、音频接口、VGA 视频输出接口、SPI 接口（串行外围设备接口）、IRDA（红外线接口）和 I2C 总线（集成电路总线）等。

1.1.2 中间层

硬件层与软件层之间称为中间层，也称为硬件抽象层（Hardware Abstract Layer，HAL）或板级支持包（Board Support Package，BSP）。它将系统上层软件与底层硬件分离开来，使系统的底层驱动程序与硬件无关，上层软件开发人员无需关心底层硬件的具体情况，根据 BSP 提供的接口即可进行开发。该层一般包含相关底层硬件的初始化、数据的输入输出操作和硬件设备的配置功能。

BSP 具有以下两个特点：
- 硬件相关性：因为嵌入式实时系统的硬件环境具有应用相关性，而作为上层软件与硬件平台之间的接口，BSP 需要为操作系统提供操作和控制具体硬件的方法。
- 操作系统相关性：不同的操作系统具有各自的软件层次结构，因此，不同的操作系统具有特定的硬件接口形式。

实际上，BSP 是一个介于操作系统和底层硬件之间的软件层次，包括了系统中大部分与硬件联系紧密的软件模块。设计一个完整的 BSP 需要完成两部分工作：一是嵌入式系统硬件初始化以及 BSP 功能开发，二是设计相关设备驱动过程。

1. 嵌入式系统硬件初始化

系统初始化过程可以分为 3 个主要环节。按照自底向上、从硬件到软件的次序依次为：片级初始化、板级初始化和系统级初始化。

（1）片级初始化

完成嵌入式微处理器的初始化，包括设置嵌入式微处理器的核心寄存器和控制寄存器、嵌入式微处理器核心工作模式和嵌入式微处理器的局部总线模式等。片级初始化把嵌入式微处理器从上电时的默认状态逐步设置成系统所要求的工作状态。这是一个纯硬件的初始化过程。

（2）板级初始化

完成嵌入式微处理器以外的其他硬件设备的初始化。另外，还需设置某些软件的数据结构和参数，为随后的系统级初始化和应用程序的运行建立硬件和软件环境。这是一个同时包含软硬件两部分的初始化过程。

（3）系统级初始化

该初始化过程以软件初始化为主，主要进行操作系统的初始化。BSP 将对嵌入式微处理器的控制权转交给嵌入式操作系统，由操作系统完成余下的初始化操作。这包含加载和初始化与硬件无关的设备驱动程序，建立系统内存区，加载并初始化其他系统软件模块，如网络系统、文件系统等。最后，操作系统创建应用程序环境，并将控制权交给应用程序的入口。

2. 与硬件相关的设备驱动程序

BSP 的另一个主要功能是与硬件相关的设备驱动。硬件相关的设备驱动程序的初始化通常是一个从高到低的过程。尽管 BSP 中包含硬件相关的设备驱动程序，但是这些设备驱动程序通常不直接被 BSP 使用，而是在系统初始化过程中由 BSP 将它们与操作系统中通用的设备驱动程序关联起来，并在随后的应用中被通用的设备驱动程序调用，实现对硬件设备的操作。与硬件相关的驱动程序是 BSP 设计与开发中另一个非常关键的环节。

1.1.3 系统软件层

系统软件层由实时多任务操作系统（Real-time Operation System，RTOS）、文件系统、图形用户接口（Graphic User Interface，GUI）、网络系统及通用组件模块组成。RTOS 是嵌入式应用软件的基础和开发平台。

1. 嵌入式操作系统

嵌入式操作系统（Embedded Operation System，EOS）是一种用途广泛的系统软件，过去它主要应用于工业控制和国防系统领域。EOS 负责嵌入系统的全部软硬件资源的分配、任务调度、控制和协调并发活动。它必须体现其所在系统的特征，能够通过装卸某些模块来达到系统所要求的功能。目前已推出一些应用比较成功的 EOS 产品系列。随着 Internet 技术的发展、信息家电的普及应用及 EOS 的微型化和专业化，EOS 开始从单一的弱功能向高专业化的强功能方向发展。嵌入式操作系统在系统实时高效性、硬件的相关依赖性、应用的专用性及软件固化等方面具有较为突出的特点。EOS 是相对于一般操作系统而言的，它除具备了一般操作系统最基本的功能（如任务调度、同步机制、中断处理、文件功能等）外，还有以下特点：

1）可装卸性。具有开放性、可伸缩性的体系结构。
2）强实时性。EOS 实时性一般较强，可用于各种设备的控制当中。
3）统一的接口。提供各种设备驱动接口。
4）操作方便、简单，提供友好的图形界面，追求易学易用。
5）提供强大的网络功能。支持 TCP/IP 协议及其他协议，提供 TCP/UDP/IP/PPP 协议支持及统一的 MAC 访问层接口，为各种移动计算设备预留接口。
6）强稳定性与交互性。嵌入式系统一旦开始运行就不需要用户过多的干预，这就要负责系统管理的 EOS 具有较强的稳定性。嵌入式操作系统的用户接口一般不提供操作命令，它通过系统调用命令向用户程序提供服务。
7）固化代码。在嵌入式系统中，嵌入式操作系统和应用软件被固化在嵌入式系统计算机的 ROM 中。辅助存储器在嵌入式系统中很少使用，因此，嵌入式操作系统的文件管理功能应该能够很容易地拆卸，而用于各种内存文件系统。
8）更好的硬件适应性，也就是良好的移植性。

2. 文件系统

嵌入式文件系统指的是嵌入式系统所应用的文件系统。嵌入式文件系统与我们通常所用的文件系统有较大的区别：我们平时所用的文件系统大致都是相同的，但嵌入式文件系统要为嵌入式系统的设计目的而服务，不同用途的嵌入式操作系统下的文件系统在许多方面各不相同。目前大多数嵌入式系统采用的都是 Linux，而嵌入式 Linux 常用的文件系统有 Ext2fs 第二版扩展文件系统、JFFS 文件系统、YAFFS 文件系统等。

3. 图形用户接口

嵌入式图形用户接口（Graphic User Interface）作为嵌入式系统中的一大关键技术，为用户提供设备的控制接口。当前嵌入式系统中的 GUI 实现方式主要有两种：一是采用现有的 GUI 库，二是开发商基于嵌入式操作系统设计的特有的 GUI 系统。采用第一种方式一般要对通用 GUI 库进行剪裁和个性化定制，往往要支出额外的成本获得软件授权。相对而言，第二种方式实现的 GUI 占用资源较小，容易满足嵌入式系统的实时性和个性化需求。

4. 网络系统及通用组件模块

嵌入式技术得到广泛的发展，已成为现代工业控制、通信类和消费类产品发展的方向。以太网在实时操作、可靠传输、标准统一等方面的卓越性能及其便于安装、维护简单、不受通信距离限制等优点，已经被国内外很多监控、控制领域的研究人员广泛关注，并在实际应用中展露出显著的优势。但嵌入式网络系统不同于计算机领域的网络系统，它有着嵌入式的特点和功能。目前常用的嵌入式网络协议有 LWIP、UIP、TCP/IP 等。

1.2 嵌入式开源系统

开源硬件（Open Source Hardware）指与自由及开源软件相同方式设计的计算机和电子硬件。开源硬件是开源文化的一部分，一般情况下开源硬件会公布详细的硬件设计信息，包括机械图、电路图、BOM 清单、PCB 版图、HDL 源码、IC 版图和开源软件相关的驱动软件。其中三个比较有代表性的是 Raspberry Pi、BeagleBone 和 Arduino，前两个可以归为微型计算机一类（SOC），而 Arduino 则是功能更弱小的单板机。

1.2.1 开源计算项目

2011 年 4 月，Facebook 建成首个性能最先进的数据服务中心，同时向全球公开了其服务器和数据中心核心技术，任何人可以在开源计算项目（Open Compute Project，OCP）的网站上看到服务器和数据中心的 CAD 设计图，OCP 由 Facebook 牵头，与惠普、戴尔、AMD、Intel 公司共同合作。

OCP 已经形成了一个大规模计算处理的生态系统，有更多的服务器厂商、系统级软件厂商以及各种用户的加入，OCP 可以称为有史以来最大规模的开源项目。

1.2.2 开源嵌入式开发平台

随着移动产品的发展以及 Android 系统的流行，对于众多的开发者来说，拥有一款开源硬件的嵌入式开发平台是一个不错的选择。世界各大公司都相继推出并支持多个开源硬件项目，其中比较著名的有 BeagleBoard、PandBoard、OpenMoke 开源手机项目、ZYNQ-7000、PScC（片上可编程系统）、Arduino 等众多产品。本书以软硬件结合的扩展平台 pcDuino 为例讲述开源项目在嵌入式系统中的重要性。

pcDuino 是一种高性能、高性价比的迷你 PC 平台，能够运行 PC 操作系统，如 Ubuntu 和 Android 的 ICS 等。它可以通过内置 HDMI 接口输出视频到电视或显示器屏幕。pcDuino

专门针对开源社区快速增长的需求，即希望有一个平台可以运行完整的 PC 操作系统、容易使用的工具链和兼容流行的 Arduino 开放的生态系统，如 Arduino Shield 和开源项目等。pcDuino 就是 Mini PC+Arduino，最初的版本为 pcDuino V1，配置 1GB 内存、2GB NAND Flash、两个 USB Host 接口。作为 pcDuino 的原型版，该版本的插针在 PCB 的一侧，需要转接板才能连接 Arduino Shield。pcDuino V2 作为 V1 的改进版本，重新修改了 PCB，除了拥有 V1 中的配置以外，在板上继承了无线网卡（当然相对地也少了一个 USB Host 接口），并将扩展接口重新排布，使之能够兼容 Arduino 的接口尺寸，可以直接使用部分 Arduino 的扩展模块，同时这也改善了主板与扩展模块之间的机械连接结构。pcDuino V3 的硬件如图 1-2 所示。

pcDuino 的硬件性能指标远超"树莓派"，性能稳定，做工精良。pcDuino 采用的 CPU 是 1GHz ARM Cortex A8 内核，DRAM 为 1GB，板载存储达到 2GB Flash，完全兼容 Arduino 接口。另外，pcDuino 可以从 NAND 或者从 mini-SD 卡（TF 卡）启动，在 NAND Flash 内有出厂预装的 Ubuntu 系统，你完全可以将其当作手机来使用。

图 1-2　pcDuino V3

第 2 章　嵌入式 Linux 操作系统

据调查，目前全世界的嵌入式操作系统已经有 200 多种。从 20 世纪 80 年代开始，出现了一些商用嵌入式操作系统，它们大部分都是为专有系统而开发的。随着嵌入式领域的发展，各种各样的嵌入式操作系统相继问世，包括许多商用嵌入式操作系统和开放源码的嵌入式操作系统。其中著名的嵌入式操作系统有 QNX、µC/OS、VxWorks、嵌入式 Linux 和 Windows CE 等。下面简单介绍一下主流的嵌入式操作系统。

2.1　主流的嵌入式操作系统

2.1.1　VxWorks

VxWorks 操作系统是美国 WindRiver 公司于 1983 年设计开发的一种嵌入式实时操作系统（RTOS），具有良好的持续发展能力、高性能的内核以及友好的用户开发环境，在嵌入式实时操作系统领域牢牢占据着一席之地。如图 2-1 所示为 VxWorks 操作系统启动界面。

VxWorks 所具有的显著特点是可靠性、实时性和可裁减性。它支持多种处理器，如 x86、i960、Sun Sparc、Motorola MC68xxx、MIPS、POWERPC 等。它以其良好的可靠性和卓越的实时性被广泛地应用在通信、军事、

图 2-1　VxWorks 操作系统启动界面

航空、航天等高精尖技术及实时性要求极高的领域中，如卫星通信、军事演习、弹道制导、飞机导航等。在美国的 F-16/FA-18 战斗机、B-2 隐形轰炸机和爱国者导弹上，甚至连 1997 年 4 月在火星表面登陆的火星探测器、2008 年 5 月登陆的凤凰号和 2012 年 8 月登陆的好奇号也都使用了 VxWorks。

2.1.2　Windows Embedded

Windows Embedded（见图 2-2）是一种嵌入式操作系统，可以以组件化形式提供 Windows 操作系统功能。Windows Embedded 与 Windows 一样基于二进制，包含 10 000 多个独立功能组件，因此开发人员在自定义设备映像中管理或降低内存占用量时可以选择并获得最佳功能。Windows Embedded 基于 Win32 编程模型，由于采用常见开发工具 Visual Studio.NET，使用商品化 PC 硬件，与桌面应用程序无缝集成，因此可以缩短上市时间。使用 Windows Embedded 构建操作系统的常见设备

图 2-2　Windows Embedded 图标

类别包括零售销售点终端、客户机和高级机顶盒。

2.1.3 嵌入式 Linux

嵌入式 Linux（见图2-3）是以 Linux 为基础的嵌入式操作系统，它被广泛应用在移动电话、个人数字助理（PDA）、媒体播放器、消费性电子产品以及航空航天等领域中。嵌入式 Linux 是将日益流行的 Linux 操作系统进行裁剪修改，使之能在嵌入式计算机系统上运行的一种操作系统。嵌入式 Linux 既继承了 Internet 上无限的开放源代码资源，又具有嵌入式操作系统的特性。嵌入式 Linux 的特点是：版权免费，购买费用、媒介成本、技术支持、全世界的自由软件开发者提供支持的网络特性免费，而且性能优异，软件移植容易，代码开放，有许多应用软件支持，应用产品开发周期短，新产品上市迅速。因为有许多公开的代码可以参考和移植，如实时性 RT_Linux 等嵌入式 Linux 支持，实时性能稳定性好，安全性高。这是我们学习嵌入式的重点所在，在本书中我们会用大量的章节来描述 Linux 与嵌入式 Linux 系统。

图2-3 嵌入式 Linux

2.1.4 嵌入式实时内核 μC/OS

μC/OS 与嵌入式 Linux 一样，是一款公开源代码的免费实时内核，已在各个领域得到了广泛的应用。

μC/OS 的特点：
- 具有 RTOS 所具有的基本性能。
- 代码尺寸小，结构简明。
- 易学、易移植。

图2-4 嵌入式实时内核 μC/OS 图标

μC/OS 提供完整的嵌入式实时内核的源代码，并对该代码作详尽的解释。而商业上的实时操作系统软件不但价格昂贵（一般都在5千到2万美元的价位），而且其中很多都是所谓黑盒子（即不提供源代码）。

该源代码的绝大部分是用 C 语言写的，经过简单地编译就能在 PC 上运行。由于用汇编语言写的部分只有200行左右，该实时内核可以方便地移植到几乎所有的嵌入式应用类 CPU 上。移植范例的源代码可以在因特网上下载。

从最早的实时内核 μC/OS，到新版本的 μC/OS-II，许多行业上都有成功应用该实时源代码、实时内核移植的实例，这些应用的实践是该内核实用性和无误性的最好证据。

μC/OS-II 读为"microCOS2"，意为"微控制器操作系统版本2"。世界上已有数千人在各个领域使用 μC/OS，如照相机行业、医疗器械、音响设施、发动机控制、网络设备、高速公路电话系统、自动提款机、工业机器人等。很多高等院校将 μC/OS 用于实时系统教学。

嵌入式操作系统的选择是前期设计过程的一项重要工作，这将影响到工程后期的发布以及软件的维护。不管选用什么样的系统，首先都应该考虑操作系统对硬件的支持，否则这个系统是不合适的；其次，要考虑的是开发调试时使用的工具，特别是对于开销敏感和技术水平不强的企业来说，开发工具往往在开发过程中起着决定性作用；第三，要考虑系统能否满足应用要求。如果一个操作系统提供的 API 很少，那么无论这个系统有多么稳定，应用层很难进行二次开发，这个显然不是开发人员希望看到的。由此可见，选择一个能满足应用需要、性价比最佳的实时操作系统，对开发工作的意义非常重大。

作为本教材而言，我们选择的是 Linux，一是因为 Linux 是开源的系统，二是 Linux 能够解决我们工作、学习和开发中等大量的相关问题，因此我们采用嵌入式 Linux 作为本教材的系统。

2.2 嵌入式 Linux 操作系统简介

所谓嵌入式 Linux，是指 Linux 在嵌入式系统中的应用，而不是嵌入式功能。实际上，嵌入式 Linux 和 Linux 是同一件事。

在 1991 年 8 月，网络上出现了一篇以"Hello everybody out there using minix"为开篇话语的帖子。这是一个芬兰的名为 Linus Torvalds 的大学生为自己开始写作一个类似 MINIX、可运行在 386 上的操作系统寻找志同道合的合作伙伴。

1991 年 10 月 5 日，Linus Torvalds 在 comp.os.minix 新闻组上发布了大约有一万行代码的 Linux 0.01 版本。

到了 1992 年，大约有 1000 人在使用 Linux。值得一提的是，他们基本上都属于真正意义上的 hacker。

1993 年，大约有 100 余名程序员参与了 Linux 内核代码编写/修改工作，其中核心组由 5 人组成，此时 Linux 0.99 的代码大约有十万行，用户大约有 10 万左右。

1994 年 3 月，Linux 1.0 发布，代码量 17 万行，当时是按照完全自由免费的协议发布，随后正式采用 GPL 协议。至此，Linux 的代码开发进入良性循环。很多系统管理员开始在自己的操作系统环境中尝试 Linux，并将修改的代码提交给核心小组。由于拥有了丰富的操作系统平台，Linux 的代码中充实了对不同硬件系统的支持，提高了跨平台移植性。

1995 年，此时的 Linux 可在 Intel、Digital 以及 Sun SPARC 处理器上运行了，用户量也超过了 50 万。

1996 年 6 月，Linux 2.0 内核发布，此内核有大约 40 万行代码，并可以支持多个处理器。此时的 Linux 已经进入了实用阶段，全球大约有 350 万人使用。

1997 年夏，影片《泰坦尼克号》在制作特效中使用的 160 台 Alpha 图形工作站中，有 105 台采用了 Linux 操作系统。

1998 年是 Linux 迅猛发展的一年。1 月，"小红帽"（RedHat）高级研发实验室成立，同年 RedHat 5.0 获得了 InfoWorld 科技网站的"操作系统"奖项。4 月，Mozilla 代码发布，成为 Linux 图形界面上的王牌浏览器。RedHat 宣布商业支持计划，网罗了多名优秀技术人员开始商业运作。"王牌"搜索引擎 Google 现身，采用的也是 Linux 服务器。值得一提的是，Oracle 和 Informix 两家数据库厂商明确表示不支持 Linux，这个决定给予了 MySQL 数据库充分的发展机会。同年 10 月，Intel 和 Netscape 宣布小额投资 RedHat 软件，这被业界视作 Linux 获得商业认同的信号。同月，微软在法国发布了反 Linux 公开信，这表明微软公司开始将 Linux 视为一个对手来对待。12 月，IBM 发布了适用于 Linux 的文件系统 AFS 3.5 以及 Jikes 编辑器和 DB2 测试版，IBM 的此番行为可以看作与 Linux 的第一次亲密接触。迫于 Windows 和 Linux 的压力，Sun 逐渐开放了 Java 协议，并且在 UltraSPARC 上支持 Linux 操作系统。1998 年可说是 Linux 与商业接触的一年。

  1999 年，IBM 宣布与 RedHat 公司建立伙伴关系，以确保 RedHat 在 IBM 机器上正确运行。3 月，第一届 LinuxWorld 大会的召开象征 Linux 时代的来临。IBM、Compaq 和 Novell 宣布投资 RedHat 公司，以前一直对 Linux 持否定态度的 Oracle 公司也宣布投资。5 月，SGI 公司宣布向 Linux 移植其先进的 XFS 文件系统。对于服务器来说，高效可靠的文件系统是不可或缺的，SGI 的慷慨移植再一次帮助了 Linux 确立在服务器市场的专业性。7 月，IBM 启动对 Linux 的支持服务和发布了 Linux 版本的 DB2，从此结束了 Linux 得不到支持服务的历史，这可以视作 Linux 真正成为服务器操作系统一员的重要里程碑。

  2000 年初始，Sun 公司在 Linux 的压力下宣布 Solaris 8 降低售价。事实上 Linux 对 Sun 造成的冲击远比对 Windows 来得更大。2 月，RedHat 发布了嵌入式 Linux 的开发环境，Linux 在嵌入式行业的潜力逐渐被发掘出来。4 月，拓林思公司宣布了推出中国首家 Linux 工程师认证考试，从此使 Linux 操作系统管理员的水准可以得到权威机构的资格认证，此举大大增加了国内 Linux 爱好者学习的热情。伴随着国际上的 Linux 热潮，国内的联想和联邦推出了 "幸福 Linux 家用版"。同年 7 月，中科院与新华科技合作发展红旗 Linux，此举让更多的国内个人用户认识到了存在着 Linux 这个操作系统。11 月，Intel 与 Xteam 合作，推出基于 Linux 的网络专用服务器，此举结束了 Linux 单向顺应硬件商硬件开发驱动的历史。

  2001 年新年伊始就爆出新闻，Oracle 宣布在 OTN 上的所有会员都可免费索取 Oracle 9i 的 Linux 版本，从几年前的 "绝不涉足 Linux 系统" 到如今的主动推销，足以体现 Linux 的迅猛发展。IBM 则决定投入 10 亿美元扩大 Linux 系统的运用，此举犹如一针强心剂，令华尔街的投资者们闻风而动。到了 5 月这个初夏的时节，微软公开反对 "GPL" 引起了一场大规模的论战。8 月红色代码爆发，引得许多站点纷纷从 Windows 操作系统转向 Linux 操作系统，虽然这是一次被动的转变，不过也算是一次 Linux 操作系统应用普及。12 月 RedHat 为 IBM 390 大型计算机提供了 Linux 解决方案，从此结束了 AIX 孤单独行、无人为伴的历史。

  2002 年是 Linux 企业化的一年。2 月，微软公司迫于各州政府的压力，宣布扩大公开代码行动，这可是 Linux 开源带来的深刻影响的结果。3 月，内核开发者宣布新的 Linux 系统支持 64 位的计算机。

  2003 年 1 月，NEC 宣布将在其手机中使用 Linux 操作系统，代表着 Linux 成功进军手机领域。5 月，SCO 表示就 Linux 使用的涉嫌未授权代码等问题对 IBM 进行起诉，此时人们才留意到，原本由 SCO 垄断的银行 / 金融领域，份额已经被 Linux 抢占了不少，也难怪 SCO 如此 "气急败坏" 了。9 月，中科红旗发布 Red Flag Server 4 版本，其性能改进良多。11 月，IBM 注资 Novell 以 2.1 亿美元收购 SUSE，同期 RedHat 计划停止免费的 Linux，顿时业内骂声四起。从此，Linux 在商业化的路上渐行渐远。

  2004 年 1 月，本着 "天下事分久必合，合久必分" 之道理，SUSE "嫁" 到了 Novell，

SCO继续顶着骂名四处强行"化缘"，Asianux、Mandrake Linux也在五年中首次宣布季度赢利。3月，SGI宣布成功实现了Linux操作系统支持256个Itanium 2处理器。4月，美国斯坦福大学Linux大型机系统被黑客攻陷，再次证明了没有绝对安全的OS。6月的统计报告显示在世界500强超级计算机系统中，使用Linux操作系统的已经占到了280席，抢占了原本属于各种UNIX的份额。9月，HP开始网罗Linux内核代码人员，影响新版本的内核朝对HP有利的方面发展，而IBM则准备推出OpenPower服务器，其仅运行Linux系统。

最新的Linux内核版本可以到以下网站获取：http://www.kernel.org。

2.3 Linux操作系统实践

2.3.1 Linux系统

1. GNU项目

早在1983年，Richard Stallman（理查德·马修·斯托曼）发起GNU项目，并且创立自由软件基金组织（Free Software Foundation），宣扬自由软件精神，越来越多的人把自己的软件项目加入GNU旗下，这些GNU软件的源代码都是基于GPL协议，在GPL协议授权之下，任何个人或组织都可以对GNU软件的源代码进行使用、复制、修改、发布等。

而Stallman本人开发的软件作品有Emacs这样著名的文件处理软件，也有像GCC、GDB这样的代码编译、调试工具。

在GNU项目早期，并没有出现Linux kernel这个我们所熟悉的内核，那个时候使用的是一个比较原始的GNU内核，叫作"Hurd"。由于这个早期的内核比较难用，所以一直是GNU项目的一处硬伤。

2. GNU项目有了一个全新的内核——Linux

在1991年，Linus Torvalds基于UNIX系统创造出了第一个内核版本，这个内核版本被命名为Linux，Linus Torvalds还把这个叫作Linux的内核加入到了GNU项目，这样就可以基于GPL的通用性授权，使广大开源爱好者可以使用和修改，短短几年的时间，Linux就聚集了成千上万的狂热分子，大家不计得失地为Linux增补、修改，并随之将开源运动的自由主义精神传扬下去。

3. GNU/Linux

有了GNU的一系列开源软件项目，也有了像Linux这样强壮的GNU内核，很多厂商开始把这些GNU软件组合在一起，形成一个完整的操作系统，以分发给广大用户使用，于是就有了我们所熟知的RedHat发行版本，还有诸如Debian、Ubuntu、SUSE、Geetoo等一系列的Linux发行版本。

各大Linux发行厂商都是基于GNU项目下的所有开源软件来构建各自的Linux发行版本，一个完整的Linux发行版本大概可以分为BaseSystem、XProtocol、Windows Manager

和 Application 四个层次结构。

（1）Base System

所谓 Base System，也就是一个最小的基本系统，需要包含一些系统必备的开源组件，比如 kernel、file system、glibc、bash 等。这个最小系统最终能达到的层次就是能够启动我们的命令行字符控制终端，也就是一个 bash 环境。这样一个最小系统可以控制在几十兆字节的大小以内。

（2）XProtocol

当我们构建完最小的基本系统以后，这样一个系统只支持命令行字符终端模式，而无法支持图形化界面，如果想要使我们的 Linux 系统能够支持图形化界面，必须要有 XProtocol 的支持，基于这样的一个 X 协议，就可以在最小系统的层次上构建 Linux 的窗口管理器。

XProtocol 仅仅只是一个协议，对于这样一个协议，具体是由什么来实现的呢？在 Linux 早期的时候，通过 XFree86 来实现 X 协议，经过多年的发展，XFree86 已经更替为今天的 Xorg 项目。

不管是 XFree86，还是现在的 Xorg，在实现 X 协议的时候都是基于 C/S 架构，也就是 XServer 和 XClient 的交互模式。关于 XServer 和 XClient 之间的关系在接下来的一节中将详细介绍。在这里大家只需明确：如果我们需要支持图形化界面，就需要有 X 相关的组件来作为一个沟通的桥梁。

（3）Windows Manager

有了 X 层的支持以后，广大开源软件开发者或开发组织，就可以基于这样的一个接口，来开发上层的图形化窗口管理器，即 Windows Manager，比如我们熟知的 KDE、Gnome、Xfce、Openbox 等，这些图形化的桌面环境也就是对上面提到的 XClient 的一个具体实现，从而可以和 XServer 进行交互通信。

（4）Application

Application 也就是上层图形化应用程序，比如 LibreOffice 办公套件、Firefox、Thunderbird、Pidgin 等。

Linux 系统中的大多数图形化应用程序都是基于 QT 或 GTK+ 这两个开发套件来开发的，当然也有用 Java、Python 等编写的应用程序。

综上所述，Linux 发行厂商组合上面所描述的四个层次的 GNU 项目组件，最终提供给用户一个完整的 Linux 操作系统。

2.3.2　基于 VMware 安装 RedHat Linux 系统

1. 安装的基本流程

安装所需的工具为：VMware Workstation、RedHat Linux iso 文件。在开始嵌入式开发之前，我们要把系统安装好。下面把在安装过程中比较重要的几个步骤列出来，其他步骤按照安装程序执行即可。

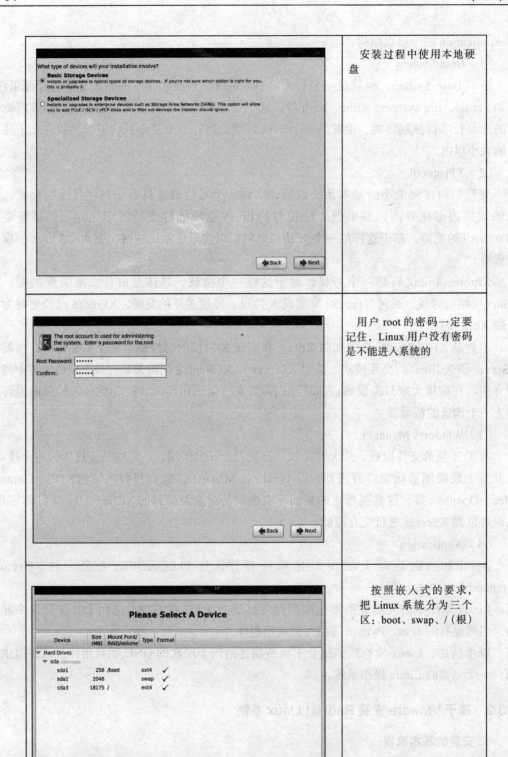

(screen: What type of devices will your installation involve? Basic Storage Devices / Specialized Storage Devices)	安装过程中使用本地硬盘
(screen: Root Password / Confirm)	用户 root 的密码一定要记住，Linux 用户没有密码是不能进入系统的
(screen: Please Select A Device — sda1 256 /boot ext4; sda2 2048 swap; sda3 18175 / ext4)	按照嵌入式的要求，把 Linux 系统分为三个区：boot、swap、/（根）

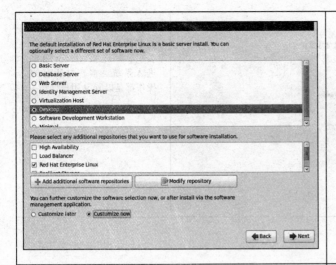

为了符合嵌入式开发的要求，对 Linux 的安装包选择是非常重要的

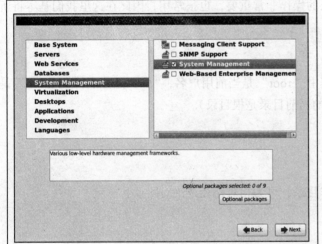

记住务必选择系统开发工具相关的包

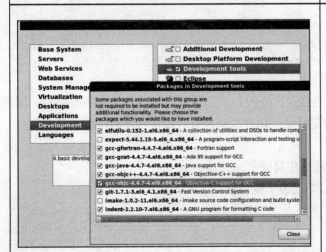

与 GCC 相关的包全部选择，对后继的工作有好处

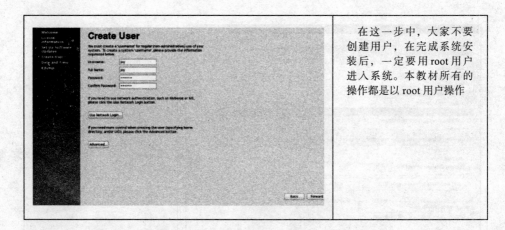

在这一步中，大家不要创建用户，在完成系统安装后，一定要用 root 用户进入系统。本教材所有的操作都是以 root 用户操作

2. 文件目录相关命令

由于 Linux 中有关文件目录的操作非常重要，也很常用，因此在这里我们基本将所有的文件操作命令都进行了讲解。

`[root@JOY /]#`

这是 Linux 系统提示符。其中"root"是当前用户名，"@"是分隔符，"JOY"是计算机名，"/"是当前目录名（这里的当前目录是根目录）。

（1）cd

1）作用：改变工作目录。

2）格式：cd[路径]

其中的路径为要改变的工作目录，可为相对路径或绝对路径。

3）实例：

```
[root@JOY/]#cd/root/
[root@JOY~]#cd .
[root@JOY~]#cd/
[root@JOY/]#cd/home/
[root@JOY/]#cd/etc/
[root@JOY etc]#cd sysconfig/network-scripts/
[root@JOY network-scripts]#
```

4）使用说明：该命令将当前目录改变至指定路径的目录。若没有指定路径，则默认回到用户的主目录。为了改变到指定目录，用户必须拥有对指定目录的执行和读权限。

①该命令可以使用通配符。

②使用"cd ."可以回到当前工作目录。

③"./"代表当前目录，"../"代表上级目录。

（2）ls

1）作用：列出目录的内容。

2）格式：ls[选项][文件]

其中文件选项为指定查看指定文件的相关内容，若未指定文件，默认查看当前目录下的所有文件。

3）常见参数：ls 主要选项参数见表 2-1 所示。

表 2-1 ls 命令常见参数列表

选　　项	参 数 含 义
-1, --format=single-column	一行输出一个文件（即单列输出）
-a，-all	列出目录中所有文件，包括以"."开头的文件
-d	将目录名和其他文件一样列出，而不是列出目录的内容
-l, --format=long, --format=verbose	除每个文件名外，增加显示文件类型、权限、硬链接数、所有者名、组名、大小（byte）及时间信息（如未指明是其他时间即指修改时间）
-f	不排序目录内容，按它们在磁盘上的存储顺序列出

4）实例：

```
[root@JOY /]# ls
bin   dev  home  lib64       media  mnt  opt   root  selinux  sys  usr   work
boot  etc  lib   lost+found  misc   net  proc  sbin  srv      tmp  var

[root@JOY /]# ls -l
total 102
dr-xr-xr-x.   2 root root  4096 Oct  3 08:21 bin
dr-xr-xr-x.   5 root root  1024 Sep 13 17:22 boot
drwxr-xr-x.  19 root root  3840 Oct  3 22:17 dev
drwxr-xr-x. 124 root root 12288 Oct  3 22:23 etc
drwxr-xr-x.   3 root root  4096 Sep 13 17:28 home
dr-xr-xr-x.  11 root root  4096 Sep 13 17:15 lib
dr-xr-xr-x.   9 root root 12288 Oct  3 08:21 lib64
drwx------.   2 root root 16384 Sep 13 17:03 lost+found
drwxr-xr-x.   2 root root  4096 Oct  3 07:41 media
drwxr-xr-x.   2 root root     0 Oct  3 22:17 misc
drwxr-xr-x.   3 root root  4096 Sep 14 18:55 mnt
drwxr-xr-x.   2 root root     0 Oct  3 22:17 net
drwxr-xr-x.   3 root root  4096 Sep 13 17:18 opt
dr-xr-xr-x. 197 root root     0 Oct  3 22:17 proc
dr-xr-x---.   5 root root  4096 Oct  3 22:21 root
dr-xr-xr-x.   2 root root 12288 Oct  3 08:21 sbin
drwxr-xr-x.   7 root root     0 Oct  3 22:17 selinux
drwxr-xr-x.   2 root root  4096 Jun 28  2011 srv
drwxr-xr-x.  13 root root     0 Oct  3 22:17 sys
drwxrwxrwt.  20 root root  4096 Oct  3 22:47 tmp
drwxr-xr-x.  13 root root  4096 Sep 13 17:06 usr
drwxr-xr-x.  23 root root  4096 Sep 13 17:18 var
drwxr-xr-x.   3 root root  4096 Sep 14 22:44 work
```

显示格式说明如下：

文件类型及权限　硬链接数　链接占用节点数　文件拥有者　所属组　文件大小　修改时间　文件名

5）使用说明：

①在 ls 的常见参数中，"-l"（长文件名显示格式）的选项是最为常见的。可以详细显示出各种信息，查看当前目录下的所有文件（可缩写为"ll"）。

②若想显示所有以"."开头的文件，可以使用"-a"，这在嵌入式开发中很常用。

```
[root@JOY home]# ls -l
total 4
drwx------. 30 joy joy 4096 Oct  3 22:20 joy
[root@JOY home]# ls -al
total 12
drwxr-xr-x.  3 root root 4096 Oct  3 23:10 .
dr-xr-xr-x. 27 root root 4096 Oct  3 23:10 ..
drwx------. 30 joy  joy  4096 Oct  3 22:20 joy
```

注意：Linux 中的可执行文件不是与 Windows 一样通过文件扩展名来标识的，而是通过设置相应的可执行 (x) 属性来实现的。

（3）mkdir

1）作用：创建一个目录。

2）格式：mkdir[选项] 路径

3）常见参数：mkdir 主要选项参数如表 2-2 所示。

表 2-2 mkdir 命令常见参数列表

选　项	参 数 含 义
-m	对新建目录设置存取权限，也可以用 chmod 命令设置（在本节后有详细说明）
-p	可以是一个路径名称。此时若此路径中的某些目录尚不存在，再加上此选项后，系统将自动建立好那些尚不存在的目录，即一次可以建立多个目录

4）实例：

```
[root@JOY test]# mkdir tools
[root@JOY test]# ls -l
total 4
drwxr-xr-x. 2 root root 4096 Oct  3 23:14 tools
[root@JOY test]# mkdir -p d1/d2/d3
[root@JOY test]# ls -l
total 8
drwxr-xr-x. 3 root root 4096 Oct  3 23:14 d1
drwxr-xr-x. 2 root root 4096 Oct  3 23:14 tools
[root@JOY test]# mkdir -p -m 644 m1/m2
[root@JOY test]# ls -l
total 12
drwxr-xr-x. 3 root root 4096 Oct  3 23:14 d1
drwxr-xr-x. 3 root root 4096 Oct  3 23:15 m1
drwxr-xr-x. 2 root root 4096 Oct  3 23:14 tools
```

该实例使用选项"-m"创建了相应权限的目录。对于权限在本节后面会有详细的说明。

5）使用说明：该命令要求创建目录的用户在创建路径的上级目录中具有写权限，并且路径名不能是当前目录中已有的目录或文件名称。

（4）cat

1）作用：连接并显示指定的一个或多个文件的有关信息。

2）格式：cat[选项] 文件 1 文件 2…

其中的文件 1、文件 2 为要显示的多个文件。

3）常见参数：cat 命令的常见参数如表 2-3 所示。

表 2-3 cat 命令常见参数列表

选　项	参 数 含 义
-n	由第一行开始对所有输出的行数编号
-b	和 -n 相似，只不过对于空白行不编号

4）实例：

```
[root@JOY home]# cat /etc/rc.local
#!/bin/sh
#
# This script will be executed *after* all the other init scripts.
# You can put your own initialization stuff in here if you don't
# want to do the full Sys V style init stuff.

touch /var/lock/subsys/local
```

这是 Linux 系统中最基本的文件,"#"号表示这行是注释。

(5) cp、mv 和 rm

1)作用:

① cp:将给出的文件或目录复制到另一文件或目录中。

② mv:为文件或目录改名或将文件由一个目录移入另一个目录中。

③ rm:删除一个目录中的一个或多个文件或目录。

2)格式:

① cp:cp[选项] 源文件或目录 目标文件或目录

② mv:mv[选项] 源文件或目录 目标文件或目录

③ rm:rm[选项] 文件或目录

3)常见参数:

cp 主要选项参数如表 2-4 所示。

表 2-4　cp 命令常见参数列表

选　项	参 数 含 义
-a	保留链接、文件属性,并复制其子目录,其作用等于参数 dpr 选项的组合
-d	拷贝时保留链接
-f	删除已经存在的目标文件而不提示
-i	在覆盖目标文件之前将给出要求用户确认的提示。回答"y"时目标文件将被覆盖,而且是交互式拷贝
-p	此时 cp 除复制源文件的内容外,还将把其修改时间和访问权限也复制到新文件中
-r	若给出的源文件是一目录文件,此时 cp 将递归复制该目录下的所有子目录和文件。此时目标文件必须为一个目录名

mv 主要选项参数如表 2-5 所示。

表 2-5　mv 命令常见参数列表

选　项	参 数 含 义
-i	若 mv 操作将导致对已存在的目标文件的覆盖,此时系统询问是否重写,并要求用户回答"y"或"n",这样可以避免误覆盖文件
-f	禁止交互操作。在 mv 操作要覆盖已有的目标文件时不给任何提示,在指定此选项后,i 选项将不再起作用

rm 主要选项参数如表 2-6 所示。

表 2-6 rm 命令常见参数列表

选项	参数含义
-i	进行交互式删除
-f	忽略不存在的文件，但从不给出提示
-r	指示 rm 将参数中列出的全部目录和子目录均递归地删除

4）实例：

① cp：

```
[root@JOY test]# ls
hello.c
[root@JOY test]# cat hello.c
#include<stdio.h>
void main()
{
        printf("Hello Linux!\n");
}
[root@JOY test]# cp hello.c hi.c
[root@JOY test]# ls
hello.c  hi.c
[root@JOY test]# cat hi.c
#include<stdio.h>
void main()
{
        printf("Hello Linux!\n");
}
```

② mv：

```
[root@JOY test]# ll
total 8
-rw-r--r--. 1 root root 62 Oct  4 00:35 hello.c
-rw-r--r--. 1 root root 62 Oct  4 00:27 hi.c
[root@JOY test]# mv hello.c /home
[root@JOY test]# ll
total 4
-rw-r--r--. 1 root root 62 Oct  4 00:27 hi.c
[root@JOY test]# cd /home
[root@JOY home]# ll
total 8
-rw-r--r--.  1 root root   62 Oct  4 00:35 hello.c
drwx------. 30 joy  joy  4096 Oct  3 22:20 joy
[root@JOY home]# cat hello.c
#include<stdio.h>
void main()
{
        printf("Hello Linux!\n");
}
```

③ rm：

```
[root@JOY home]# ll
total 8
-rw-r--r--.  1 root root   62 Oct  4 00:35 hello.c
drwx------. 30 joy  joy  4096 Oct  3 22:20 joy
[root@JOY home]# rm hello.c
rm: remove regular file `hello.c'? y
[root@JOY home]# ll
total 4
drwx------. 30 joy joy 4096 Oct  3 22:20 joy
[root@JOY home]#
```

5）使用说明：

① cp：该命令把指定的源文件复制到目标文件或把多个源文件复制到目标目录中。

② mv：
- 该命令根据命令中第二个参数类型的不同（是目标文件还是目标目录）来判断是重命名还是移动文件。当第二个参数类型是文件时，mv 命令完成文件重命名，此时，它将所给的源文件或目录重命名为给定的目标文件名。
- 当第二个参数是已存在的目录名称时，mv 命令将各参数指定的源文件均移至目标目录中。
- 在文件系统移动文件时，mv 先复制，再将原有文件删除，而该文件的链接也将丢失。

③ rm：
- 如果没有使用 -r 选项，则 rm 不会删除目录。
- 使用该命令时一旦文件被删除，它是不能被恢复的，所以最好使用 -i 参数。

（6）chown 和 chgrp

chown 将指定文件的拥有者改为指定的用户或组，用户可以是用户名或者用户 ID，组可以是组名或者组 ID。文件是以空格分开的要改变权限的文件列表，支持通配符。系统管理员经常使用 chown 命令，在将文件拷贝到另一个用户的名录下之后，让用户拥有使用该文件的权限。

在 Linux 系统里，文件或目录权限的掌控以拥有者及所属群组来管理。可以使用 chgrp 指令变更文件与目录所属群组，这种方式采用群组名称或群组识别码都可以。需要注意的是，chgrp 命令就是 change group 的缩写，要被改变的组名必须在 /etc/group 文件内存中。

1）作用：

① chown：修改文件所有者和组别。

② chgrp：改变文件的组所有权。

2）格式：

① chown：chown[选项] 文件所有者 [: 所有者组名] 文件

其中的文件所有者为修改后的文件所有者。

② chgrp：chgrp[选项] 文件所有组文件

其中的文件所有组为改变后的文件拥有者。

3）常见参数：chown 和 chgrp 的常见参数意义相同，其主要选项参数如表 2-7 所示。

表 2-7 chown 和 chgrp 命令常见参数列表

选 项	参 数 含 义
-c, -changes	详尽地描述每个文件实际改变了哪些所有权
-f, --silent, --quiet	不打印文件所有权就不能修改的报错信息

4）实例：

```
[root@JOY test]# ls -l
total 4
-rw-r--r--. 1 root root 62 Oct  4 00:27 hello.c
[root@JOY test]# chown joy hello.c
[root@JOY test]# ls -l
```

```
total 4
-rw-r--r--. 1 joy root 62 Oct  4 00:27 hello.c
[root@JOY test]# chgrp joy hello.c
[root@JOY test]# ls -l
total 4
-rw-r--r--. 1 joy joy 62 Oct  4 00:27 hello.c
```

5）使用说明：使用 chown 和 chgrp 必须拥有 root 权限。

（7）chmod

Linux 系统中的每个文件和目录都有访问许可权限，用它来确定谁可以通过何种方式对文件和目录进行访问和操作。

文件或目录的访问权限分为只读、只写和可执行三种。以文件为例，只读权限表示只允许读其内容，而禁止对其做任何更改操作。可执行权限表示允许将该文件作为一个程序执行。文件被创建时，文件所有者自动拥有对该文件的读、写和可执行权限，以便于对文件的阅读和修改。用户也可根据需要把访问权限设置为需要的任何组合。

1）作用：改变文件的访问权限。

2）格式：chmod 可使用符号标记进行修改和使用八进制数指定更改两种方式，因此它的格式也有两种不同的形式。

①符号标记：chmod[选项] 符号权限文件

其中的符号权限可以指定为多个，也就是说，可以指定多个用户级别的权限，但它们中间要用逗号分开表示，若没有显示指出则表示不作更改。

3）常见参数：chmod 主要选项参数如表 2-8 所示。

表 2-8　chmod 命令常见参数列表

选　项	参 数 含 义
-c	若该文件权限确实已经更改，才显示其更改动作
-f	若该文件权限无法被更改也不要显示错误信息
-v	显示权限变更的详细资料

4）实例：

chmod 涉及文件的访问权限，文件的访问权限可以表示成 -rwxrwxrwx。在此设有三种不同的访问权限，即读（r）、写（w）和运行（x），以及三个不同的用户级别，即文件拥有者（u）、所属的用户组（g）、系统里的其他用户（o）。在此，可增加一个用户级别 a（all）来表示所有这三个不同的用户级别。

①用加号"+"代表增加权限，用减号"-"删除权限，用等号"="设置权限。

```
[root@JOY test]# ll
total 4
-rw-r--r--. 1 root root 62 Oct  4 10:35 hello.c
```

横线代表为空，r 代表只读，w 代表只写，x 代表可执行。注意这里共有 10 个位置。第一个字符指定了文件类型。在通常意义上，一个目录也是一个文件。如果第一个字符是横线，表示一个非目录的文件。如果是 d，表示一个目录。

```
[root@JOY test]# ll
total 4
-rw-r--r--. 1 root root 62 Oct  4 10:35 hello.c
[root@JOY test]# chmod u+x hello.c
[root@JOY test]# ll
total 4
-rwxr--r--. 1 root root 62 Oct  4 10:35 hello.c
[root@JOY test]# chmod u-x,g+w,o+x hello.c
[root@JOY test]# ll
total 4
-rw-rw-r-x. 1 root root 62 Oct  4 10:35 hello.c
```

②数字设定法。

我们必须首先了解用数字表示的属性的含义：0 表示没有权限，1 表示可执行权限，2 表示可写权限，4 表示可读权限，然后将其相加。所以数字属性的格式应为 3 个从 0 到 7 的八进制数，其顺序是 u、g、o。

```
[root@JOY test]# ll
total 4
-rw-rw-r-x. 1 root root 62 Oct  4 10:35 hello.c
[root@JOY test]#
[root@JOY test]# chmod 644 hello.c
[root@JOY test]# ll
total 4
-rw-r--r--. 1 root root 62 Oct  4 10:35 hello.c
[root@JOY test]# chmod 755 hello.c
[root@JOY test]# ll
total 4
-rwxr-xr-x. 1 root root 62 Oct  4 10:35 hello.c
```

5）使用说明：使用 chmod 必须具有 root 权限。

（8）grep

grep 是一种强大的文本搜索工具，它能使用正则表达式搜索文本，并把匹配的行打印出来。

UNIX 的 grep 家族包括 grep、egrep 和 fgrep。egrep 和 fgrep 的命令只与 grep 有很小的不同。egrep 是 grep 的扩展，支持更多的 re 元字符，fgrep 就是 fixedgrep 或 fast grep。它们把所有的字母都看作单词，也就是说，正则表达式中的元字符表示其自身的字面意义，不再特殊。Linux 使用 GNU 版本的 grep，它功能更强，可以通过 -G、-E、-F 命令行选项来使用 egrep 和 fgrep 的功能。

grep 的工作方式是它在一个或多个文件中搜索字符串模板。如果模板包括空格，则必须被引用，模板后的所有字符串被看作文件名。搜索的结果被送到屏幕，不影响原文件内容。

grep 可用于 shell 脚本，因为 grep 通过返回一个状态值来说明搜索的状态，如果模板搜索成功，则返回 0；如果搜索不成功，则返回 1；如果搜索的文件不存在，则返回 2。我们利用这些返回值就可进行一些自动化的文本处理工作。

1）作用：在指定文件中搜索特定的内容，并将含有这些内容的行标准输出。

2）格式：grep[选项] 格式 [文件及路径]

其中的格式是指要搜索的内容格式，若缺省"文件及路径"则默认表示在当前目录下搜索。

3）常见参数：grep 主要选项参数如表 2-9 所示。

表 2-9　grep 命令常见参数列表

选　项	参　数　含　义
-c	只输出匹配行的计数
-i	不区分大小写（只适用于单字符）
-h	查询多文件时不显示文件名
-l	查询多文件时只输出包含匹配字符的文件名
-n	显示匹配行及行号
-s	不显示不存在或无匹配文本的错误信息
-v	显示不包含匹配文本的所有行

4）实例：

```
[root@JOY test]# grep root /etc/passwd
root:x:0:0:root:/root:/bin/bash
operator:x:11:0:operator:/root:/sbin/nologin
[root@JOY test]# cat /etc/passwd | grep root
root:x:0:0:root:/root:/bin/bash
operator:x:11:0:operator:/root:/sbin/nologin
[root@JOY test]# grep -n root /etc/passwd
1:root:x:0:0:root:/root:/bin/bash
11:operator:x:11:0:operator:/root:/sbin/nologin
```

5）使用说明：

在默认情况下，"grep"只搜索当前目录。如果此目录下有许多子目录，会使"grep"的输出难以阅读。最好明确要求搜索子目录：grep-r（正如下例中所示）。

```
[root@JOY test]# ll
total 4
-rw-r--r--. 1 root root 62 Oct 11 04:10 hello.c
[root@JOY test]# mkdir -p d1/d2
[root@JOY test]# mv hello.c d1/d2
[root@JOY test]# ll d1/d2
total 4
-rw-r--r--. 1 root root 62 Oct 11 04:10 hello.c
[root@JOY test]# grep 'Hello' /test
[root@JOY test]# grep -r 'Hello' /test
/test/d1/d2/hello.c:    printf("Hello Linux!\n");
```

（9）find

Linux 下 find 命令在目录结构中搜索文件，并执行指定的操作。Linux 下 find 命令提供了相当多的查找条件，功能很强大。即使系统中含有网络文件系统，find 命令在该文件系统中同样有效。在运行一个非常消耗资源的 find 命令时，很多人都倾向于把它放在后台执行，因为遍历一个大的文件系统可能会花费很长的时间。

1）作用：在指定目录中搜索文件，它的使用权限是所有用户。

2）格式：find[路径][选项][描述]

①其中的 [路径] 为文件搜索路径，系统开始沿着此目录树向下查找文件。它是一个路径列表，相互用空格分离。若缺省路径，那么默认为当前目录。

②其中的[描述]是匹配表达式,是 find 命令接受的表达式。

3)常见参数:find[选项]主要参数如表 2-10 所示。

表 2-10 find 选项常见参数列表

选项	参数含义
-depth	使用深度级别的查找过程方式,在某层指定目录中优先查找文件内容
-mount	不在其他文件系统(如 Msdos、Vfat 等)的目录和文件中查找

find[描述]主要参数如表 2-11 所示。

表 2-11 find 描述常见参数列表

选项	参数含义
-name	支持通配符"*"和"?"
-user	用户名:搜索文件属主为用户名(ID 或名称)的文件
-print	输出搜索结果,并且打印

4)实例:

```
[root@JOY /]# find / -name 'joy'
/home/joy
/var/db/sudo/joy
/var/run/console/joy
/var/spool/mail/joy
/var/cache/gdm/joy
[root@JOY /]# find / -name 'hello.c'
/test/hello.c
/test/test1/h2/hello.c
/test/test1/h3/hello.c
/test/test1/h1/hello.c
```

在该实例中使用了"-name"的选项支持通配符。

5)使用说明:

①若使用目录路径为"/",通常需要查找较多的时间,可以指定更为确切的路径以减少查找时间。

② find 命令可以使用混合查找的方法,假设我们想在 /etc 目录中查找大于 50 字节、并且在 1 天内修改的某个文件,则可以使用"-and"(与)把两个查找参数链接起来组合成一个混合的查找方式。

例如:find / test -size +50c -and -mtime -1

(10) locate

locate 让使用者可以很快速地搜寻系统内是否有指定的档案。其方法是先建立一个包括系统内的所有档案名称及路径的数据库,然后当寻找时就只需查询这个数据库,而不必实际深入档案系统之中了。在一般的 distribution 之中,数据库的建立都被放在 crontab 中自动执行。

1)作用:用于查找文件。其方法是先建立一个包括系统内的所有文件名称及路径的数据库,寻找时就只需查询这个数据库,而不必实际深入档案系统之中了。因此其速度比 find 快很多。

2）格式：locate [选项]

3）常见参数：locate 主要选项参数如表 2-12 所示。

表 2-12　locate 命令常见参数列表

选　项	参 数 含 义
-u	从根目录开始建立数据库
-U	指定开始的位置建立数据库
-f	将特定的文件系统排除在数据库外，如 proc 文件系统中的文件
-r	使用正则表达式作为寻找的条件
-o	指定数据库存的名称

4）实例：

```
[root@JOY /]# locate test1
/test/test1
/test/test1/h1
/test/test1/h2
/test/test1/h3
/test/test1/h1/hello.c
/test/test1/h2/hello.c
/test/test1/h3/hello.c
/usr/share/doc/m2crypto-0.20.2/demo/CipherSaber/cstest1.cs1
[root@JOY /]# locate /etc/sh
/etc/shadow
/etc/shadow-
/etc/shells
```

示例中首先在当前目录下建立了一个数据库，并且在更新了数据库之后进行正则匹配查找。通过运行可以发现 locate 的运行速度非常快。

5）使用说明：locate 命令所查询的数据库是由 updatedb 程序来更新的，而 updatedb 是由 crondaemon 周期性建立的，但若所找到的档案是最近才建立或刚更名的，可能会找不到，因为 updatedb 默认每天运行一次，用户可以修改 crontab（etc/crontab）来更新周期值。

（11）ln

1）作用：为某一个文件在另外一个位置建立一个符号链接。当需要在不同的目录用到相同的文件时，Linux 允许用户不用在每一个需要的目录下都存放一个相同的文件，而只需将其他目录下文件用 ln 命令链接即可，这样就不必重复地占用磁盘空间。

2）格式：ln[选项]目标目录

3）常见参数：-s（symbolic）建立符号链接（这也是通常唯一使用的参数）。

4）实例：

```
[root@JOY test]# ll
total 4
-rwxr-xr-x. 1 root root 62 Oct  4 22:51 hello.c
[root@JOY test]# cat hello.c
#include<stdio.h>
void main()
{
        printf("Hello Linux!\n");
}
[root@JOY test]# ln hello.c h1.c
[root@JOY test]# ll
total 8
```

```
-rwxr-xr-x. 2 root root 62 Oct  4 22:51 h1.c
-rwxr-xr-x. 2 root root 62 Oct  4 22:51 hello.c
[root@JOY test]# cat h1.c
#include<stdio.h>
void main()
{
        printf("Hello Linux!\n");
}
[root@JOY test]# ln -s hello.c h2.c
[root@JOY test]# ll
total 8
-rwxr-xr-x. 2 root root 62 Oct  4 22:51 h1.c
lrwxrwxrwx. 1 root root  7 Oct  5 13:55 h2.c -> hello.c
-rwxr-xr-x. 2 root root 62 Oct  4 22:51 hello.c
[root@JOY test]# cat h2.c
#include<stdio.h>
void main()
{
        printf("Hello Linux!\n");
}
```

5）使用说明：

① ln 命令会保持每一处链接文件的同步性，也就是说，不论改动了哪一处，其他的文件都会发生相同的变化。

② ln 的链接又分软链接和硬链接两种：

- 软链接就是上面所说的 ln -s****，它只会在用户选定的位置上生成一个文件的镜像，不会重复占用磁盘空间，平时使用较多的都是软链接。
- 硬链接是不带参数的 ln** **，它会在用户选定的位置上生成一个与源文件大小相同的文件，无论是软链接还是硬链接，文件都保持同步变化。

3. 用户与用户组管理命令

Linux 系统是一个多用户多任务的分时操作系统，任何一个要使用系统资源的用户都必须首先向系统管理员申请一个账号，然后以这个账号的身份进入系统。用户的账号一方面可以帮助系统管理员对使用系统的用户进行跟踪，并控制他们对系统资源的访问；另一方面也可以帮助用户组织文件，并为用户提供安全性保护。

- 用户管理相关命令
  - useradd：添加用户，配置文件是 /etc/passwd。
  - userdel：删除用户。
  - passwd：用户设置密码，配置文件是 /etc/shadow。
  - usermod：修改用户命令，可以通过 usermod 来修改登录名、用户的家目录等。
- 用户组管理相关命令
  - groupadd：添加用户组，配置文件是 /etc/group。
  - groupdel：删除用户组。
  - groupmod：修改用户组信息。
  - groups：显示用户所属的用户组。
  - newgrp：切换到相应用用户组。

useradd 命令常见参数如表 2-13 所示。

表 2-13 useradd. 命令常见参数列表

选 项	参 数 含 义
d 目录	指定用户主目录，（默认是在 /home 目录下创建和用户名一样的目录）
g 用户组	指定用户所属的用户组 (主组)
G 用户组	指定用户所属的附加组（这些组必需事先已经增加过了或者是系统中已经存在）
sshell	指定用户的登录 shell
uUID	如果同时有用户号，指定用户的用户号

实例如下：

```
[root@JOY /]# useradd test_a
[root@JOY /]# grep test_a /etc/passwd
test_a:x:501:501::/home/test_a:/bin/bash
```

通常在 Linux 系统中，用户的关键信息被存放在系统的 /etc/passwd 文件中，系统的每一个合法用户账号对应于该文件中的一行记录。这行记录定义了用户账号的属性。

在该文件中，每一行用户记录的各个数据段用 ":" 分隔，分别定义了用户的各方面属性。各个字段的顺序和含义如下：

```
test_a:x:501:501::/home/test_a:/bin/bash
```
注册名：口令：用户标识号：组标识号：用户名：用户主目录：命令解释程序

① 注册名 (login_name)：用于区分不同的用户。在同一系统中注册名是唯一的。在很多系统上，该字段被限制在 8 个字符（字母或数字）的长度之内。并且要注意，通常在 Linux 系统中对字母大小写是敏感的。这与 MSDOS/Windows 是不一样的。

② 口令 (passwd)：系统用口令来验证用户的合法性。超级用户 root 或某些高级用户可以使用系统命令 passwd 来更改系统中所有用户的口令，普通用户也可以在登录系统后使用 passwd 命令来更改自己的口令。现在的 UNIX/Linux 系统中，口令不再直接保存在 passwd 文件中，通常将 passwd 文件中的口令字段使用一个 "x" 来代替，将 /etc/shadow 作为真正的口令文件，用于保存包括个人口令在内的数据。当然 shadow 文件是不能被普通用户读取的，只有超级用户才有权读取。

此外需要注意的是，如果 passwd 字段中的第一个字符是 "*" 的话，那么就表示该账号被查封了，系统不允许持有该账号的用户登录。

③ 用户标识号 (UID)：UID 是一个数值，是 Linux 系统中唯一的用户标识，用于区别不同的用户。在系统内部管理进程和保护文件时使用 UID 字段。在 Linux 系统中，注册名和 UID 都可以用于标识用户，只不过对于系统来说 UID 更为重要，而对于用户来说注册名使用起来更方便。在某些特定目的下，系统中可以存在多个拥有不同注册名但 UID 相同的用户，事实上，这些使用不同注册名的用户实际上是同一个用户。

④ 组标识号 (GID)：这是当前用户的默认工作组标识。具有相似属性的多个用户可以被分配到同一个组内，每个组都有自己的组名，且以自己的组标识号相区分。像 UID 一样，用户的组标识号也存放在 passwd 文件中。在现代的 UNIX/Linux 中，每个用户可以同时属于多个组。除了在 passwd 文件中指定用户归属的基本组之外，还在 /etc/group 文件中指明

一个组所包含用户。

⑤用户名（user_name）：包含有关用户的一些信息，如用户的真实姓名、办公室地址、联系电话等。在 Linux 系统中，mail 和 finger 等程序利用这些信息来标识系统的用户。

⑥用户主目录（home_directory）：该字段定义了个人用户的主目录，当用户登录后，他的 shell 将把该目录作为用户的工作目录。在 UNIX/Linux 系统中，超级用户 root 的工作目录为 /root；而其他个人用户在 /home 目录下均有自己独立的工作环境，系统在该目录下为每个用户配置了自己的主目录。个人用户的文件都放置在各自的主目录下。

⑦命令解释程序（shell）：shell 是当用户登录系统时运行的程序名称，通常是一个 shell 程序的全路径名，如 /bin/bash。

需要注意的是，系统管理员通常没有必要直接修改 passwd 文件，Linux 提供一些账号管理工具帮助系统管理员来创建和维护用户账号。

```
[root@JOY /]# passwd test_a
Changing password for user test_a.
New password:
BAD PASSWORD: it is too simplistic/systematic
BAD PASSWORD: is too simple
Retype new password:
passwd: all authentication tokens updated successfully.
```

Linux 中 /etc/shadow 文件中的记录行与 /etc/passwd 中的一一对应，它由 pwconv 命令根据 /etc/passwd 中的数据自动产生。它的文件格式与 /etc/passwd 类似，由若干个字段组成，字段之间用 ":" 隔开，文件的每行是 8 个冒号分割的 9 个域，格式如下：

username:passwd:lastchg:min:max:warn:inactive:expire:flag
登录名：加密口令：最后一次修改时间：最小时间间隔：最大时间间隔：警告时间：不活动时间：失效时间：标志

① "登录名" 是与 /etc/passwd 文件中的登录名相一致的用户账号。

② "加密口令" 字段存放的是加密后的用户口令字，长度为 13 个字符。如果为空，则对应用户没有口令，登录时不需要口令；如果含有不属于集合 {, / 0-9 A-Z a-z} 中的字符，则对应的用户不能登录。

③ "最后一次修改时间" 表示的是从某个时刻起，到用户最后一次修改口令时的天数。时间起点对不同的系统可能不一样。例如在 SCO Linux 中，这个时间起点是 1970 年 1 月 1 日。

④ "最小时间间隔" 指的是两次修改口令之间所需的最小天数。

⑤ "最大时间间隔" 指的是口令保持有效的最大天数。

⑥ "警告时间" 字段表示的是从系统开始警告用户到用户密码正式失效之间的天数。

⑦ "不活动时间" 表示的是用户没有登录活动但账号仍能保持有效的最大天数。

⑧ "失效时间" 字段给出的是一个绝对的天数，如果使用了这个字段，那么就给出相应账号的生存期。期满后，该账号不再是一个合法的账号，也就不能再使用该账号登录了。

2.3.3 全屏幕编辑器与 vi

vi 编辑器是 Linux 和 UNIX 上最基本的文本编辑器，工作在字符模式下。由于不需要图形界面，vi 是效率很高的文本编辑器。尽管在 Linux 上也有很多图形界面的编辑器可用，但 vi 在系统和服务器管理中的功能是那些图形编辑器所无法比拟的。在嵌入式系统开发中掌握 vi 的使用对于嵌入式工程师来说非常重要。

1. vi 的基本概念

基本上 vi 可以分为三种状态，分别是命令模式（command mode）、插入模式（insert mode）和底行模式（last line mode），各模式的功能区分如下。

（1）命令行模式（command mode）

控制屏幕光标的移动，字符、字或行的删除，移动复制某区段及进入 insert mode，或者 last line mode。

（2）插入模式（insert mode）

只有在 insert mode 下，才可以进行文字输入，按 esc 键可回到命令行模式。

（3）底行模式（last line mode）

将文件保存或退出 vi，也可以设置编辑环境，如寻找字符串、列出行号等。

不过一般我们在使用时把 vi 简化成两个模式，就是将底行模式（last line mode）也算入命令行模式（command mode），如图 2-5 所示为 vi 工作界面。

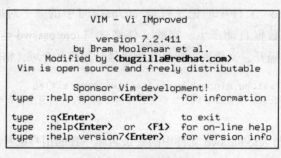

图 2-5　vi 工作界面

2. command mode 功能键列表

在介绍 command mode 指令的时候，指令后面加上"常用"字眼的功能键，表示比较常用的 vi 指令，请读者一定要学会、记住。

（1）切换

I、a、o、s 切换进入 insert mode。[常用]

（2）移动光标

vi 可以直接用键盘上的光标键上下左右移动，但正规的 vi 是用小写英文字母 h、j、k、l 分别控制光标左、下、上、右移一格。

①按 Ctrl+B（或 b）：屏幕往后移动一页。[常用]

②按 Ctrl+F（或 f）：屏幕往前移动一页。[常用]

③按 Ctrl+U（或 u）：屏幕往后移动半页。

④按 Ctrl+D（或 d）：屏幕往前移动半页。

⑤按 G：移动到文章的最后。[常用]

⑥按 w：光标跳到下个 word 的开头。[常用]
⑦按 e：光标跳到下个 word 的字尾。
⑧按 b：光标回到上个 word 的开头。
⑨按 $：移到光标所在行的行尾。[常用]
⑩按 ^：移到该行第一个非空白的字符。
⑪按 0（数字零）：移到该行的开头位置。[常用]
⑫按 #：移到该行的第 # 个位置，例如 51、121。[常用]
（3）删除文字
① x：每按一次删除光标所在位置的后面一个字符。[超常用]
② #x：例如 6x 表示删除光标所在位置的后面 6 个字符。[常用]
③ X：大字的 X，每按一次删除光标所在位置的前面一个字符。
④ #X：例如 20X 表示删除光标所在位置的前面 20 个字符。
⑤ dd：删除光标所在行。[超常用]
⑥ #dd：例如 6dd 表示删除从光标所在的该行往下数 6 行的文字。[常用]
（4）复制（注意工作模式的改变）
① yw：将光标所在处到字尾的字符复制到缓冲区中。
② p：将缓冲区内的字符粘贴到光标所在位置（指令 yw 与 p 必须搭配使用）。
③ yy：复制光标所在行。[超常用]
④ p：复制单行到想粘贴之处（指令 yy 与 p 必须搭配使用）。
⑤ #yy：例如 6yy 表示拷贝从光标所在的该行往下数 6 行的文字。[常用]
⑥ p: 复制多行到想粘贴之处（指令 #yy 与 p 必须搭配使用）。
⑦ ayy：将复制行放入 buffer，vi 提供 buffer 功能，可将常用的数据存储在 buffer。
⑧ ap：粘贴放在 buffer 的数据。
⑨ b3yy：将附近三行数据存入 buffer。
⑩ b3p：将存在 buffer 的资料粘贴（3 遍）。
（5）取代
① r：取代光标所在处的字符。[常用]
② R：取代字符直到按 Esc 键为止。
（6）复原（undo）上一个指令
u：假如误操作一个指令，可以马上按 u 恢复到上一个操作（可以重复执行上一次的指令）。
（7）更改
① cw：更改光标所在处的字到字尾 $ 处（进入插入模式）。
② c#w：例如，c3w 代表更改 3 个字。
（8）跳至指定行
① Ctrl+G：列出光标所在行的行号。
② #G：例如 15G 表示移动光标至文章的第 15 行行首。[常用]

3. last line mode 下指令简介

在使用 last line mode 之前，一定得先按 Esc 键确定已经处于 command mode，再按":"或"/"或"?"三键的其中一键进入 last line mode。

（1）列出行号

setnu：输入"setnu"后，会在文章的每一行前面列出行号。

（2）跳到文章的某一行

#：" # "号代表一个数字，在 last line mode 提示符号":"前输入数字，再按 Enter 键就会跳到该行了，如"15 + [Enter]"就会跳到文章的第 15 行（按冒号":"或"/"或"?"，继续下一步）。[常用]

（3）寻找字符串

① / 关键字：先按 /，再输入想寻找的字，如果第一次找的关键字不是想要的，可以一直按 n，直到找到想要的关键字为止。

② ? 关键字：先按 ?，再输入想寻找的字，如果第一次找的关键字不是想要的，可以按 n 往前寻找到想要的关键字为止。

（4）取代字符串

① 1,$s/string/replace/g：在 last line mode 下输入"1,$s/string/replace/g"会将全文的 string 字符串取代为 replace 字符串，其中 1,$s 就是指搜寻区间为文章从头至尾的意思，g 则是表示全部取代不必确认。

② %s/string/replace/c：同样会将全文的 string 字符串取代为 replace 字符串，与上面指令不同的是，"%s"和"1,$s"是相同的功能，c 则是表示要在替代之前必须再次确认是否取代。

③ 1,20s/string/replace/g：将 1 至 20 行间的 string 替代为 replace 字符串。

（5）存储文件

① w：在 last line mode 提示符号":"前按 w 即可将文件存储起来。

② #,#w filename：如果想摘取文章的某一段，存为另一个文件，可用这个指令 # 代表行号，例如"#30，50w nice"，将正在编辑文章的第 30～50 行存为 nice 这个文件。

（6）退出 vi

① q：按 q 就退出 vi，有时如果无法离开 vi，可搭配"!"强制离开 vi，如"q！"。

② qw：一般建议离开时，搭配 w 一起使用，即离开并保存文件。

2.3.4 与网络相关的命令

在开发嵌入式系统过程中，有必要了解 Linux 网络知识。从 Linux 诞生的那一天起，就注定了它的网络功能空前强大，所以在 Linux 系统中如何配置网络，使其高效安全地工作就显得十分重要。本节从网络设备的安装、网络服务的设置和网络安全性的配置三个方面来介绍 Linux 系统中的网络设置。

1. 安装配置网络设备

在安装 Linux 时，如果系统中有网络设备，安装程序将会提示你是否要设置相关网络的配置参数，如本机的 IP 地址、默认网关的 IP 地址、DNS 的 IP 地址等，根据这些配置参数，安装程序将会自动把网络设备（首先 Linux 系统要支持）驱动程序编译到内核中，作为嵌入式开发一定要了解加载网络设备驱动程序的过程，网络设备的驱动程序是作为模块加载到内核中的。

在启动 Linux 系统过程中，首先加载网络模块，在 2.6 版本以后的 Linux 系统采用 udev 驱动来管理网络。具体网卡序号的配置文件在 /etc/udev/rules.d/70-persistent-net.rules 文件中，其内容为：

```
[joy@JOY test]$ cat /etc/udev/rules.d/70-persistent-net.rules
# This file was automatically generated by the /lib/udev/write_net_rules
# program, run by the persistent-net-generator.rules rules file.
#
# You can modify it, as long as you keep each rule on a single
# line, and change only the value of the NAME= key.

# PCI device 0x1022:0x2000 (pcnet32)
SUBSYSTEM=="net", ACTION=="add", DRIVERS=="?*", ATTR{address}=="00:0c:29:2d:6e:6
2", ATTR{type}=="1", KERNEL=="eth*", NAME="eth0"
```

与磁盘设备类似，Linux 用户想要使用网络功能，不能通过直接操作硬件完成，而需要直接或间接地操作一个 Linux 为我们抽象出来的设备，即通用的 Linux 网络设备来完成。一个常见的情况是，系统里装有一个硬件网卡，Linux 会在系统里为其生成一个网络设备实例，如 eth0，用户需要对 eth0 发出命令以配置或使用它。

2. 网络服务设置

第一步，查看当前网络信息。ifconfig 命令会显示当前系统中所有网卡设备信息，虚拟网卡或者二层网桥等都会显示出来。

```
[joy@JOY test]$ ifconfig
eth0      Link encap:Ethernet  HWaddr 00:0C:29:2D:6E:62
          inet addr:10.8.90.11  Bcast:10.8.90.255  Mask:255.255.255.0
          inet6 addr: fe80::20c:29ff:fe2d:6e62/64 Scope:Link
          UP BROADCAST RUNNING MULTICAST  MTU:1500  Metric:1
          RX packets:3 errors:0 dropped:0 overruns:0 frame:0
          TX packets:11 errors:0 dropped:0 overruns:0 carrier:0
          collisions:0 txqueuelen:1000
          RX bytes:276 (276.0 b)  TX bytes:746 (746.0 b)
          Interrupt:19 Base address:0x2024

lo        Link encap:Local Loopback
          inet addr:127.0.0.1  Mask:255.0.0.0
          inet6 addr: ::1/128 Scope:Host
          UP LOOPBACK RUNNING  MTU:16436  Metric:1
          RX packets:132 errors:0 dropped:0 overruns:0 frame:0
          TX packets:132 errors:0 dropped:0 overruns:0 carrier:0
          collisions:0 txqueuelen:0
          RX bytes:8812 (8.6 KiB)  TX bytes:8812 (8.6 KiB)
```

从以上可以看到本系统中已经配置好的网络信息。这是学习 Linux 与嵌入式操作系统务必要掌握的，在今后的嵌入式开发调试中肯定要用到。通过计算机网络知识应该可以知道：其中 "eth0" 就是系统中第一个网络设备，"lo" 是指回环网络，"Link encap:Ethernet" 是指使用的是以太网链路包，"HWaddr 00:0C:29:2D:6E:62" 是本系统中网络设备的 MAC 地址，"inet addr:10.8.90.11" 是 IP 地址，"Bcast:10.8.90.255" 是系统中的广播地址，"Mask:255.255.255.0" 是该网络的子网掩码等信息。

ifconfig 命令的信息从系统中已有的配置文件得到，其配置文件的位置：
/etc/sysconfig/network-scripts

```
[joy@JOY network-scripts]$ ll
total 204
-rw-r--r--. 1 root root   200 Sep 13 17:40 ifcfg-eth0
-rw-r--r--. 1 root root   254 Oct 10  2013 ifcfg-lo
lrwxrwxrwx. 1 root root    20 Sep 13 17:13 ifdown -> ../../../sbin/ifdown
-rwxr-xr-x. 1 root root   627 Oct 10  2013 ifdown-bnep
-rwxr-xr-x. 1 root root  5430 Oct 10  2013 ifdown-eth
-rwxr-xr-x. 1 root root   781 Oct 10  2013 ifdown-ippp
-rwxr-xr-x. 1 root root  4168 Oct 10  2013 ifdown-ipv6
lrwxrwxrwx. 1 root root    11 Sep 13 17:13 ifdown-isdn -> ifdown-ippp
-rwxr-xr-x. 1 root root  1481 Oct 10  2013 ifdown-post
-rwxr-xr-x. 1 root root  1064 Oct 10  2013 ifdown-ppp
-rwxr-xr-x. 1 root root   835 Oct 10  2013 ifdown-routes
-rwxr-xr-x. 1 root root  1465 Oct 10  2013 ifdown-sit
-rwxr-xr-x. 1 root root  1434 Oct 10  2013 ifdown-tunnel
lrwxrwxrwx. 1 root root    18 Sep 13 17:13 ifup -> ../../../sbin/ifup
-rwxr-xr-x. 1 root root 12444 Oct 10  2013 ifup-aliases
-rwxr-xr-x. 1 root root   859 Oct 10  2013 ifup-bnep
-rwxr-xr-x. 1 root root 10556 Oct 10  2013 ifup-eth
```

```
-rwxr-xr-x. 1 root root 11971 Oct 10  2013 ifup-ippp
-rwxr-xr-x. 1 root root 10490 Oct 10  2013 ifup-ipv6
lrwxrwxrwx. 1 root root     9 Sep 13 17:13 ifup-isdn -> ifup-ippp
-rwxr-xr-x. 1 root root   727 Oct 10  2013 ifup-plip
-rwxr-xr-x. 1 root root   954 Oct 10  2013 ifup-plusb
-rwxr-xr-x. 1 root root  2364 Oct 10  2013 ifup-post
-rwxr-xr-x. 1 root root  4154 Oct 10  2013 ifup-ppp
-rwxr-xr-x. 1 root root  1925 Oct 10  2013 ifup-routes
-rwxr-xr-x. 1 root root  3289 Oct 10  2013 ifup-sit
-rwxr-xr-x. 1 root root  2488 Oct 10  2013 ifup-tunnel
-rwxr-xr-x. 1 root root  3770 Oct 10  2013 ifup-wireless
-rwxr-xr-x. 1 root root  4623 Oct 10  2013 init.ipv6-global
-rwxr-xr-x. 1 root root  1125 Oct 10  2013 net.hotplug
-rw-r--r--. 1 root root 13386 Oct 10  2013 network-functions
-rw-r--r--. 1 root root 29853 Oct 10  2013 network-functions-ipv6
```

其中 ifup、ifdown 是可以对网络设备 eth0 进行停止与启动相关的操作。ifcfg-eth0 是 ifconfig 命令读取的配置文件，也是我们手动配置网络的参数文件（修改需要 root 权限）。

查看 eth0 信息：

```
[joy@JOY network-scripts]#cat ifcfg-eth0
DEVICE=eth0                      // 网络设备名称
HWADDR=00:0C:29:2D:6E:62          // 网络设备的 MAC 地址
TYPE=Ethernet                    // 网络类型
UUID=6c8494fb-c6d3-4197-953e-fc2a9fb5224c
ONBOOT=yes                       // 开机是否启动
NM_CONTROLLED=yes                // 设备是否被 NetworkManager 管理
BOOTPROTO=static                 // 启动协议 {none|dhcp}(static 表示固定 IP 地址，
                                 //  dhcp 表示随机获取 IP)

IPADDR=10.8.90.11                // 网络设备的 IP 地址
NETMASK=255.255.255.0            // 网络设备的子网掩码
GATEWAY=10.8.90.254              // 网络设备的子网掩码


[root@JOY network-scripts]# cd /
[root@JOY /]# vi  /etc/sysconfig/network-scripts/ifcfg-eth0
```

更改如下：

```
DEVICE=eth0
HWADDR=00:0C:29:2D:6E:62
TYPE=Ethernet
UUID=6c8494fb-c6d3-4197-953e-fc2a9fb5224c
ONBOOT=yes
NM_CONTROLLED=yes
BOOTPROTO=static
IPADDR=10.8.90.10
NETMASK=255.255.255.0
GATEWAY=10.8.90.254
```

以上配置参数中 DEVICE、ONBOOT、HWADDR、IPADDR、NETMASK、BOOTPROTO 是必需的，其中 DEVICE 必须与设备名称一致，否则网络设备有可能是不能启动的，这点务必注意。当手动把配置文件中参数修改后，记得需要重新启动网络。

```
[root@JOY /]# service network restart
Shutting down interface eth0:  Device state: 3 (disconnected)
                                                           [  OK  ]
Shutting down loopback interface:                          [  OK  ]
Bringing up loopback interface:                            [  OK  ]
Bringing up interface eth0:  Active connection state: activated
Active connection path: /org/freedesktop/NetworkManager/ActiveConnection/2
                                                           [  OK  ]
```

第二步，可以手动设置多个临时 IP 地址，方法如下：

```
[root@JOY /]# ifconfig eth0:0 10.8.90.20 netmask 255.255.255.0
[root@JOY /]# ifconfig
eth0      Link encap:Ethernet  HWaddr 00:0C:29:2D:6E:62
          inet addr:10.8.90.10  Bcast:10.8.90.255  Mask:255.255.255.0
          inet6 addr: fe80::20c:29ff:fe2d:6e62/64 Scope:Link
          UP BROADCAST RUNNING MULTICAST  MTU:1500  Metric:1
          RX packets:9 errors:0 dropped:0 overruns:0 frame:0
          TX packets:10 errors:0 dropped:0 overruns:0 carrier:0
          collisions:0 txqueuelen:1000
          RX bytes:828 (828.0 b)  TX bytes:732 (732.0 b)
          Interrupt:19 Base address:0x2024

eth0:0    Link encap:Ethernet  HWaddr 00:0C:29:2D:6E:62
          inet addr:10.8.90.20  Bcast:10.8.90.255  Mask:255.255.255.0
          UP BROADCAST RUNNING MULTICAST  MTU:1500  Metric:1
          Interrupt:19 Base address:0x2024

lo        Link encap:Local Loopback
          inet addr:127.0.0.1  Mask:255.0.0.0
          inet6 addr: ::1/128 Scope:Host
          UP LOOPBACK RUNNING  MTU:16436  Metric:1
          RX packets:256 errors:0 dropped:0 overruns:0 frame:0
          TX packets:256 errors:0 dropped:0 overruns:0 carrier:0
          collisions:0 txqueuelen:0
          RX bytes:18200 (17.7 KiB)  TX bytes:18200 (17.7 KiB)
```

但此时要注意的是，不要重启网络设备，如：

```
[root@JOY /]# service network restart
Shutting down interface eth0:  Device state: 3 (disconnected)
                                                           [  OK  ]
Shutting down loopback interface:                          [  OK  ]
Bringing up loopback interface:                            [  OK  ]
Bringing up interface eth0:  Active connection state: activated
Active connection path: /org/freedesktop/NetworkManager/ActiveConnection/4
                                                           [  OK  ]
[root@JOY /]# ifconfig
eth0      Link encap:Ethernet  HWaddr 00:0C:29:2D:6E:62
```

```
              inet addr:10.8.90.10  Bcast:10.8.90.255  Mask:255.255.255.0
              inet6 addr: fe80::20c:29ff:fe2d:6e62/64 Scope:Link
              UP BROADCAST RUNNING MULTICAST  MTU:1500  Metric:1
              RX packets:9 errors:0 dropped:0 overruns:0 frame:0
              TX packets:10 errors:0 dropped:0 overruns:0 carrier:0
              collisions:0 txqueuelen:1000
              RX bytes:828 (828.0 b)  TX bytes:732 (732.0 b)
              Interrupt:19 Base address:0x2024

    lo        Link encap:Local Loopback
              inet addr:127.0.0.1  Mask:255.0.0.0
              inet6 addr: ::1/128 Scope:Host
              UP LOOPBACK RUNNING  MTU:16436  Metric:1
              RX packets:280 errors:0 dropped:0 overruns:0 frame:0
              TX packets:280 errors:0 dropped:0 overruns:0 carrier:0
              collisions:0 txqueuelen:0
              RX bytes:20024 (19.5 KiB)  TX bytes:20024 (19.5 KiB)
```

可以看到，用 ifconfig 手动设置的 IP 地址已经不存在，这是手动设置 IP 地址与修改配置文件的区别所在（network 服务重启后，eth0:0 的网络配置信息自动消失）。

3. 网络安全性配置

Linux 系统的安全性是一个很大的话题，更是 Linux 值得骄傲的地方，我们在此只讨论安全性配置，有关理论知识点大家可以参考有关 Linux Firewall（防火墙）方面的书。在嵌入式系统开发过程中，我们为了能尽最大可能地调试系统，需要把 Linux 系统防火墙关闭，如下所示：

```
[root@JOY /]# iptables -L
Chain INPUT (policy ACCEPT)
target     prot opt source               destination
ACCEPT     all  --  anywhere             anywhere            state RELATED,ESTAB
LISHED
ACCEPT     icmp --  anywhere             anywhere
ACCEPT     all  --  anywhere             anywhere
ACCEPT     tcp  --  anywhere             anywhere            state NEW tcp dpt:s
sh
REJECT     all  --  anywhere             anywhere            reject-with icmp-ho
st-prohibited

Chain FORWARD (policy ACCEPT)
target     prot opt source               destination
REJECT     all  --  anywhere             anywhere            reject-with icmp-ho
st-prohibited

Chain OUTPUT (policy ACCEPT)
target     prot opt source               destination
[root@JOY /]# cat /etc/sysconfig/selinux

# This file controls the state of SELinux on the system.
# SELINUX= can take one of these three values:
#     enforcing - SELinux security policy is enforced.
#     permissive - SELinux prints warnings instead of enforcing.
#     disabled - No SELinux policy is loaded.
SELINUX=enforcing
# SELINUXTYPE= can take one of these two values:
#     targeted - Targeted processes are protected,
#     mls - Multi Level Security protection.
SELINUXTYPE=targeted
```

令 SELINUX=disabled 后，系统中的安全性是最低，这样有利于我们嵌入式开发，当然在工作中可以视情况而定，为开发提供便利。

2.3.5 软件包的安装与管理

对于嵌入式开发来说，安装、升级和卸载应用软件是开发过程中必须要掌握的一个技术，而对于 GNU/Linux 操作系统的日益流行，其简洁强大的软件包管理机制功不可没。与嵌入式开发相关的主要有 rpm、tar 格式软件包及 yum 工具。

1. rpm 格式软件包

rpm 全称为 RedHat Package Manager，最早由 RedHat 公司制定实施，随后被 GNU 开源操作系统接受并成为很多 Linux 系统（RHEL）的既定软件标准。一个 rpm 包包含了已压缩的软件文件集以及该软件的内容信息（在头文件中保存），通常表现为以 .rpm 扩展名结尾的文件，如 package.rpm。

rpm 命令常用参数如下：

-q：在系统中查询软件或查询指定 rpm 包的内容信息。
-i：在系统中安装软件。
-U：在系统中升级软件。
-e：在系统中卸载软件。
-h：用 #(hash) 符号显示 rpm 安装过程。
-v：详述安装过程。
-p：表明对 rpm 包进行查询，通常与其他参数同时使用。
-ql：查询某个 rpm 包中的所有文件列表，查看软件包将会在系统里安装哪些部分。
-qi：查询某个 rpm 包的内容信息，系统将会列出这个软件包的详细资料，包括含有多少个文件、各文件名称、文件大小、创建时间、编译日期等信息。
-l：列出所安装包的位置。
-a：列出系统中所有已经安装的包。
--force：强行安装。
--nodeps：列出软件包的依赖关系。

（1）确认系统中是否已有所安装的包

```
[root@iJOY /]#rpm -qa
```

列出系统中所有的已经安装好的软件包名称。

```
[root@JOY /]# rpm -qa vsftpd*
vsftpd-2.2.2-11.el6_4.1.x86_64
```

表明系统中已经安装了 vsftpd 软件包。此时，我们可以用 -e 卸载软件包。

```
[root@JOY /]# rpm -e vsftpd
[root@JOY /]# rpm -qa|grep vsftpd*
[root@JOY /]#
```

没有任何显示，可以看到原来"vsftpd-2.2.2-11.el6_4.1.x86_64" rpm 包已经被卸载了。

（2）安装该软件包

```
[root@iotlab / ]#mount /dev/cdrom /rhel-cdrom/
```

```
mount:blockdevice/dev/sr0iswrite-protected, mountingread-only
[root@JOY /]# cd /rhel-/cdrom /Packages/
[root@JOY Packages]# ls  -l  vsftpd-2.2.2-11.el6_4.1.x86_64.rpm
-r--r--r--. 163 root root 154624 Feb 15  2013 vsftpd-2.2.2-11.el6_4.1.x86_64.rpm
[root@JOY Packages]# rpm  -ivh  vsftpd-2.2.2-11.el6_4.1.x86_64.rpm
warning: vsftpd-2.2.2-11.el6_4.1.x86_64.rpm: Header V3 RSA/SHA256 Signature, key ID
    fd431d51: NOKEY
Preparing...            ########################################### [100%]
   1:vsftpd              ########################################### [100%]
```

其中，第一个 100% 表示解压，第二个 100% 表示安装。注意下面的安装：

```
[root@JOY Packages]# rpm  -ivh vsftpd-2.2.2-11.el6_4.1.x86_64.rpm
warning: vsftpd-2.2.2-11.el6_4.1.x86_64.rpm: Header V3 RSA/SHA256 Signature, key ID
    fd431d51: NOKEY
Preparing...            ########################################### [100%]
package vsftpd-2.2.2-11.el6_4.1.x86_64 is already installed
```

情况有所不一样，我们可以用选项（--force）的方式来进行再次安装。

```
[root@JOY Packages]# rpm  -ivh  vsftpd-2.2.2-11.el6_4.1.x86_64.rpm --force
warning: vsftpd-2.2.2-11.el6_4.1.x86_64.rpm: Header V3 RSA/SHA256 Signature, key ID
    fd431d51: NOKEY
Preparing...            ########################################### [100%]
   1:vsftpd              ########################################### [100%]
```

（3）了解已安装的软件包的相关信息

```
[root@JOY Packages]# rpm -qi   vsftpd
Name         : vsftpd              Relocations: (not relocatable)
Version      : 2.2.2               Vendor: Red Hat, Inc.
Release      : 11.el6_4.1          Build Date: Wed 13 Feb 2013 12:03:26 AM CST
Install Date: Sat 08 Oct 2016 01:46:31 AM CST  Build Host: x86-002.build.bos.redhat.com
Group        : System Environment/DaemonsSource RPM: vsftpd-2.2.2-11.el6_4.1.src.rpm
Size         : 339348              License: GPLv2 with exceptions
Signature    : RSA/8, Fri 15 Feb 2013 11:00:57 PM CST, Key ID 199e2f91fd431d51
Packager     : Red Hat, Inc. <http://bugzilla.redhat.com/bugzilla>
URL          : http://vsftpd.beasts.org/
Summary      : Very Secure Ftp Daemon
Description:
vsftpd is a Very Secure FTP daemon. It was written completely from
Scratch.

[root@JOY Packages]# rpm -ql   vsftpd
/etc/logrotate.d/vsftpd
/etc/pam.d/vsftpd
/etc/rc.d/init.d/vsftpd
/etc/vsftpd
/etc/vsftpd/ftpusers
/etc/vsftpd/user_list
/etc/vsftpd/vsftpd.conf              // 软件包的配置文件所在地
/etc/vsftpd/vsftpd_conf_migrate.sh
/usr/sbin/vsftpd                     // 软件包的执行脚本
......
```

这两行是我们要了解的重点，ftpusers、user_list 是两个很重要的文件，目前我们可以不管，对于感兴趣的同学可以好好研究一下。

（4）配置软件包

```
[[root@JOY Packages]# cd  /etc/vsftpd/
[root@JOY vsftpd]# ls  -l
total 20
-rw-------. 1 root root  125 Feb 13  2013 ftpusers
-rw-------. 1 root root  361 Feb 13  2013 user_list
-rw-------. 1 root root 4599 Feb 13  2013 vsftpd.conf
-rwxr-r--. 1 root root  338 Feb 13  2013 vsftpd_conf_migrate.sh
[root@JOY vsftpd]# vi vsftpd.conf
......
# Uncomment this to allow the anonymous FTP user to upload files. This only
# has an effect if the above global write enable is activated. Also, you will
# obviously need to create a directory writable by the FTP user.
# anon_upload_enable=YES
# Uncomment this if you want the anonymous FTP user to be able to create
# new directories.
# anon_mkdir_write_enable=YES
......
```

在配置文件中，修改其中的两行，把＃号取消，修改后部分截图片段：

```
# Uncomment this to allow the anonymous FTP user to upload files. This only
# has an effect if the above global write enable is activated. Also, you will
# obviously need to create a directory writable by the FTP user.
anon_upload_enable=YES

# Uncomment this if you want the anonymous FTP user to be able to create
# new directories.
anon_mkdir_write_enable=YES
```

（5）其他相关工作

```
[root@JOY vsftpd]# chkconfig  vsftpd   on      // 在启动系统时，启动 vsftpd 服务
[root@JOY vsftpd]# chmod  777  /var/ftp/pub    // 用户在上传文件时，上传到 vsftpd 所在的
                                                  当前目录
[root@JOY vsftpd]# service  vsftpd  start
Starting vsftpd for vsftpd:  [  OK  ]          // 启动 vsftpd 服务

[root@JOY vsftpd]# ps -ef | grep vsftpd        // 检查启动服务的状态
root 334910 15:13 ? 00:00:00 /usr/sbin/vsftpd /etc/vsftpd/vsftpd.conf
root  3352  3270 0 15:14 pts/0  ]00:00:00 grep vsftpd
```

接下来，可以使用第三方 FTP 工具远程连接到嵌入式环境中有 FTP 服务的机器中，如图 2-6 所示。

vsftpd 服务是在嵌入式开发中常用到的工具，利用 vsftpd 我们可把 Windows 中的文件上传到 Linux 系统中，方便以后的开发。

2. tar 格式软件包

在嵌入式 Linux 开发中，安装一个源码包是最常用的，在日常的管理工作中，大部分软件都是通过源码安装的。安装一个源码包，即需要把源代码编译成二进制的可执行文件。如果操作者读得懂这些源代码，那么就可以修改这些源代码自定义功能，然后再编译成自己想要的。使用源码包的好处除了可以自定义修改源代码外，还可以定制相关的功能，因为源码包在编译的时候是可以附加额外选项的。

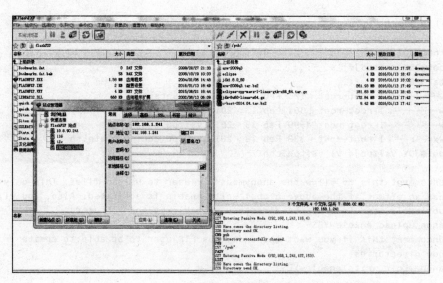

图 2-6　第三方 FTP 工具远程连接 FTP 服务器

源码包的编译用到了 Linux 系统里的编译器，常见的源码包一般都是用 C 语言开发的，这也是因为 C 语言为 Linux 上最标准的程序语言。Linux 上的 C 语言编译器叫作 GCC，利用它就可以把 C 语言变成可执行的二进制文件。所以如果机器上没有安装 GCC 就没有办法编译源码。

```
[root@JOY /]# rpm -qa | grep gcc*
gcc-gfortran-4.4.7-4.el6.x86_64
gcc-gnat-4.4.7-4.el6.x86_64
gcc-java-4.4.7-4.el6.x86_64
libgcrypt-1.4.5-11.el6_4.x86_64
libgcj-devel-4.4.7-4.el6.x86_64
gcc-objc-4.4.7-4.el6.x86_64
java-1.5.0-gcj-1.5.0.0-29.1.el6.x86_64
gnome-python2-gconf-2.28.0-3.el6.x86_64
pulseaudio-module-gconf-0.9.21-14.el6_3.x86_64
libgcc-4.4.7-4.el6.x86_64
pkgconfig-0.23-9.1.el6.x86_64
gcc-4.4.7-4.el6.x86_64
gconfmm26-2.28.0-1.el6.x86_64
crash-gcore-command-1.0-5.el6.x86_64
libsigc++20-2.2.4.2-1.el6.x86_64
gcalctool-5.28.2-3.el6.x86_64
gcc-objc++-4.4.7-4.el6.x86_64
libgcj-4.4.7-4.el6.x86_64
gcc-c++-4.4.7-4.el6.x86_64
```

我们通过 FTP 把要安装的 tar 格式软件包上传到嵌入式环境中。目前，我们常见的有两种：tar.gz、tar.bz2。

```
[root@JOY /]# cd /var/ftp/pub
[root@JOY pub]# ll
total 19852
-rwxrwxr-x. 1 joy joy  4717066 Oct  8 12:46 httpd-2.2.6.tar.bz2
-rwxrwxr-x. 1 joy joy 15605851 Oct  8 13:07 samba-3.0.14a.tar.gz
```

（1）tar 命令

-c：建立压缩档案。

-x：解压。

-t：查看内容。

-r：向压缩归档文件末尾追加文件。

-u：更新原压缩包中的文件。

这五个是独立的命令，压缩解压都要用到其中一个，可以和别的命令连用但只能用其中一个。下面的参数是根据需要在压缩或解压档案时可选的。

-z：有 gzip 属性的。

-j：有 bz2 属性的。

-Z：有 compress 属性的。

-v：显示所有过程。

-O：将文件解开到标准输出。

下面的参数 -f 是必需的。

-f：使用档案名字，切记，这个参数是最后一个参数，后面只能接档案名。

（2）解压

```
tar  -xvf        file.tar           // 解压 tar 包
tar  -zxvf       file.tar.gz        // 解压 tar.gz 包
tar  -jxvf       file.tar.bz2       // 解压 tar.bz2 包
tar  -zxvf       file.tar.Z         // 解压 tar.Z 包
unrare           file.rar           // 解压 rar 包
unzip            file.zip           // 解压 zip 包
```

（3）实例

```
[root@JOY pub]#tar  -jxv fhttpd-2.2.6.tar.bz2
......
[root@JOY pub]# ls -l
total 19856
drwxr-xr-x. 11 501  games       4096 Sep  5  2007 httpd-2.2.6
-rwxrwxr-x.  1 joy  joy      4717066 Oct  8 12:46 httpd-2.2.6.tar.bz2
-rwxrwxr-x.  1 joy  joy     15605851 Oct  8 13:07 samba-3.0.14a.tar.gz
[root@JOY pub]# cd httpd-2.2.6
[root@JOY httpd-2.2.6]# ls
ABOUT_APACHE       CHANGES          include          modules           srclib
acinclude.m4       config.layout    INSTALL          NOTICE            support
Apache.dsw         configure        InstallBin.dsp   NWGNUmakefile     test
apachenw.mcp.zip   configure.in     LAYOUT           os                VERSIONING
build              docs             libhttpd.dsp     README
BuildAll.dsp       emacs-style      LICENSE          README.platforms
BuildBin.dsp       httpd.dsp        Makefile.in      ROADMAP
buildconf          httpd.spec       Makefile.win     server
```

解压后我们会发现 README、INSTALL 两个文件，这两个文件是我们必须要看的，文件中把源代码包安装方法写得很清楚。

```
[root@JOY httpd-2.2.6]# cat INSTALL
APACHE INSTALLATION OVERVIEW
Quick Start - UNIX
------------------
For complete installation documentation, see [ht]docs/manual/install.html or
```

```
http://httpd.apache.org/docs-2.2/install.html
$ ./configure --prefix=PREFIX
$ make
$ make install
$ PREFIX/bin/apachectlstart
……
```

（4）配置源代码包安装程序

configure 在这一步会自动检测 Linux 系统与相关的套件是否有编译该源码包时需要的库，因为一旦缺少某个库文件就不能完成编译。只有检测通过后才会生成一个 Makefile 文件。使用"./config --help"可以查看可用的选项。一般常用的有"--prefix=PREFIX"，这个选项的意思是定义软件包安装到哪里。

```
[root@JOY httpd-2.2.6]#./configure   --prefix=/usr/local/apache2
……
```

要注意的是，此处的 apache2 不要创建。

```
[root@JOY httpd-2.2.6]# ls
ABOUT_APACHE      config.layout    httpd.spec      Makefile.win     server
acinclude.m4      config.log       include         modules          srclib
Apache.dsw        config.nice      INSTALL         modules.c        support
apachenw.mcp.zip  config.status    InstallBin.dsp  NOTICE           test
build             configure        LAYOUT          NWGNUmakefile    VERSIONING
BuildAll.dsp      configure.in     libhttpd.dsp    os
BuildBin.dsp      docs             LICENSE         README
buildconfemacs-style  Makefile     README.platforms
CHANGES           httpd.dsp        Makefile.in     ROADMAP
[root@JOY httpd-2.2.6]# ls  -l  Makefile
-rw-r--r--. 1 root root 8767 Oct  8 13:37 Makefile
```

大家有必要对 Makefile 文件了解，在第 3 章中，我们会对 Makefile 文件进行详细说明，这同时也是嵌入式开发的重点。

（5）make 命令

使用这个命令会根据 Makefile 文件中预设的参数进行编译，这一步其实就是 GCC 在工作了。

如：`[root@JOY httpd-2.2.6]#make`

（6）make install 安装步骤

此安装步骤涉及生成相关的软件存放目录和配置文件的过程。

如：`[root@JOY httpd-2.2.6]#make install`

至此源代码包的安装就完成了。

3. yum 工具

yum 是 Yellowdog Updater Modified 的简称，是杜克大学为了提高 rpm 软件包安装性而开发的一种软件包管理器。起初是由 yellowdog 这一发行版的开发者 TerraSoft 研发，用 Python 写成，那时还叫作 yup（yellowdog updater），后经杜克大学的 Linux@Duke 开发团队进行改进，遂得此名。

yum 的宗旨是自动化升级，安装/移除 rpm 包，收集 rpm 包的相关信息，检查依赖性并自动提示用户解决。yum 的关键之处是要有可靠的 repository，顾名思义，这是软件的仓库，它可以是 http 或 ftp 站点，也可以是本地软件池，但必须包含 rpm 的 header，header 包括了 rpm 包的各种信息，包括描述、功能、提供的文件、依赖性等。正是收集了这些 header 并加以分析，才能自动化地完成余下的任务。

yum 的理念是使用一个中心仓库（repository）管理一部分甚至一个应用程序相互关系，根据计算出来的软件依赖关系进行相关的升级、安装、删除等操作，减少了 Linux 用户一直头痛的依赖问题。这一点上，yum 和 apt 相同。apt 原为 Debian 的 deb 类型软件管理所使用，但是现在也能用到 RedHat 门下的 rpm 了。

yum 主要功能是更方便地添加 / 删除 / 更新 rpm 包，自动解决包的依赖性问题，便于管理大量系统的更新问题。

yum 可以同时配置多个资源库，拥有简洁的配置文件即 /etc/yum.conf，自动解决增加或删除 rpm 包时遇到的依赖性问题，保持与 rpm 数据库的一致性。

yum 的命令形式一般是如下：

```
yum[options][command][package…]
```

其中 [options] 是可选的，选项包括 -h（帮助）、-y（当安装过程提示选择全部为 "yes"）、-q（不显示安装的过程）等, [command] 为所要进行的操作, [package…] 是操作的对象。

实例：

```
[root@JOY pub]# yum  version
Loaded plugins: product-id, refresh-packagekit, security, subscription-manager
This system is not registered to Red Hat Subscription Management. You can use
    subscription-manager to register.
Installed: 6Server/x86_641178:432ca6f0724f051a89a87c6f2c0f7a6f94ba8613
Group-Installed:yum14:c4781029663bd8efcbf7b5f9bf688d67b68e0240
Version
```

说明系统中已经安装好了 yum 相关的软件。

（1）yum 配置

yum 的配置文件分为两部分：main 和 repository。

main 部分定义了全局配置选项，整个 yum 配置文件应该只有一个 main。它常位于 /etc/yum.conf 中。

repository 部分定义了每个源 / 服务器的具体配置，可以有一到多个。常位于 /etc/yum.repos.d 目录下的各文件中。

实例：

```
[root@JOY pub]# cd /etc
[root@JOY etc]# ls  -l  yum.conf
-rw-r--r--. 1 root root 969 Feb 22  2013 yum.conf
[root@JOY pub]#cat yum.conf
[main]
cachedir=/var/cache/yum/$basearch/$releasever
//yum 缓存的目录，yum 在此存储下载的 rpm 包和数据库，默认设置为 /var/cache/yum
keepcache=0
// 安装完成后是否保留软件包，0 为不保留（默认为 0），1 为保留
debuglevel=2
```

```
//Debug 信息输出等级，范围为 0～10，默认为 2
logfile=/var/log/yum.log
//yum 日志文件位置。用户可以到 /var/log/yum.log 文件中查询过去所做的更新
exactarch=1
// 有 1 和 0 两个选项，设置为 1，则 yum 只会安装与系统架构匹配的软件包，如 yum 不会将 i686
// 的软件包安装在适合 i386 的系统中，默认为 1。
obsoletes=1
// 这是一个 update 的参数，具体请参阅 yum(8)，简单地说就是相当于 upgrade，允许更新陈旧的
//RPM 包
gpgcheck=1
// 有 1 和 0 两个选择，分别代表是否进行 gpg(GNU Private Guard) 校验，以确定 rpm 包的来源
// 是有效和安全的。这个选项如果设置在 [main] 部分，则对每个 repository 都有效。默认值为 0
plugins=1
installonly_limit=3
```

一般情况下，yum.conf 文件不要进行修改，保持原来的系统情况就可以工作。

（2）配置本地 yum 源

要配置本地 yum 源必须设置 repo 文件，所有 repository 服务器设置都应该遵循如下格式：

```
[serverid]
name=Somenameforthisserver
baseurl=url://path/to/repository/
```

serverid 用于区别各个不同的 repository，必须有一个独一无二的名称。name 是对 repository 的描述，支持像 $releasever、$basearch 这样的变量。baseurl 是服务器设置中最重要的部分，只有设置正确，才能从上面获取软件。它的格式是：

```
baseurl=url://server1/path/to/repository/
    url://server2/path/to/repository/
    url://server3/path/to/repository/
```

其中 url 支持的协议有 http://、ftp://、file:// 三种。baseurl 后可以跟多个 url，你可以自己改为速度比较快的镜像站，但 baseurl 只能有一个，也就是说不能有如下格式：

```
baseurl=url://server1/path/to/repository/
baseurl=url://server2/path/to/repository/
baseurl=url://server3/path/to/repository/
```

其中 url 指向的目录必须是这个 repositoryheader 目录的上一级，它也支持 $releasever、$basearch 这样的变量。

url 之后可以加上多个选项，如 gpgcheck、exclude、failovermethod 等。

```
[root@JOY yum.repos.d]#cat local.repo
[local]
name=local
baseurl=file:///rhel-cdrom
```

（3）导入 GPGKEY

yum 可以使用 gpg 对包进行校验，确保下载包的完整性，所以我们先要到各个 repository 站点找到 GPGKEY，一般都会放在首页的醒目位置，是一些名字诸如 RPM-GPG-KEY-CentOS-5 之类的纯文本文件。[root@JOY ~]# rpm --import /etc/pki/rpm-gpg/RPM-

GPG-KEY-CentOS-6

（4）yum 相关命令

  yum install package1：安装指定的安装包 package1

  yum groupinstall group1：安装程序组 group1

  yum update package1：更新指定程序包 package1

  yum check-update：检查可更新的程序

  yum upgrade package1：升级指定程序包 package1

  yum groupupdate group1：升级程序组 group1

  yum info package1：显示安装包信息 package1

  yum list：显示所有已经安装和可以安装的程序包

  yum list package1：显示指定程序包安装情况 package1

  yum groupinfo group1：显示程序组 group1 信息

  yum search string：根据关键字 string 查找安装包

  yum remove erase package1：删除程序包 package1

  yum groupremove group1：删除程序组 group1

  yum deplist package1：查看程序 package1 依赖情况

  yum clean packages：清除缓存目录下的软件包

  yum clean headers：清除缓存目录下的 headers

  yum clean old headers：清除缓存目录下旧的 headers

  yum clean 和 yum cleanall：清除缓存目录下的软件包及旧的 headers

使用 yum 安装软件包：

```
[root@iotlab/]#yum    install    vsftpd
Loadedplugins:product-id, refresh-packagekit, security, subscription-manager
ThissystemisnotregisteredtoRedHatSubscriptionManagement
Youcanusesubscription-managertoregister。
local|3.9kB00:00…
local/primary_db|3.1MB00:00…
SettingupInstallProcess
ResolvingDependencies
-->Runningtransactioncheck
-->Packagevsftpd.x86_640:2.2.2-11.el6_4.1willbeinstalled
-->FinishedDependencyResolution
DependenciesResolved
==================================================================
PackageArchVersionRepositorySize
==================================================================
Installing:
vsftpdx86_642.2.2-11.el6_4.1local151k
TransactionSummary
==================================================================
Install1Package(s)
Totaldownloadsize:151k
Installedsize:331k
Isthisok[y/N]:y
DownloadingPackages:
```

```
Running rpm_check_debug
Running Transaction Test
Transaction Test Succeeded
Running Transaction
  Installing:vsftpd-2.2.2-11.el6_4.1.x86_64 1/1
  Verifying:vsftpd-2.2.2-11.el6_4.1.x86_64 1/1
Installed:
  Vsftpd.x86_64 0:2.2.2-11.el6_4.1
Complete!
```

第 3 章 嵌入式系统开发环境

3.1 Linux 程序设计

在嵌入式系统开发前，一定要为开发搭建一个合适的开发环境，并且保证在开发过程中能够满足开发的要求。为此，在本章中，我们要了解嵌入式开发环境中的因素与要求，掌握在 Linux 系统下软件开发的工具和嵌入式开发的硬件与软件因素。

3.1.1 GNUC 编译器

C 语言是一种在类 UNIX 操作系统的早期就被广泛使用的通用编程语言，它最早是由贝尔实验室的 Dennis Ritchie（丹尼斯·里奇）为了 UNIX 的辅助开发而写的，开始时 UNIX 是用汇编语言和一种叫 B 的语言编写的。从那时候起，C 就成为世界上使用最广泛计算机语言。Linux 上可用的 C 编译器是 GNUC 编译器，它建立在自由软件基金会的编程许可证的基础上，因此可以自由发布，你能在 Linux 的发行光盘上找到它。

GNU 计划由 Richard Stallman（理查德·斯托曼）在 1983 年 9 月 27 日公开发起，它的目标是创建一套完全自由的操作系统。Richard Stallman 最早在 net.unix-wizards 新闻组上公布该消息，并附带《GNU 宣言》等解释为何发起该计划的文章，其中一个理由就是要"重现当年软件界合作互助的团结精神"。为保证 GNU 软件可以自由地"使用、复制、修改和发布"，所有 GNU 软件都有一份在禁止其他人添加任何限制的情况下授权所有权利给任何人的协议条款，GNU 通用公共许可证（GNU General Public License，GPL）即"反版权"（或称 Copy left）概念。

1985 年 Richard Stallman 又创立了自由软件基金会（Free Software Foundation，FSF）来为 GNU 计划提供技术、法律以及财政支持。尽管 GNU 计划大多时候是由个人自愿无偿贡献，但 FSF 有时还是会聘请程序员帮助编写。当 GNU 计划开始逐渐获得成功时，一些商业公司开始介入开发和技术支持。当中最著名的就是之后被 RedHat 兼并的 Cygnus Solutions。

1991 年 Linus Torvalds（见图 3-1）编写出了与 UNIX 兼容的 Linux 操作系统内核并在 GPL 条款下发布。Linux 之后在网上广泛流传，许多程序员参与了开发与修改。

1992 年 Linux 与其他 GNU 软件结合，完全自由的操作系统正式诞生。该操作系统往往被称为"GNU/Linux"或简称 Linux。

GNU 包含 3 个协议条款。

1）GPL：GNU 通用公共许可证（GNU General Public License）。

2）LGPL：GNU 较宽松公共许可证（GNU Lesser General Public

图 3-1　Linus Torvalds

License），旧称 GNU Library General Public License（GNU 库通用公共许可证）。

3）GFDL：GNU 自由文档许可证（GNU Free Documentation License）的缩写形式。

这里指的自由，并不是价格免费，这与价格无关，而是使用软件对所有的用户来说是自由的。GPL 通过如下途径实现这一目标：

- 它要求软件以源代码的形式发布，并规定任何用户能够以源代码的形式将软件复制或发布给别的用户。
- 如果用户的软件使用了受 GPL 保护的任何软件的一部分，那么该软件就继承了 GPL 软件，并因此而成为 GPL 软件，也就是说必须随应用程序一起发布源代码。
- GPL 并不排斥对自由软件进行商业性质的包装和发行，也不限制在自由软件的基础上打包发行其他非自由软件。

目前采用 GNU C 的操作系统如表 3-1 所示。

表 3-1 UNIX 和类 UNIX 操作系统

UNIXSystemV 家族	▪A/UX ▪LynxOS ▪Solaris	▪AIX ▪SCOOpenServer ▪OS/2	▪HP-UX ▪Tru64	▪IRIX ▪Xenix
BSDUNIX-386BSD 家族	▪BSD/OS ▪MacOSX ▪OpenSolaris	▪FreeBSD ▪iOS	▪NetBSD ▪OpenBSD	▪NEXTSTEP ▪SUNOS
UNIX-Like	▪GNU ▪Ubuntu ▪QNX ▪GNU/kFreeBSD	▪inux ▪RedHat ▪GNU/Linux	▪Android ▪LinuxMint ▪GNU/Hurd ▪StartOS	▪Debian ▪Minix ▪DebianGNU/Hurd
其他	▪DOS	▪MS-DOS	▪Windows	▪ReactOS

3.1.2 GCC 编译器

GCC，全称 GNU Compiler Collection，是一套 GNU 开发的编译器环境，它的创始人便是大名鼎鼎的 Richard Stallman。最初 GCC 刚开始开发时，它还叫作 GNU C Compiler，随着开发的深入，GCC 很快得到了扩展，不仅可以支持 C 语言，还可以处理 C++、Pascal、Object-C、Java 以及 Ada 等其他语言。目前，GCC 不仅是 GNU 的官方编译器，也成为编译和创建其他操作系统的编译器，包括 BSD 家族以及 Mac OS X 等。另外，GCC 也是跨平台交叉编译的首选，它不仅支持 Intel 的 x86 系列，同时也支持 MIPS、ARM、PowerPC、SPARC 等处理器。图 3-2 所示是 GCC 编译器支持的语言和处理器环境。可以这么说，即使 GCC 不是世界上效率最高的编译器，它也一定是世界上最全面的编译器。

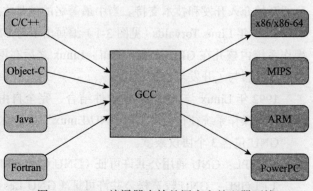

图 3-2 GCC 编译器支持的语言和处理器环境

GCC 是 C 语言的编译器，但使用 GCC 由 C 语言源代码文件生成可执行文件的过程不仅仅是编译的过程，而是包括四个相互关联的步骤：

1）预处理（也称预编译，Preprocessing）。
2）编译（Compilation）。
3）汇编（Assembly）。
4）链接（Linking）。

GCC 首先调用 cpp 进行预处理，在预处理过程中，对源代码文件中的文件包含（include）、预编译语句（如宏定义 define 等）进行分析。接着调用 cc1 进行编译，这个阶段根据输入文件生成以 .i 为后缀的目标文件。汇编过程是针对汇编语言的步骤，调用 as 进行工作，一般来讲，以 .s 为后缀的汇编语言源代码文件和以 .s 为后缀的汇编语言文件经过预编译和汇编之后都生成以 .o 为后缀的目标文件。当所有的目标文件都生成之后，GCC 就调用 ld 来完成最后的关键性工作，这个阶段就是链接。在链接阶段，所有的目标文件被安排在可执行程序中的恰当的位置，同时，该程序所调用到的库函数也从各自所在的档案库中链接到合适的地方。如图 3-3 为 GCC 的编译过程。

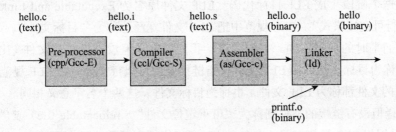

图 3-3　GCC 的编译过程

```
[root@JOY test]# cat hello.c
#include <stdio.h>
int main()
{
    printf("Hello Linux!!!\n");
    return 0;
}
```

1. 预编译过程

```
[root@JOY test]# ls -l
total 4
-rw-r--r--. 1 root root 88 Oct  8 15:13 hello.c
[root@JOY test]# gcc -E hello.c -o hello.i
[root@JOY test]# ll
total 24
-rw-r--r--. 1 root root    88 Oct  8 15:13 hello.c
-rw-r--r--. 1 root root 16748 Oct  8 15:21 hello.i
[root@JOY test]# cat hello.c | wc -l
6
[root@JOY test]# cat hello.i | wc -l
853
```

这个过程处理宏定义和 include，并做语法检查。可以看到预编译后，代码从 6 行扩展到了853行。

2. 编译过程和汇编过程

```
[root@JOY test]# gcc -S hello.i -o hello.s
[root@JOY test]# ll
total 28
-rw-r--r--. 1 root root    88 Oct  8 15:13 hello.c
-rw-r--r--. 1 root root 16748 Oct  8 15:21 hello.i
-rw-r--r--. 1 root root   445 Oct  8 15:28 hello.s

[root@JOY test]# gcc -c hello.s -o hello.o
[root@JOY test]# ll
total 32
-rw-r--r--. 1 root root    88 Oct  8 15:13 hello.c
-rw-r--r--. 1 root root 16748 Oct  8 15:21 hello.i
-rw-r--r--. 1 root root  1504 Oct  8 15:33 hello.o
-rw-r--r--. 1 root root   445 Oct  8 15:28 hello.s
[root@JOY test]# file hello.o
hello.o: ELF 64-bit LSB relocatable, x86-64, version 1 (SYSV), not stripped
```

程序在这个阶段生成ELF目标代码。ELF文件原名为Executable and Linking Format，译为"可执行可链接格式"。ELF规范中把ELF文件宽泛地称为"目标文件"。

这与我们平时的理解不同。一般来说，我们把编译但没有链接的文件（比如Linux下的.o文件）称为目标文件。而ELF文件仅指链接好的可执行文件。在ELF规范中，所有符合ELF规范的文件都称为ELF文件，也称为目标文件，这两个名字意义相同。

经过编译但没有链接的文件则称为"可重定位文件"（relocatable file）或"待重定位文件"。本书采用与ELF规范相同的命名方式，所以当提到可重定位文件时，一般可以理解为通常所说的目标文件；而提到目标文件时，即指各种类型的ELF文件。ELF文件的格式中包含了文件头（file header）、代码段（.text）、数据段（.data）、未初始化数据段（.bss）等。

```
[root@JOY test]# objdump  hello.o -h         // 输出目标文件hello.o的所有段概括
hello.o:     file format elf64-x86-64
Sections:
Idx Name          Size      VMA               LMA               File off  Algn
  0 .text         00000015  0000000000000000  0000000000000000  00000040  2**2
                  CONTENTS, ALLOC, LOAD, RELOC, READONLY, CODE
  1 .data         00000000  0000000000000000  0000000000000000  00000058  2**2
                  CONTENTS, ALLOC, LOAD, DATA
  2 .bss          00000000  0000000000000000  0000000000000000  00000058  2**2
                  ALLOC
  3 .rodata       0000000f  0000000000000000  0000000000000000  00000058  2**0
                  CONTENTS, ALLOC, LOAD, READONLY, DATA
  4 .comment      0000002d  0000000000000000  0000000000000000  00000067  2**0
                  CONTENTS, READONLY
  5 .note.GNU-stack 00000000  0000000000000000  0000000000000000  00000094  2**0
                  CONTENTS, READONLY
  6 .eh_frame     00000038  0000000000000000  0000000000000000  00000098  2**3
                  CONTENTS, ALLOC, LOAD, RELOC, READONLY, DATA
```

（1）文件头（file header）

在文件头中包含了文件的机器字长、版本、运行平台、文件类型、入口地址、短信息等内容，用于告诉系统文件的类型。

对于数据段需要说明的一点就是，.data 段包含的是已经初始化的全局变量和静态变量，而 .bss 段包含的是未初始化的全局变量和静态变量。其中有些文件中还存在 .rodata 段，存放只读数据段。另外在 .bss 段中变量的默认值为 0，因此 .bss 在 ELF 文件中实际上并不占用空间，只是在装载的时候需要分配虚拟内存空间。

（2）段表

段表是 ELF 文件除了文件头之外最重要的一个数据结构，其中包含了 ELF 的各个段的信息，如每个段的段名、段的长度、在文件中的偏移、读写权限等。ELF 文件中的段结构就是由段表决定的，编译器、链接器、装载器都是通过段表进行访问各个段的，段表的位置由文件头中 e_shoff 决定，是在文件中的相对偏移。

（3）重定位表

链接器的作用是链接多个目标文件，在一个文件中变量引用或函数引用可能定义在其他目标文件中，而这些符号引用需要使用绝对地址。对于这些符号引用需要放在一个特定的段中，这个段就是重定位表。代码段的重定位信息放在 .rel.text 中，数据段的重定位信息放在 .rel.data 中。

（4）字符串表

在 ELF 文件中有好多字符串，如段名、变量名，因为字符串的长度往往是不确定的，使用固定的结构来表示比较困难，一种常用的方法就是将所有的字符串放在一个单独的表中，而使用该字符串的地方只需要有个对该字符串的引用就可以了。

（5）符号表

为了能将不同的目标文件链接起来，需要解决不同目标文件之间的相互引用问题。为了解决这个问题，在每个文件中存在很多符号表，其中包括全局符号表、外部符号表、局部符号等。全局符号包含定义在本目标文件中的全局符号，这些符号可以被其他目标文件引用，外部符号包含了在本目标文件中引用却未在本目标文件中定义的符号。

ELF 文件的作用有两个：一是用于构建程序，构建动态链接库或可执行程序等，主要体现在链接过程；二是用于运行程序。在这两种情况下，我们可以从不同的视角看待同一个目标文件。从连接的角度和运行的角度可以分别把目标文件的组成部分进行以下划分，如图 3-4 为 ELF 文件构成。

3. 链接过程

链接过程生成可执行代码。链接分为两种：一种是静态链接，另一种是动态链接。使用静态链接的好处是依赖的动态链接库较少，对动态链接库的版本不会很敏感，具有较好的兼容性；缺点是生成的程序比较大。使用动态链接的好处是生成的程序比较小，占用较少的内存。

连接视图	运行视图
ELF文件头	ELF文件头
程序头表（可选）	程序头表
第1节	第1段
第2节	
...	第2段
第n节	
...	...
"节"头表	"段"头表（可选）

图 3-4 ELF 文件构成

```
[root@JOY test]# gcc hello.o -o hello
[root@JOY test]# ll
total 40
-rwxr-xr-x.    1 root root   6425    Oct  9 10:38 hello
-rw-r--r--.    1 root root     88    Oct  8 15:13 hello.c
-rw-r--r--.    1 root root  16748    Oct  8 15:21 hello.i
-rw-r--r--.    1 root root   1504    Oct  8 15:33 hello.o
-rw-r--r--.    1 root root    445    Oct  8 15:28 hello.s
[root@JOY test]# ./hello
Hello Linux!!!
```

对于嵌入式开发领域来说，因为开发板的能力限制，是无法运行编译环境的，这样就需要在 PC 上通过交叉编译来生成目标可执行程序，GCC 的高度灵活性在嵌入式开发上发挥了极大的作用。

3.1.3 Makefile

现在很多 Windows 的程序员都不知道这个工具，因为 Windows 的 IDE 都为我们做了这个工作，但作为一个专业的 Linux 系统程序员，Makefile 是必须要懂的。特别是在嵌入式系统下的软件开发与编译，我们就不得不自己写 Makefile 文件了，会不会写 Makefile 文件从一个侧面说明了一个人是否具备完成大型工程的能力。因为，Makefile 关系到了整个工程的编译规则。

一个工程中的源文件不计其数，其按类型、功能、模块分别放在若干个目录中，Makefile 定义了一系列规则来指定哪些文件需要先编译，哪些文件需要后编译，哪些文件需要重新编译，甚至于进行更复杂的功能操作。Makefile 就像一个 shell 脚本一样，其中也可以执行操作系统的命令。Makefile 带来的好处就是"自动化编译"，一旦写好，只需要一个 make 命令，整个工程完全自动编译，极大地提高了软件开发的效率。make 是一个命令工具，是一个解释 Makefile 中指令的命令工具，一般来说，大多数的 IDE 都有这个命令，如 Delphi 的 make、Visual C++ 的 make、Linux 下 GNU 的 make。可见，Makefile 成为了一种在工程上广泛应用的编译方法。

当然，不同产商的 make 各不相同，也有不同的语法，但其本质都是在"文件依赖性"上做文章，并且还是需遵循于 IEEE 1003.2—1992 标准（POSIX.2）的。

1. Makefile 文件规则

我们先来粗略地看一看 Makefile 的规则。规则如下：

```
target…: prerequisites…
  (tab) command
```

target 也就是一个目标文件，也可以是执行文件，还可以是一个标签（Label）。prerequisites（依赖关系）就是要生成 target 所需要的文件或是目标。command 也就是 make 需要执行的命令（任意的 shell 命令）。

这是一个文件依赖关系，也就是说，target 中一个或多个目标文件依赖于 prerequisites 中的文件，其生成规则定义在 command 中。prerequisites 中如果有一个以上的文件比 target 文件要新的话，command 所定义的命令就会被执行。这就是 Makefile 的规则，也就是

Makefile 中最核心的内容。

```
[root@JOY c]# cat  Makefile
2-5:2-5-main.o  2-5-fun_sum.o  2-5-fun_avg.o
        gcc  2-5-main.o  2-5-fun_sum.o  2-5-fun_avg.o -o  2-5
2-5.main.o: 2-5-main.c  chengji.h
        gcc  2-5-main.c  -c
2-5-fun_sum.o: 2-5-fun_sum.c
        gcc  2-5-fun_sum.c  -c
2-5-fun_avg.o: 2-5-fun_avg.c
        gcc  2-5-fun_avg.c  -c
clean:
        rm -rf 2-5-main.o  2-5-fun_sum.o  2-5-fun_avg.o 2-5
```

在这个 Makefile 中，目标文件（target）包含：执行文件 2-5 和中间目标文件（*.o），依赖文件（prerequisites）就是冒号后面的那些 .c 文件和 .h 文件。每一个 .o 文件都有一组依赖文件，而这些 .o 文件又是执行文件 2-5 的依赖文件。依赖关系实质上就是说明了目标文件是由哪些文件生成的，换言之，目标文件是哪些文件更新的。

make 并不管命令是怎么工作的，它只管执行所定义的命令。make 会比较 target 文件和 prerequisites 文件的修改日期，如果 prerequisites 文件的日期要比 target 文件的日期要新，或者 target 不存在的话，那么 make 就会执行后续定义的命令。

说明：clean 不是一个文件，它只不过是一个动作名称，有点像 C 语言中的 lable 一样，其冒号后什么也没有，那么 make 就不会自动寻找文件的依赖性，也就不会自动执行其后所定义的命令。要执行其后的命令，就要在 make 命令后明显地指出这个 lable 的名字。这样的方法非常有用，我们可以在一个 Makefile 中定义不用的编译或是与编译无关的命令，比如程序的打包、程序的备份等。

2. make 是如何工作的

```
[root@JOY c]# ls  -l
total 20
-rw-------  1 ftp ftp 243 Feb  9 19:31 2-5-fun_avg.c
-rw-------  1 ftp ftp 231 Feb  9 19:31 2-5-fun_sum.c
-rw-------  1 ftp ftp 820 Feb  9 19:31 2-5-main.c
-rw-------  1 ftp ftp 248 Feb  9 19:31 chengji.h
-rw-------  1 ftp ftp 332 Feb  9 19:38 Makefile
[root@JOY c]# make
cc   -c -o 2-5-main.o 2-5-main.c
gcc  2-5-fun_sum.c  -c
gcc  2-5-fun_avg.c  -c
gcc  2-5-main.o  2-5-fun_sum.o  2-5-fun_avg.o  -o  2-5
```

1）make 会在当前目录下查找名字叫 Makefile 或 makefile(make -fmakefile) 的文件。

2）如果找到，它会查找文件中的第一个目标文件（target），在上面的例子中，我们会找到 "2-5" 这个文件，并把这个文件作为最终的目标文件。

3）如果 2-5 文件不存在，或是 2-5 所依赖的后面的 .o 文件的文件修改时间要比 2-5 这个文件新，那么，它就会执行后面所定义的命令来生成 2-5 这个文件。

4）如果 2-5 所依赖的 .o 文件也不存在，那么 make 会在当前文件中查找目标为 .o 文件的依赖性,如果找到则再根据那一个规则生成 .o 文件(这有点像一个堆栈的过程)。

5)当然,我们的 .c 文件和 .h 文件是存在的,于是 make 会生成 .o 文件,然后再用 .o 文件声明 make 的终极任务,也就是执行文件 2-5 了。

整个 make 具有依赖性,make 会一层又一层地查找文件的依赖关系,直到最终编译出第一个目标文件。在找寻的过程中,如果出现错误,比如最后被依赖的文件找不到,那么 make 就会直接退出并报错,而对于所定义的命令的错误或是编译不成功,make 根本不理会。make 只管文件的依赖性,即如果在查找了依赖关系之后,冒号后面的文件还是不存在,那么 make 退出工作或报错。

通过上述分析,我们知道像 clean 这种没有被第一个目标文件直接或间接关联的,它后面所定义的命令将不会被自动执行,不过,我们可以显式要 make 执行,即命令"make clean",以此来清除所有的目标文件,以便重编译。

```
[root@JOY c]# ls -l
-rwxr-xr-x 1 root root    7484 Feb  9 23:04 2-5
-rw------- 1 root root     243 Feb  9 19:31 2-5-fun_avg.c
-rw-r--r-- 1 root root    1336 Feb  9 23:04 2-5-fun_avg.o
-rw------- 1 root root     231 Feb  9 19:31 2-5-fun_sum.c
-rw-r--r-- 1 root root    1312 Feb  9 23:04 2-5-fun_sum.o
-rw------- 1 root root     820 Feb  9 19:31 2-5-main.c
-rw-r--r-- 1 root root    2360 Feb  9 23:04 2-5-main.o
-rw------- 1 root root     248 Feb  9 19:31 chengji.h
-rw------- 1 root root     332 Feb  9 19:38 Makefile
[root@JOY c]# make clean
rm -rf 2-5-main.o  2-5-fun_sum.o  2-5-fun_avg.o 2-5
[root@JOY c]# ls -l
-rw------- 1 ftp   ftp      243      Feb  9 19:31 2-5-fun_avg.c
-rw------- 1 ftp   ftp      231      Feb  9 19:31 2-5-fun_sum.c
-rw------- 1 ftp   ftp      820      Feb  9 19:31 2-5-main.c
-rw------- 1 ftp   ftp      248      Feb  9 19:31 chengji.h
-rw------- 1 ftp   ftp      332      Feb  9 19:38 Makefile
```

在嵌入式开发过程中,如果这个工程已被编译过了,当我们修改了其中一个源文件,比如 2-5-fun_sum.c,那么根据依赖性,目标文件 2-5 会被重编译(也就是在这个依赖性关系后面所定义的命令),于是 2-5-fun_sum.o 文件也是最新的,由于 2-5-fun_sum.o 的文件修改时间要比 2-5 新,所以 2-5 也会被重新链接。

而如果我们改变了"chengji.h",那么,2-5-main.o、2-5-fun_sum.o、2-5-fun_avg.o 都会被重编译,并且 2-5 会被重链接。

3. Makefile 的其他功能

(1)变量

我们可以看到 .o 文件的字符串被重复了两次,如果工程需要加入一个新的 .o 文件,那么需要在两个地方添加(应该是三个地方,还有一个地方是在 clean 中)。当然,我们的 Makefile 并不复杂,所以在两个地方添加也不难,但如果 Makefile 变得复杂,那么就有可能会忘掉一个需要加入的地方,而导致编译失败。所以为了 Makefile 的易维护,在 Makefile 中我们可以使用变量。Makefile 的变量也就是一个字符串,理解成 C 语言中的宏可

嵌入式系统开发环境

能会更好。

```
[root@JOY c]# cat Makefile
objects = 2-5-main.o  2-5-fun_sum.o  2-5-fun_avg.o
2-5: $(objects)
cc-o2-5 $(objects)
2-5.main.o: 2-5-main.c  chengji.h
    gcc 2-5-main.c  -c
2-5-fun_sum.o: 2-5-fun_sum.c
    gcc 2-5-fun_sum.c -c
2-5-fun_avg.o: 2-5-fun_avg.c
    gcc 2-5-fun_avg.c  -c
clean:
rm -rf 2-5 $(objects)
```

在 Makefile 文件中，我们可以采用相关宏定义，见表 3-2。

表 3-2 表达式中各个变量的含义

变 量	含 义
*	表示目标文件的名称，不包含目标文件的扩展名
+	表示所有的依赖文件，这些依赖文件之间以空格分开，按照出现的先后为顺序，其中可能包含重复的依赖文件
<	表示依赖项中第一个依赖文件的名称
?	依赖项中，所有目标文件时间戳晚的依赖文件，依赖文件之间以空格分开
@	目标项中目标文件的名称
^	依赖项中，所有不重复的依赖文件，这些文件之间以空格分开

如下所示：

```
CFLAGS = -Iadd -Isub -O2
OBJS = add/add_int.o add/add_float.o \
sub/sub_int.o sub/sub_float.o main.o
TARGET = cacu
$(TARGET):$(OBJS)
$(CC) $^ -o $@ $(CFLAGS)
$(OBJS):%o:%c
$(CC) -c $< -o $@ $(CFLAGS)
clean:
-$(RM) $(TARGET) $(OBJS)
```

（2）自动推导

GNU 的 make 功能很强大，它可以自动推导文件以及文件依赖关系后面的命令，我们就没必要在每一个 .o 文件后都写上类似的命令，make 会自动识别并自己推导命令。只要 make 看到一个 .o 文件，它就会自动地把 .c 文件加在依赖关系中，如果 make 找到一个 2-5-main.o，那么 2-5-main.c 就会是 2-5-main.o 的依赖文件，并且 cc -c2-5-main.c 也会被推导出来，于是，我们的 Makefile 再也不用写得这么复杂了。

```
[root@JOY c]# cat Makefile
objects = 2-5-main.o  2-5-fun_sum.o  2-5-fun_avg.o
```

```
2-5: $(objects)
    cc  -o  2-5 $(objects)
2-5.main.o: chengji.h
2-5-fun_sum.o: 2-5-fun_sum.c
2-5-fun_avg.o: 2-5-fun_avg.c
clean:
    rm -rf 2-5 $(objects)
```

（3）通配符

如果我们想定义一系列类似的文件，我们很自然地就想起使用通配符。make 支持通配符（如"*"），这与 UNIX 的 B-shell 是相同的。

通配符代替了一系列的文件，如".c"表示所有后缀为 .c 的文件。需要我们注意的是，如果文件名中有通配符，如"*"，那么可以用转义字符"\"，如"*"来表示真实的"*"字符，而不是任意长度的字符串。比如：

```
clean:
rm -rf 2-5 *.o
```

（4）多目录结构

在一些大的工程中，我们会把不同模块或不同功能的源文件放在不同的目录中，我们可以在每个目录中都书写一个该目录的 Makefile，这有利于让 Makefile 变得更加简洁，而不至于把所有的东西全部写在一个 Makefile 中，这样会很难维护，这个技术对于模块编译和分段编译有非常大的好处。

在图 3-5 中，一个工程只有一个 Makefile 文件，insert.c 调用了 file.c，而 main.c 又调用了 insert.c，这种情况适合小型项目的架构，当项目的文件越来越多时，这种方法不再适合。

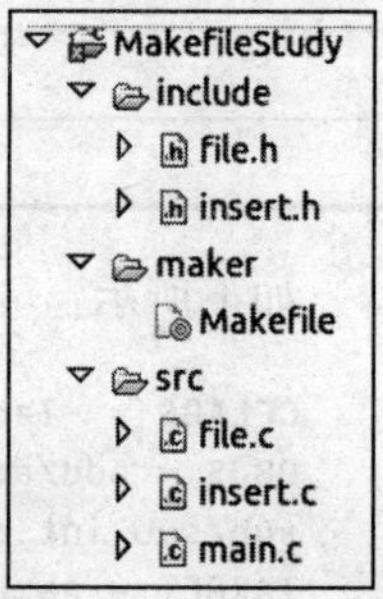

图 3-5 小型项目架构

```
[root@JOY project]# cat Makefile
SRCPATH:=../src/
SRC:=$(wildcard $(SRCPATH)*.c)
SRC:=$(notdir $(SRC))
OBJS:=$(SRC:.c=.o)
CC = gcc
INCLUDE = ..
CFLAGS = -g -Wall

# makefile
all : main
    @echo "enter regular: all…"
    include $(OBJS:.o=.d)
main : $(OBJS)
    gcc -o $@ $^
%.d: $(SRCPATH)%.c
    @set -e;rm -f $@;\
    $(CC) -MM $(CFLAGS) $<> $@。; \
    sed 's, $?\.o[ :]*, \1.o $@ : , g' < $@.> $@; \
    rm -f $@.
%.o: $(SRCPATH)%.c
    $(CC) -I$(INCLUDE) $(CFLAGS) -c $< -o $@
.PHONY:all clean print
```

```
clean:
    @echo "i will clean…"
    -rm -rf *.o *.d main
    @echo "ok, i have cleaned!"
print:
    @echo $(OBJS)
```

Makefile 的执行过程首先是初始化变量，引入 include 中的内容，发现"xxx.d"文件不存在，于是查找是否有相应的规则来生成这种文件。如果找不到则报错，即该文件不存在；如果找到了，可以根据"%.d: $(SRCPATH)%.c"对应的命令，生成"xxx.d"文件。生成文件后，也就是 include 操作完成！注意：include 书写的位置就是新增内容所要放置的位置。make 开始建立依赖：

```
all : main
main : main.o file.o insert.o
    gcc -o $@ $^

# 此时 xxx.d 文件已经包含进来，且是最新的了，但此时还没有 xxx.o 文件
# 所以会执行下面 " %.o : $(SRCPATH)%.c " 对应的命令
file.ofile.d : …/src/file.c …/src/…/include/file.h
insert.o insert.d : …/src/insert.c …/src/…/include/insert.h /…/src/…/include/file.h
main.o main.d : …/src/main.c …/src/…/include/insert.h /…/src/…/include/file.h
%.o : $(SRCPATH)%.c
    $(CC) -I$(INCLUDE) $(CFLAGS) -c $< -o $@
```

在这个项目中，我们要随时注意目录的变更，变更后要及时修改 Makefile 文件，以便适应目录中文件的变化情况。

而在更复杂的环境中，比如图 3-6 的情况，更适合于实际情况，在后续我们讲的嵌入式引导系统、嵌入式内核的情况比这更复杂，就必须采用多个 Makefile 方式来实现。

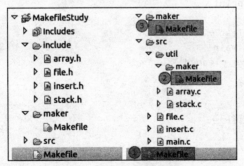

图 3-6　大型项目架构

三个 Makefile 的关系是：1 号是总的 Makefile，负责按照顺序调用 2 号和 3 号；2 号是内部模块的 Makefile 文件，负责编译 xxx.o；3 号是外部模块，负责编译链接生成可执行文件。其中 stack.c 调用了 array.c，main.c 调用了 stack.c。

● 1 号 Makefile 文件的内容是：

```
make_subdir := ./src/util/maker/../maker/
all:
    @for subdir in $(make_subdir); do\
        echo "making $$subdir";\
```

```
            $(MAKE) -C $$subdir ;\
        done;
    .PHONY:clean
clean:
        @echo "send clean order…"
        @for subdir in $$(make_subdir); do\
            $(MAKE) -C $$subdir clean;\
        done;
        @echo "receive singal of clean over!"
```

- 2号 Makefile 的内容是:

```
SRCPATH:=../
# 得到所有 .c 文件的名称, 去除路径
    SRC:=$(wildcard $(SRCPATH)*.c)
    SRC:=$(notdir $(SRC))
# 得到即将要被生成的 .o 文件名称
    OBJS:=$(SRC:.c=.o)
    CC = gcc
    INCLUDE = ..
    CFLAGS = -g -Wall
# Makefile 的程序入口!
    all : $(OBJS)
# 引入 .d 文件, .d 文件中包含了 .c 文件中头文件的依赖关系!
    include $(OBJS:.o=.d)
%.d: $(SRCPATH)%.c
    @set -e;rm -f $@;\
    $(CC) -MM $(CFLAGS) $<> $@.; \
    sed 's,$?\.o[ :]*,\1.o $@ : ,g' < $@.> $@; \
    rm -f $@.
%.o : $(SRCPATH)%.c
    $(CC) -I$(INCLUDE) $(CFLAGS) -c $< -o $@
    .PHONY:all clean print
clean:
        @echo "i will clean…"
        -rm -rf *.o *.d main
        @echo "ok, i have cleaned!"
print:
        @echo $(OBJS)
```

- 3号 Makefile 的内容是:

```
    SRCPATH:=../src/
    SRCINNER:=
# 得到所有 .c 文件的名称, 去除路径
    SRC:=$(wildcard $(SRCPATH)*.c)
    SRC:=$(notdir $(SRC))
OBJSINNER:=../src/util/maker/
    OBJSINNER:=$(wildcard $(OBJSINNER)*.o)          #----------- 新增代码
# 得到即将要被生成的 .o 文件名称
    OBJS:=$(SRC:.c=.o)
    CC = gcc
    INCLUDE = ..
    CFLAGS = -g -Wall
# Makefile 的程序入口!
    all : main
```

```
        @echo "enter regular: all…"
# 引入 .d 文件，.d 文件中包含了 .c 文件中头文件的依赖关系！
        include $(OBJS:.o=.d)
main : $(OBJS) $(OBJSINNER)#---------- 新增代码
        gcc -o $@ $^
%.d: $(SRCPATH)%.c
        set -e;rm -f $@;\
        $(CC) -MM $(CFLAGS) $<> $@.; \
        sed 's, $?\。o[ :]*, \1。o $@ : , g' < $@.> $@; \
        rm -f $@.
%。o : $(SRCPATH)%.c
        $(CC) -I$(INCLUDE) $(CFLAGS) -c $< -o $@
        .PHONY:all clean print
clean:
        @echo "i will clean…"
        -rm -rf *.o *.d main
        @echo "ok, i have cleaned!"

        print:
        @echo $(OBJS)
```

3.1.4 用 GDB 调试程序

GDB（GNU Debugger）是 GCC 的调试工具，GDB 是 GNU 开源组织发布的一个强大的类 UNIX 下调试程序工具，GDB 主要有以下四个方面的功能。

1）可以按照用户的要求随心所欲地调试运行程序。

2）可让被调试的程序在所指定调置的断点处停住（断点可以是条件表达式）。

3）当程序被停住时，可以检查此时程序中所发生的事。

4）动态地改变程序的执行环境。

```
[root@JOY test]# cat t1.c
#include <stdio.h>

int func(int n)
{
        int sum=0,i;
        for(i=0; i<n; i++)
                {
                        sum+=i;
                }
        return sum;
}
main()
{
        int i;
        long result = 0;
        for(i=1; i<=100; i++)
                {
                        result += i;
                }
        printf("result[1-100] = %d\n",result );
        printf("result[1-250] = %d\n",func(250) );
}
```

1. 生成调试信息

GDB 主要调试的是 C/C++ 程序。要调试 C/C++ 程序，首先在编译时必须把调试信息加到可执行文件中。

```
[root@JOY test]# gcc -g t1.c -o t1
[root@JOY test]# ll
total 16
-rw-r--r--. 1 root root   88 Oct  8 15:13 hello.c
-rwxr-xr-x. 1 root root 8037 Oct 10 16:04 t1
-rw-r--r--. 1 root root  426 Oct 10 16:02 t1.c
```

2. 启动 GDB

启动 GDB 的方法有以下几种：

（1）gdb <program>

program 也就是执行的文件，一般在当前目录下。

（2）gdb <program> core

用 GDB 同时调试一个运行程序和 core 文件，core 文件是程序非法执行并 core dump 后产生的文件。

（3）gdb <program> <PID>

如果程序是一个服务程序，那么我们可以指定这个服务程序运行时的进程 ID，GDB 会自动添加上去，并调试它。program 应该在 PATH 环境变量中搜索得到。

```
[root@JOY test]# gdb t1
GNU gdb (GDB) Red Hat Enterprise Linux (7.2-60.el6_4.1)
Copyright (C) 2010 Free Software Foundation, Inc.
License GPLv3+: GNU GPL version 3 or later <http://gnu.org/licenses/gpl.html>
This is free software: you are free to change and redistribute it.
There is NO WARRANTY, to the extent permitted by law.  Type "show copying"
and "show warranty" for details.
This GDB was configured as "x86_64-redhat-linux-gnu".
For bug reporting instructions, please see:
<http://www.gnu.org/software/gdb/bugs/>...
Reading symbols from /test/t1...done.
(gdb)
```

3. GDB 运行上下文

GDB 在运行时，我们可以通过 GDB 提供的上下文参数观察、调试程序在运行中的实际情况，以便达到我们想要的目的。

```
(gdb) l        //1命令相当于list,从第一行开始列出源代码
7       {
8               sum+=i;
9       }
10      return sum;
11  }
12
13  main()
14  {
15      int i;
16      long result = 0;
(gdb)          // 直接回车表示,重复上一次命令
(gdb) break 16    // 设置断点,在源程序第16行处
Breakpoint 1 at 0x4004fa: file t1.c, line 16.
(gdb) break func  // 设置断点,在函数func()入口处
```

```
Breakpoint 2 at 0x4004cb: file t1.c, line 5.
(gdb) info break              //查看断点信息
Num     Type           DispEnb Address                 What
1       breakpoint     keep y  0x00000000004004fa in main at t1.c:16
2       breakpoint     keep y  0x00000000004004cb in func at t1.c:5
(gdb) r                       //运行程序,run 命令简写
Starting program: /test/t1
Breakpoint 1, main () at t1.c:16    //在断点处停住
17              long result = 0;
Missing separate debuginfos, use: debuginfo-install glibc-2.12-1.132.el6.x86_64
(gdb) n                       //单条语句执行,next 命令简写
18              for(i=1; i<=100; i++)
(gdb) n
19                       result += i;
(gdb) c?                      //继续运行程序,continue 命令简写
Continuing.
Breakpoint 2, func (n=250) at test.c:5
5               int sum=0, i;
(gdb) p i?                    //打印变量 i 的值,print 命令简写
$1 = 59
(gdb) bt                      //查看函数堆栈
#0  func (n=250) at t1.c:5
#1  0x0000000000400541 in main () at t1.c:22
(gdb) finish?                 //退出函数
Run till exit from #0  func (n=250) at t1.c:5
0x0000000000400541 in main () at t1.c:22
22              printf("result[1-250] = %d /n", func(250) );
Value returned is $2 = 31125
(gdb) c
Continuing.
result[1-100] = 5050 /nresult[1-250] = 31125 /n
Program exited with code 030.
(gdb) q                       //退出 gdb
```

GDB 的功能远远不止这些,这里介绍的只是一些最基础的调试方法,更多的调试技巧还有待大家通过实践挖掘。

3.2 Linux shell 编程

Linux 系统为用户提供了多种用户界面,包括 shell 界面、系统调用和图形界面。其中 shell 界面是 UNIX/Linux 系统的传统界面,也可以说是最重要的用户界面,无论是服务器、桌面系统还是嵌入式应用,都离不开 shell。shell 本意是外壳,Linux shell 就是 Linux 操作系统的外壳,为用户提供使用操作系统的接口,是 Linux 系统用户交互的重要接口,登录 Linux 系统或者打开 Linux 的终端都将会启动 Linux 所使用的 shell。

Linux shell 是一个命令解释器,是 Linux 下最重要的交互界面。从标准输入接收用户命令,将命令进行解析并传递给内核,内核则根据命令做出相应的动作,如果有反馈信息则输出到标准输出上,示意过程如图 3-7 所示。嵌入式 Linux 的标准输入和输出都是串口终端。

shell 既能解释自身的内建命令,也能解释外部命令,如系统某个目录下的可执行程序。shell 首先判断是否是自己的内建命令,然后再检查是不是系统的应用程序,如果不是内建

命令,在系统也找不到这个应用程序,则提示错误信息;如果找到了应用程序,则通过系统调用执行应用程序。

shell 也是一种解释型程序设计语言,并且支持绝大多数高级语言的程序元素,如变量、数组、函数以及程序控制等。shell 编程简单易学,任何在 shell 提示符中输入的命令都可以放到一个可执行的 shell 程序文件中。shell 文件其实就是众多 Linux 命令的集合,也称为 shell 脚本文件。

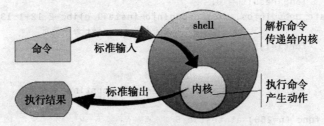

图 3-7 Linux shell 标准的输入输出过程

3.2.1 shell 的种类和特点

Linux shell 有多种 shell,比较通用且有标准的主要分为两类:Bourne shell(sh)和 C shell(csh),其各自包括几种具体的 shell,具体如表 3-3 所示。

表 3-3 shell 的分类和说明

类 别	名 称	说 明
Bourne shell	Bourne shell	由贝尔实验室开发,UNIX 最初使用的 shell
	Bourne Again shell(.bash)	GNU 操作系统上默认的 shell
	Kom shell(.ksh)	
	POSIX shell(.sh)	Kom shell 的变种
C shell	C shell(.csh)	目前使用比较少
	TENEX/TOPS C shell(.tcsh)	

查看使用的 shell:

```
[joy@JOY ~]$ echo $SHELL
/bin/bash
```

尽管不同发行版的默认 shell 有可能不同,但是所采用的 shell 一般都具有如下特性:

1)具有内置命令可供用户直接使用。
2)支持复合命令:把已有命令组合成新的命令。
3)支持通配符(*、?、[])。
4)支持 TAB 键补齐。
5)支持历史记录。
6)支持环境变量。
7)支持后台执行命令或者程序。
8)支持 shell 脚本程序。

9）具有模块化编程能力，如顺序流控制、条件控制和循环控制等。

10）按 Ctrl+C 键能终止进程。

3.2.2 shell 程序与 C 语言

shell 本身是一个用 C 语言编写的程序，它是用户使用 UNIX/Linux 的桥梁，用户的大部分工作都是通过 shell 完成的。shell 既是一种命令语言，又是一种程序设计语言。作为命令语言，它交互式地解释和执行用户输入的命令；作为程序设计语言，它定义了各种变量和参数，并提供了许多在高级语言中才具有的控制结构，包括循环和分支。

它虽然不是 UNIX/Linux 系统内核的一部分，但它调用了系统核心的大部分功能来执行程序、建立文件并以并行的方式协调各个程序的运行。因此，对于用户来说，shell 是最重要的实用程序，深入了解和熟练掌握 shell 的特性及其使用方法，是用好 UNIX/Linux 系统的关键。

shell 有两种执行命令的方式：

①交互式（Interactive）：解释执行用户的命令，用户输入一条命令，shell 就解释执行一条。

②批处理（Batch）：用户事先写一个 shell 脚本 (Script)，其中有很多条命令，让 shell 一次把这些命令执行完，而不必一条一条地敲命令。

shell 脚本和编程语言很相似，也有变量和流程控制语句，但 shell 脚本是解释执行的，不需要编译，shell 程序从脚本中一行一行读取并执行这些命令，相当于一个用户把脚本中的命令一行一行写到 shell 提示符下执行。表 3-4 对比了 shell 与 C 语言在语法上的区别。

表 3-4　shell 与 C 语言在语法上的对比

要实现的功能	C 语言编程	Linux shell 编程
程序 / 脚本的参数传递	```\nint main(int argc, char** argv)\n{\nif (argv != 4) {\n printf("Usage: %s arg1 arg2 arg3", argv[0]);\n return 1;\n}\nprintf("arg1:%s/n", argv[1]);\nprintf("arg2:%s/n", argv[2]);\nprintf("arg3:%s/n", argv[3]);\nreturn 0;\n}\n```	```\n#!/bin/sh\nif [$# -lt 3]; then\n echo "Usage: `basename $0` arg1 arg2 arg3" >&2\n exit 1\nfi\necho "arg1: $1"\necho "arg2: $2"\necho "arg3: $3"\nexit 0\n```
	```\nint main(int argc, char** argv)\n{\n int i;\nfor (i=1; i<=argc;i++) {\nprintf("arg:%s/n", argv[i]);\n}\nreturn 0;\n}\n```	```\n#!/bin/sh\nwhile [$# -ne 0]\ndo\n echo "arg: $1"\n shift\ndone\n```

（续）

要实现的功能	C 语言编程	Linux shell 编程
逻辑/数值运算	if (d == 0)	if ["$D" -eq "0"] ; then
	if (d != 0)	if ["$D" -ne "0"] ; then
	if (d > 0)	if ["$D" -gt "0"] ; then
	if (d < 0)	if ["$D" -lt "0"] ; then
	if (d <= 0)	if ["$D" -le "0"] ; then
	if (d >= 0)	if ["$D" -ge "0"] ; then
字符串比较	if (strcmp(str," abc")==0) { }	if ["$STR" != "abc"]; then fi
输入和输出	scan"f("%d", &D);	read D
	printf("%d", D);	echo -n $D
	printf("%d", D);	echo $D

	printf("Press any to continue...");
	char ch=getchar();
	printf("/nyou pressed: %c/n", ch);
		#!/bin/sh
		getchar()
		{
		SAVEDTTY=`stty -g`
		stty cbreak
		dd if=/dev/tty bs=1 count=1 2> /dev/null
		stty -cbreak
		stty $SAVEDTTY
		}
		echo -n "Press any key to continue…"
		CH=`getchar`
		echo ""
		echo "you pressed: $CH"

程序/脚本的控制流程	if (isOK) {
	　　//1
	} else if (isOK2) {
	　　//2
	} else {
	　　//3
	}
		if [isOK]; then
		　　#1
		elif [isOK2]; then
		　　#2
		else
		　　#3
		Fi

	switch (d)
	{
	case 1:
	printf("you select 1/n");
	break;
	case 2:
	case 3:
	printf("you select 2 or 3/n");
	break;
	default:
	printf("error/n");
	break;
	};
		case $D in
		1) echo "you select 1"
		　;;
		2|3) echo "you select 2 or 3"
		　;;
		*) echo "error"
		　;;
		esac

	for (int loop=1; loop<=5;loop++) {
	　　printf("%d", loop);
	}
		for loop in 1 2 3 4 5
		do
		　　echo $loop
		done

(续)

要实现的功能	C 语言编程	Linux shell 编程

程序/脚本的控制流程	do {
	    sleep(5);
	} while(!isRoot);
		IS_ROOT=\`who | grep root\`
		until ["$IS_ROOT"]
		do
		    sleep 5
		done

	counter=0;
	while(counter < 5) {
	    printf("%d/n", counter);
	    counter++;
	}
		COUNTER=0
		while [$COUNTER –lt 5]
		do
		    echo $COUNTER
		    COUNTER=\`expr $COUNTER + 1\`
		Done

	while (1) { }	while : do done
	break;	break 或 break n, n 表示跳出 n 级循环
	continue;	Continue

函数与过程的定义	void hello()
	{
	    printf("hello/n");
	}
	…
	// 函数调用
	hello();
		hello()
		{
		    Echo "hello"
		}
		或者
		function hello()
		{
		    Echo "hello"
		}
		# 函数调用
		Hello

函数的参数和返回值	int ret = doIt();
	if (ret == 0) {
	    printf("OK/n");
	}
		doIt
		if ["$?" ûeq 0] ; then
		    echo "OK"
		fi
		或者
		RET = doIt
		if ["$RET" ûeq "0"] ; then
		    echo "OK"
		fi

	int sum(int a, int b)
	{
	return a+b;
	}
	int s = sum(1, 2);
	printf("the sum is: %d/n", s);
		sum()
		{
		    echo –n "\`expr $1 + $2\`"
		}
		S=\`sum 1 2\`
		echo "the sum is: $S"

	bool isOK() { return false; }
	if (isOK) {
	    printf("YES/n");
	} else {
	    printf("NO/n");
	}
		isOK()
		{
		    return 1;
		}
		if isOK ; then
		    echo "YES"
		else
		    echo "NO"
		fi

3.2.3　shell 脚本的编写

编写 shell 脚本的格式是固定的。

```
#!/bin/sh
#comments
Your commands go here
```

首行中的符号"#!"告诉系统其后路径所指定的程序即是解释此脚本文件的 shell 程序。如果首行没有这句话，在执行脚本文件的时候将会出现错误。

后续的部分就是主程序，shell 脚本像高级语言一样，有变量赋值，也有控制语句。除第一行外，以"#"开头的行就是注释行，直到此行的结束。

编辑完毕，将脚本存盘为 filename.sh，文件名后缀".sh"表明这是一个 bash 脚本文件。

执行脚本的时候，要先将脚本文件的属性改为可执行的：

```
chmod +x filename.sh
```

```
[root@JOY test]# cat t1.sh
#!/bin/sh
#print hello world in the console window
a="hello world"
echo "${a}"
[root@JOY test]# chmod +x t1.sh
[root@JOY test]# ./t1.sh
hello world
```

3.2.4　shell 与 C 语言的调用

很多时候我们需要在所编写的 C 程序当中调用一行在命令行运行的命令，比如 ifconfig、ls、mpirun -machinefile host -np * ./*（MPI 并行程序）等，这就要求我们能够在 Linux 下调用 shell 命令。

对于 C 程序调用 shell 脚本，Linux 系统提供了三个函数：system()、popen()、exec() 系列函数。

1）system()：不用自己产生进程，它已经封装了，直接加入系统的命令。

2）exec()：需要我们自己的 fork() 进程，然后 exec 进行调用。

3）popen()：也可以实现执行系统的调用，比 system 开销小。

system 函数调用 /bin/sh，执行特定的 shell 命令，阻塞当前的进程直到 shell 命令执行完毕，才重新回到当前进程。调用它的格式为：

```
#include <stdlib.h>
int system(const char *command);
         ------>command 就是我们要执行的各种命令，例如"mpirun –np 2 ./cpi"
```

执行 system 实际上是调用了 fork() 函数（产生新进程）、exec() 函数（在新进程中执行新任务）、waitpid() 函数（等待新进程结束）。

```
[root@JOY test]# cat t2.c
#include <stdlib.h>
int main(int argc,char **argv)
```

```
{
        system("ls -l");
        system("ifconfig");
        system("mpirun -np 2 ./cpi");
        return 0;
}
[root@JOY test]# gcc t2.c -o t2
[root@JOY test]# ./t2
total 20020
-rwxr-xr-x.  1 root root      894244 Oct 11 05:40 cpi
-rw-r--r--.  1 root root        1733 Oct 11 05:39 cpi.c
-rw-r--r--.  1 root root          62 Oct 11 04:10 hello.c
drwxr-xr-x. 15  501 wheel       4096 Oct 11 05:30 mpich2-1.4.1
-rwxr-xr-x.  1 root root    19561835 Oct 11 05:22 mpich2-1.4.1.tar.gz
-rwxr-xr-x.  1 root root        8037 Oct 10 16:20 t1
-rw-r--r--.  1 root root         427 Oct 10 16:17 t1.c
-rwxr-xr-x.  1 root root          79 Oct 11 16:35 t1.sh
-rwxr-xr-x.  1 root root        6472 Oct 11 06:07 t2
-rw-r--r--.  1 root root         141 Oct 11 06:04 t2.c

eth0    Link encap:Ethernet  HWaddr 00:0C:29:3F:41:8C
        inet addr:192.168.1.4  Bcast:192.168.1.255  Mask:255.255.255.0
        inet6 addr: fe80::20c:29ff:fe3f:418c/64 Scope:Link
        UP BROADCAST RUNNING MULTICAST  MTU:1500  Metric:1
        RX packets:2569 errors:0 dropped:0 overruns:0 frame:0
        TX packets:1831 errors:0 dropped:0 overruns:0 carrier:0
        collisions:0 txqueuelen:1000
        RX bytes:1654196 (1.5 MiB)  TX bytes:209187 (204.2 KiB)

lo      Link encap:Local Loopback
        inet addr:127.0.0.1  Mask:255.0.0.0
        inet6 addr: ::1/128 Scope:Host
        UP LOOPBACK RUNNING  MTU:16436  Metric:1
        RX packets:17 errors:0 dropped:0 overruns:0 frame:0
        TX packets:17 errors:0 dropped:0 overruns:0 carrier:0
        collisions:0 txqueuelen:0
        RX bytes:1218 (1.1 KiB)  TX bytes:1218 (1.1 KiB)

Process 0 on JOY
Process 1 on JOY
pi is approximately 3.1416009869231241, Error is 0.0000083333333309
wall clock time = 0.000565
```

可以看到程序已经运行了：ls -l、ifconfig 和 cpi.c。说明在 C 程序中正确调用了相关的 shell 脚本。除了用 system() 之外，强大的 shell 脚本功能在嵌入式 Linux 系统中是非常重要的，大家可以参考《Linux shell Scripting Cookbook》。特别是在嵌入式开发中，很多地方都需要用到 shell 脚本。

3.3 嵌入式开发环境

嵌入式技术的发展经历了单片机（SCM）、微控制器（MCU）、系统级芯片（SoC）三个阶段。

1）SCM：随着大规模集成电路的出现及其发展，计算机的 CPU、RAM、ROM、定时器和多种 I/O 接口集成在一片芯片上，形成芯片级的计算机。

2）MCU：MCU 的特征是满足各类嵌入式应用，根据对象系统要求扩展各种外围电路与接口电路，突显其对象的智能化控制能力。实际上，MCU、SCM 之间的概念在日常工作中并不严格区分，一概以单片机称呼。随着能够运行更复杂软件（比如操作系统）的 SoC 的出现，"单片机"通常是指不运行操作系统、功能相对单一的嵌入式系统，但这不是绝对的。

3）SoC：SoC 的特征是实现复杂系统功能的 VLSI；采用超深亚微米工艺技术；使用一

个以上嵌入式 CPU/ 数字信号处理器（DSP）；外部可以对芯片进行编程；主要采用第三方 IP 进行设计。

嵌入式处理器种类繁多，有 ARM、MIPS、PPC 等多种架构。但由于 ARM 处理器的文档丰富，各类嵌入式软件大多支持 ARM 处理器，使用 ARM 核心板来学习嵌入式开发是一个不错的选择。

图 3-8 为 ARM 公司的两位创始人：物理学家赫尔曼·豪泽（Hermann Hauser）和工程师 Chris Curry。

从技术手段来看，要实现嵌入式开发的整体结构如图 3-9 所示，在基于硬件层次的开发中有基于操作系统与非基于操作系统的开发，在这个层次中有利于大家对硬件 CPU 的理解。ARM 公司在早期推出了 ADS，ADS 是由 Metrowerks 公司开发的 ARM 处理器下最主要的开发工具，ADS 是全套的实时开发软件工具，包括编译器生成的代码密度和执行速度优异，可快速低价地创建 ARM 结构应用。

图 3-8　ARM 公司的两位创始人

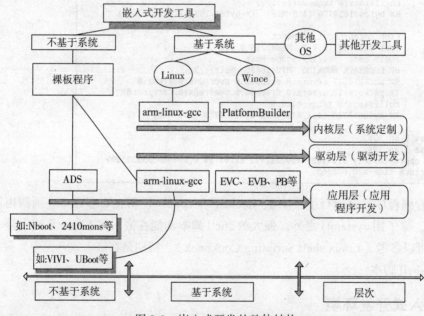

图 3-9　嵌入式开发的整体结构

应用层、驱动层、内核层是整个嵌入式系统开发中的重点，也是本书的重点，我们会在以后的几个章节中进行重点介绍。

3.3.1　嵌入式 Linux 开发环境搭建

目前，随着 ARM 技术的日益成熟和广泛应用，基于 ARM 核的微处理器已经成为嵌入式市场的主流。建立面向 ARM 构架的嵌入式操作系统也就成为当前研究的热点问题，在众多的嵌入式操作系统中，许多开发人员都选择 Linux，主要是因为它是源码公开而且是免费的，可以让任何人将其修改移植到自己的目标平台系统里使用。系统可以通过配置内核，动态地加载和卸载内核模块机制，可以方便地在内核中添加新的组件或卸载不再需要的内核组件。

本书基于 ARM Cortex A8 内核，ARM Cortex A8 处理器最早基于 ARMv7 架构，速度从 600MHz 提高到 1GHz 以上。Cortex A8 处理器可以满足需要在 300mW 以下运行的移动设备的功耗优化要求，以及满足需要 2000 MIPS 的消费类应用领域的性能优化要求。Cortex A8 处理器每个内核达 2.0 DMIPS/MHz，不支持多核，仅支持单核。由于 Cortex A8 支持的浮点 VFP 运算非常有限，其 VFP 的速度非常慢，往往相同的浮点运算，其速度是 Cortex A9 的 1/10。Cortex A8 能并发某些 NEON 指令（如 NEON 的 load/store 和其他 NEON 指令），而 Cortex A9 因为 NEON 位宽限制不能并发。Cortex A8 的 NEON 和 ARM 是分开的，即 ARM 核和 NEON 核的执行流水线分开，NEON 访问 ARM 寄存器很快，但是 ARM 端读取 NEON 寄存器的数据会非常慢。如图 3-10 是 ARM Cortex A8 的内部结构及成形的产品核心板。

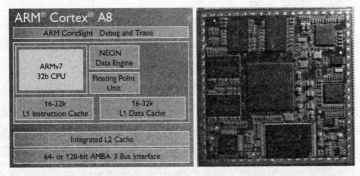

图 3-10　ARM Cortex A8 的内部结构及成形的产品核心板

利用该核心板构建的嵌入式开发实验箱具备了当前应有的所有接口与连接方法，并提供能进行二次开发的相关硬件支持。开发板中有关接口如图 3-11 所示。

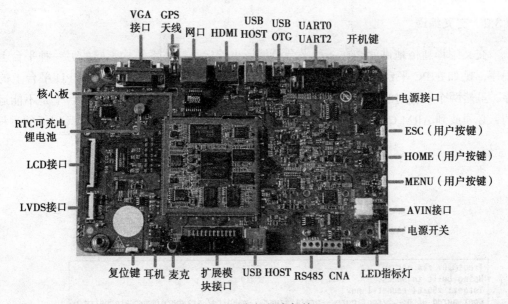

图 3-11　开发板的内部接口

进行项目开发前，首先要做的是搭建一套基于 Linux 操作系统的应用开发环境，一般由目标板（S5PV210 开发板）和宿主机（Linux 虚拟机）所构成，如图 3-12 所示。嵌入式系统通常是一个资源受限的系统，因此直接在嵌入式系统的硬件平台上编写软件比较困难。目前一般采用的解决办法是首先在通用计算机上编写程序，然后通过交叉编译生成目标平台可以运行的二进制代码格式，最后再下载到目标平台上的特定位置运行，用来编译这种程序的编译器称为交叉编译器。

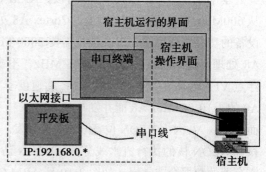

图 3-12　目标板和宿主机的结构

在进行嵌入式 Linux 开发时一般可以分为以下 3 个步骤：

1）在主机上编译 BootLoader，然后通过 JTAG 接口烧入单板。通过 JTAG 接口烧写程序的效率非常低，它适用于烧写空白单板。为方便开发，通常选用具有串口传输、网络传输、烧写 Flash 功能的 BootLoader，它可以快速地从主机获取可执行代码，然后烧入单板或者直接运行。

2）在主机上编译嵌入式 Linux 内核，通过 BootLoader 烧入单板或直接启动。一个可以在单板上运行的嵌入式 Linux 内核是进行后续开发的基础。为方便调试，内核应该支持网络文件系统（NFS），即将应用程序放在主机上，单板启动嵌入式 Linux 内核后通过网络来获取程序，然后运行。

3）在主机上编译各类应用程序，单板启动内核后通过 NFS 运行，经过验证后再烧入单板。烧写、启动 BootLoader 后，就可以通过 BootLoader 的各类命令来下载、烧写、运行程序了。启动嵌入式 Linux 后，也可通过执行各种命令来启动应用程序，一般通过串口来进行输入输出。所以在交叉开发模式中，主机与目标板通常需要 3 种连接，即 JTAG、串口、网络。

3.3.2　交叉编译

交叉编译通俗地讲就是在一种平台上编译出能运行在体系结构不同的另一种平台上的程序，比如在 PC 平台（x86 CPU）上编译出能运行在以 ARM 为内核的 CPU 平台上的程序，虽然两个平台用的都是 Linux 系统，但编译得到的程序在 x86 CPU 平台上是不能运行的，必须放到 ARM CPU 平台上才能运行。图 3-13 表示了两个平台之间交叉编译的过程。

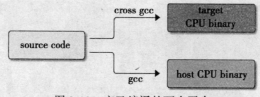

图 3-13　交叉编译的两个平台

```
[root@JOY /]# gcc -v
Using built-in specs.
Target: x86_64-redhat-linux
Configured with: ../configure --prefix=/usr --mandir=/usr/share/man --infodir=/u
sr/share/info --with-bugurl=http://bugzilla.redhat.com/bugzilla --enable-bootstr
ap --enable-shared --enable-threads=posix --enable-checking=release --with-syste
m-zlib --enable-__cxa_atexit --disable-libunwind-exceptions --enable-gnu-unique-
```

```
object --enable-languages=c,c++,objc,obj-c++,java,fortran,ada --enable-java-awt=
gtk --disable-dssi --with-java-home=/usr/lib/jvm/java-1.5.0-gcj-1.5.0.0/jre --en
able-libgcj-multifile --enable-java-maintainer-mode --with-ecj-jar=/usr/share/ja
va/eclipse-ecj.jar --disable-libjava-multilib --with-ppl --with-cloog --with-tun
e=generic --with-arch_32=i686 --build=x86_64-redhat-linux
Thread model: posix
gcc version 4.4.7 20120313 (Red Hat 4.4.7-4) (GCC)
[root@JOY /]#
[root@JOY /]#
```

交叉编译工具链是一个由编译器、链接器和解释器组成的综合开发环境，交叉编译工具链主要由 binutils、gcc 和 glibc 三个部分组成。有时出于减小 libc 库大小的考虑，也可以用别的 C 库来代替 glibc，如 uClibc、dietlibc 和 newlib。建立交叉编译工具链是一个相当复杂的过程，如果不想自己经历复杂繁琐的编译过程，网上有一些编译好的可用的交叉编译工具链可以下载，但就以学习为目的来说，读者有必要学习自己制作一个交叉编译工具链（目前来看，对于初学者没有太大必要自己交叉编译一个工具链）。

3.3.3 交叉编译工具的分类和说明

从授权上来说，交叉编译工具分为免费授权版和付费授权版。免费版目前由三大主流工具商提供：第一是 GNU（提供源码，自行编译制作）；第二是 CodeSourcery；第三是 Linora。收费版有 ARM 原厂提供的 armcc、IAR 提供的编译器等，因为这些价格都比较昂贵，不适合学生用户使用，所以不做讲述。

- arm-none-linux-gnueabi-gcc：它是由 CodeSourcery 公司（目前已经被 Mentor 收购）基于 GCC 推出的 ARM 交叉编译工具。可用于交叉编译 ARM（32 位）系统中所有环节的代码，包括裸机程序、u-boot、Linux kernel、filesystem 和 App 应用程序。
- arm-linux-gnueabihf-gcc：它是由 Linaro 公司基于 GCC 推出的 ARM 交叉编译工具。可用于交叉编译 ARM（32 位）系统中所有环节的代码，包括裸机程序、u-boot、Linux kernel、filesystem 和 App 应用程序。
- aarch64-linux-gnu-gcc：它是由 Linaro 公司基于 GCC 推出的 ARM 交叉编译工具。可用于交叉编译 ARMv8 64 位目标中的裸机程序、u-boot、Linux kernel、filesystem 和 App 应用程序。
- arm-none-elf-gcc：它是由 CodeSourcery 公司（目前已经被 Mentor 收购）基于 GCC 推出的 ARM 交叉编译工具。可用于交叉编译 ARM MCU（32 位）芯片，如 ARM7、ARM9、Cortex-M/R 芯片程序。
- arm-none-eabi-gcc：它是由 GNU 推出的 ARM 交叉编译工具。可用于交叉编译 ARM MCU（32 位）芯片，如 ARM7、ARM9、Cortex-M/R 芯片程序。

3.3.4 宿主机交叉环境建立

```
[root@JOY arm-2009q3]# pwd
/usr/local/arm/arm-2009q3
[root@JOY arm-2009q3]# ls -l
drwxr-xr-x 6 root root 4096 Jan 14 01:50 arm-none-linux-gnueabi
drwxr-xr-x 2 root root 4096 Jan 14 01:50 bin
drwxr-xr-x 3 root root 4096 Jan 14 01:50 lib
drwxr-xr-x 4 root root 4096 Jan 14 01:50 libexec
```

```
drwxr-xr-x 3 root root 4096 Jan 14 01:50 share

[root@JOY arm-2009q3]# cat /etc/profile
# /etc/profile
......          // 中间部分不用修改,这里就不列出了
PATH=$PATH:/usr/local/arm/arm-2009q3/bin
         //( 在 /etc/profile 文件末尾添加交叉编译的路径 /usr/local/arm/arm-2009q3/bin)

[root@JOY arm-2009q3]# arm-linux-gcc -v
Using built-in specs.
Target: arm-none-linux-gnueabi
Configured with: /scratch/julian/2009q3-respin-linux-lite/src/gcc-4.4/configure
......          ------>( 中间部分有点长,这里就不列出了
Thread model: posix
gcc version 4.4.1 (Sourcery G++ Lite 2009q3-67)
```

以上信息说明基于宿主机上的 ARM 开发环境所需要的交叉编译工具已经安装好了,我们可以测试一下是否可以使用。

```
[root@JOY test]# ll
total 4
-rw-r--r--. 1 root root 62 Oct 11 16:04 hello.c
[root@JOY test]# gcc hello.c -o hello
[root@JOY test]# ./hello
Hello Linux!
[root@JOY test]# file hello
hello: ELF 64-bit LSB executable, x86-64, version 1 (SYSV), dynamically linked (
uses shared libs), for GNU/Linux 2.6.18, not stripped
[root@JOY test]# arm-linux-gcc hello.c -o armhello
[root@JOY test]# file armhello
armhello: ELF 32-bit LSB executable, ARM, version 1 (SYSV), dynamically linked (
uses shared libs), for GNU/Linux 2.6.16, not stripped
```

通过不同的 GCC 编译后,只能在同平台上运行程序,现在可以把 ARM 版本的 hello 程序下载到 ARM CPU 平台运行。大家一定要理解交叉编译的目的和实质,这是嵌入式开发必须要做到的。

3.4 基于非操作系统的实践

基于非操作系统的实践就是在 CPU 中不加载操作系统的情况下进行的裸机操作。裸机是一种通俗的讲法,就是指 ARM 设备上没有任何现成的程序来支持我们开发的软件运行。它是相对在设备上有操作系统的情况下运行可执行程序而言的,这两种程序有很大区别,在操作系统环境下,其基本上与桌面程序开发没有太大区别,而裸机程序需要自己初始化硬件环境来运行。因此必须有一小段由汇编语言编写的引导代码来初始化,并且直接操作硬件。裸机程序一般采用少量汇编加 C 语言来编译(理论上 C++ 也可以,但比较少),主要用于 ARM 汇编、硬件控制、硬件验证和驱动开发。大型的程序(如 BootLoader、实时操作系统 μC/OS、Nclues)严格讲也是裸机程序。

3.4.1 S5PV210 硬件介绍

在进行逻辑开发之前,我们需要做一些必要的知识准备,那就是关于 S5PV210 的启动过程,参考文档主要是《S5PV210_iROM_ApplicationNote_Preliminary.pdf》官方文件。S5PV210 的 datasheet 中有对它的基本架构的一些介绍,如图 3-14 所示是其核心结构图。

可以看出，对于 S5PV210 来说，除了内部的运算单元、两级高速缓存之外，其他部分都是属于核外部件，并且 Context A8 具有 32KB 的一级缓存（Cache）和 512KB 的二级缓存，这些 Cache 对 CPU 来说是很重要的。S5PV210 的内部 RAM(IRAM) 为 96KB、ROM（IROM）为 64KB，一共有 237 个 gpio 端口（一共 15 组），带有 NOR Flash、NAND Flash、SDRAM 接口，在中断方面与 ARM7 的基本相同，且它有 3 组中断源、4 个串口、4 个 LCD 液晶接口，还有 camera（摄像头）接口，系统最高频率是 1GHz。

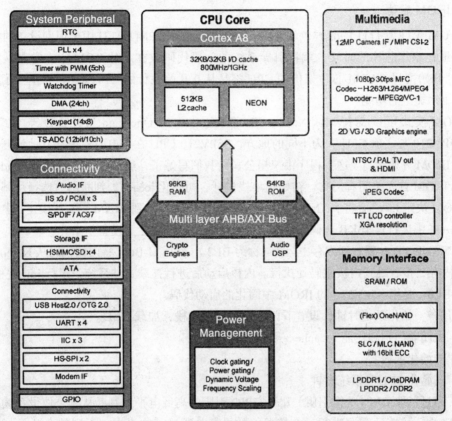

图 3-14　SSPV210 CPU 核心结构图

3.4.2　启动方式

S5PV210 支撑的外部启动介质包含：NAND Flash、NOR Flash、OneNAND、SD/MMC、eMMC、eSSD、UART/USB，其中我们用得最多的是 NAND Flash 启动和 SD 卡启动。

1. NOR Flash 启动

通过 NOR Flash 启动，此时 OM[4:1] 为 0100 或 0101，对应 8 位和 16 位。

2. NAND Flash 启动

虽然在 S3C6410 用户手册中没有提到，但这也是支持的，从 S3C6400 用户手册中可以找到。OM[4:1] 四个硬件引脚决定了 NAND Flash 启动，以及支持的 NAND Flash 的类型，包括大 Page 和小 Page，地址周期为 3、4、5。当然，XSELNAND 引脚也要为 1。

3. OneNAND 启动

首先 XSELNAND 引脚为 0，其次 OM[4:1] 为 0110，此为 OneNAND 启动模式。

4. MODEM 启动

当 OM[4:1] 为 0111 的时候，为 MODEM 启动。S3C6410 通过 MODEM 接口下载 boot 代码到内部 RAM 中，然后进行引导。

5. IROM 启动

当 OM[4:1] 为 1111 的时候，从 ROM 中启动，此时 GPN[15:13] 用于识别设备的类型。

三星在制作芯片的时候，就将引导系统的一段代码放在芯片 ROM 中。它是从第一个 SD 分区开始读写。ARM 芯片架构的 CPU 都是从 0 开始执行的。所以 IROM 担当了芯片上电检测驱动类型的功能。

IROM 模式可以支持 MoviNand、SD/MMC、iNand、OneNand 和 NAND 等方式启动。这是 S5PV210 与之前 CPU 大为不同的地方，S5PV210 CPU 在上电时系统从 0 地址开始，也就是从 IROM 开始运行（这个程序由三星公司给我们写好了，通常将片内的 BootLoader 称为 BL0）。IROM 首先关闭看门狗、初始化堆栈指针、初始化 iceach、判断用户选择从哪里启动等（由 OM 决定），然后将 NAND Flash 的前 16KB 代码复制到 IRAM（称为 BL1）中，然后跳到 IRAM 中运行这 16KB 代码，这 16KB 代码主要是作内存等设备初始化，将其他 U-Boot 代码从 NAND Flash 复制到内存中运行（称为 BL2），然后 U-Boot 将内核代码从 NAND Flash 复制到内存，接着跳到内核代码处执行。内核启动后进行挂载文件系统，运行 init 进程等。

- BL0：是指 S5PV210 的 IROM 中固化的启动代码。

  作用：初始化系统时钟，设置看门狗，初始化堆栈，加载 BL1。

  1）关闭看门狗和使能 I Cache。

  2）初始化堆栈。

  3）初始化 PLL 和系统时钟。

  4）通过读取 OM（功能引脚）几个 GPIO 引脚的高低电平，判断从哪个块设备读取代码到 IRAM 中，接着还需要进行一个校验。如果校验通过就往下走，否则就会从另一个块设备读取代码，直到校验通过，才会进入下一个步骤。

  5）如果启用了安全模式，还要检查 BL1 的完整性。

  完成以上步骤，BL0 就会跳转到 BL1 的代码处继续运行。

- BL1：是指在 IRAM 中自动从外扩存储器 (nand/sd/usb) 中拷贝的 uboot.bin 二进制文件的前 16KB 代码。

  作用：初始化 RAM，关闭 Cache，设置栈，加载 BL2。

- BL2：是指在代码重定向后在内存中执行的 U-Boot 的完整代码。

  作用：初始化其他外设，加载 OS 内核。

- 三者之间的关系：BL0（IROM 固化代码）将 BL1（BootLoader 的前 16KB 代码）加载到 IRAM；然后 BL1 在 IRAM 中运行将 BL2（剩下的 BootLoader）加载到 SDRAM；BL2 加载内核，把 OS 在 SDRAM 中运行起来，最终 OS 是运行在 SDRAM 中的，如图 3-15 所示。

嵌入式系统开发环境

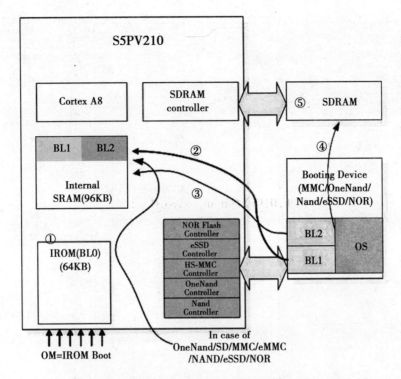

图 3-15 BL0、BL1 和 BL2 在 SDRAM 的运行过程

由此可以看出，启动系统有多种方式。

第一启动方式中先工作的是 IROM，做了一些初始化工作，之后就是启动方式的选择，通过设置拨码开关的状态来确定启动方式。这里以 SD 卡启动为例，选择了 SD 卡启动，进入下一个流程：校验和，也就是检验文件传输过程中是否有数据传输错误。如果有的话第一启动就失败了，进入第二启动；如果传输无误，那么第一启动继续，BL1 开始工作，初始化内存，加载 BL2 到外部内存等。之后 BL2 运行起来，初始化内存、CPU、串口等，加载操作系统，最后操作系统运行起来。第一启动方式启动成功，其流程如图 3-16 所示。

如果第一启动方式启动失败，那么进入第二启动方式，第二启动方式的启动流程如图 3-17 所示。

IROM 的工作与第一启动方式相同，第一启动在文件传输过程中出现错误之后进入第二启动方式，如果校验和检验无误，那么接下来就是 BL1、BL2 和操作系统依次运行起来，最终板子启动成功；如果启动第二启动方式之后检查校验和有误，那么第二启动方式失败，进入串口启动，串口启动如果还是失败，就进入 USB 启动。如果 USB 启动还失败的话，那么启动就失败了。

在以上的启动过程中，启动介质的分配同样是重点，从手册中我们得知，有以下几种方式：

1）SD/MMC/eSSD，如图 3-18 所示。

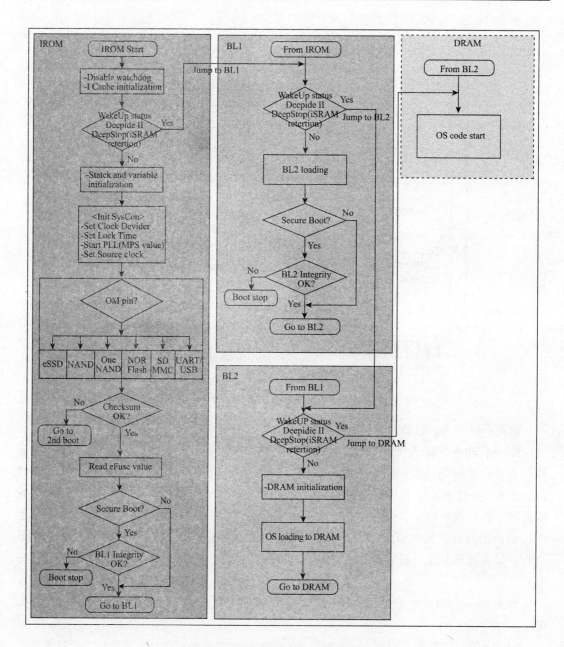

图 3-16 第一启动方式的启动流程

上面的指导只是一个例子,但是有一条是强制的,即第一块不应该被使用(Reserved)。

2)eMMC,如图 3-19 所示。

3)OneNAND/NAND,如图 3-20 所示。

如果是 NAND 启动,ECC 数据应该像如图 3-21 所示方式存放。

① 8 位 ECC 校检时,ECC 数据大小为 13B。

② 16 位 ECC 校检时,ECC 数据大小为 26B。如果 16 位 ECC 校检,对于每个 NAND Flash,ECC 的空间大小是可变的,因此需要检验 NAND Flash 的数据表。

嵌入式系统开发环境

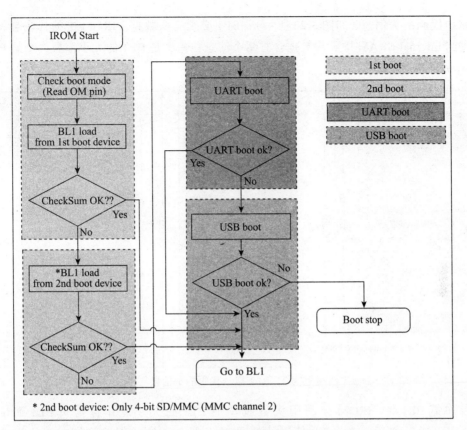

图 3-17　第二启动方式的启动流程

```
<1Block=512B>
Block0    Block1~(N-1) BlockN~(M-1)    Block M~           EB(End of Block)
| Mandatory              | Recommendation               |                   |
| Reserved  | BL1        | BL2         | Kernel         | User File System  |
| (512B)    |            |             |                |                   |
```

图 3-18　SD/MMC/eSSD 设备块分配

```
<1Block=512B>
Block0~(N-1)  BlockN~(M-1)   BlockM~                    EB(End of Block)
| Mandatory | Recommendation                |                   |
| BL1       | BL2           | Kernel        | User File System  |
```

图 3-19　eMMC 设备块分配

```
Page0~(N-1)  PageN~(M-1)   PageM~                       EB(End of Block)
| Mandatory | Recommendation                |                   |
| BL1       | BL2           | Kernel        | User File System  |
```

图 3-20　OneNAND/NAND 设备块分配

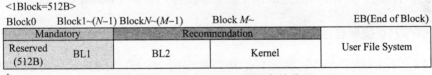

图 3-21　ECC 数据存放方式

启动代码的头信息（如图 3-22 所示）：BL1 必须有头数据。IROM 中的代码会将头数据拷贝到 internal SRAM 中。头数据含有两个信息：一个是 BL1 的大小，另一个是 BL1 的 checkSum 数据。

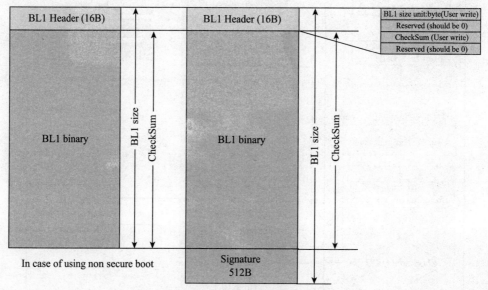

图 3-22　BL1 启动代码的头信息

当加载 BL1 时，IROM 会利用头数据检查 BL1 的大小，并且拷贝 BL1 到 internal SRAM 中。拷贝完后，IROM 总计刚才拷贝过来的 BL1 的数据，并与 BL1 的头信息中 checkSum 进行比较。如果成功通过，BL1 将开始执行。要不然 IROM 将尝试第二种启动。

3.4.3　S5PV210 裸板启动

通过以上对 S5PV210 CPU 的分析，我们可以得知，只要把裸板代码烧写到 NAND Flash 的开始位置，当开发板上电启动时，处理器会自动从 NAND Flash 上拷贝前面的一段代码到内部的 RAM 中执行。

```
[root@JOY /test]# ls -l
-rw-r--r-- 1 root root  227 Feb 11 23:43 Makefile
-rw-r--r-- 1 root root  140 Feb 11 23:39 start.S
[root@JOY /test]# cat start.S
#define WTCON 0xE2700000
.text
.align 2
.global _start
_start:
//close the watchdog
ldr r1, =WTCON
mov r0, #0
str r0, [r1]
loop:
b loop
[root@JOY /test]# cat Makefile
all:
```

嵌入式系统开发环境   79

```
/usr/local/arm/4.4.1/bin/arm-linux-gcc -c start.S -o start.o
/usr/local/arm/4.4.1/bin/arm-linux-ld start.o -o start
/usr/local/arm/4.4.1/bin/arm-linux-objcopy -O binary start start.bin
clean:
rm start start.o start.bin

[root@iotlab home]# gcc mkv210_image.c -o mk210
[root@iotlab home]# ./mk210 start.bin 210.bin
```

把 210.bin 文件烧写到实验箱中，不同的实验箱有不同的方法。

1）将一个能正常启动的 U-Boot 烧写到 SD 卡上。

2）通过 SD 卡启动，在 U-Boot 中，通过 fastboot 将自己的镜像烧写到 NAND Flash 的 BootLoader 分区上。

3）选择通过 NAND 启动，开发板就会加载并且运行代码。

在这个步骤中，我们完全没有运行操作系统，但 CPU 已经加载相关的配置，并有执行功能的能力了。

3.4.4 非操作系统的驱动

1. ARM 的存储器组织

ARM 微处理器共有 37 个 32 位寄存器，其中 31 个为通用寄存器，6 个为状态寄存器。但是这些寄存器不能被同时访问，具体哪些寄存器是可以访问的，取决 ARM 处理器的工作状态及具体的运行模式。但在任何时候，通用寄存器 R0~R14、程序计数器 PC（即 R15）、一个状态寄存器都是可访问的。

通用寄存器包括 R0~R15，可以分为 3 类：

1）未分组寄存器：R0~R7

2）分组寄存器：R8~R14

3）程序计数器：PC(R15)

ARM 处理器有 7 种不同的处理模式（如图 3-23 所示）：

1）用户模式（User）：ARM 处理器正常的程序执行状态。

2）快速中断模式（FIQ）：用于高速数据传输或通道处理。

3）外部中断模式（IRQ）：用于通用的中断处理。

4）管理模式（Supervisor）：操作系统使用的保护模式。

5）数据访问终止模式（Abort）：当数据或指令预取终止时进入该模式，可用于虚拟存储及存储保护。

6）系统模式（System）：运行具有特权的操作系统任务。

7）未定义指令中止模式(Undefined)：当未定义的指令执行时进入该模式，可用于支持硬件处理器的软件仿真。

其中 R0~R3 主要用于子程序间传递参数，R4~R11 主要用于保存局部变量，但在 Thumb 程序中，通常只能使用 R4~R7 来保存局部变量，R12 用作子程序间 scratch 寄存器，即 IP 寄存器，R13 通常用作栈指针，即 SP，R14 寄存器用来作为连接寄存器 IR，用于保存子程序的返回地址，R15 用作程序计数器 PC，由于 ARM 采用了流水线机制，当正确读取了 PC 的值后，该值为当前指令地址加 8 字节，即 PC 指向当前指令的下两条指令地址。

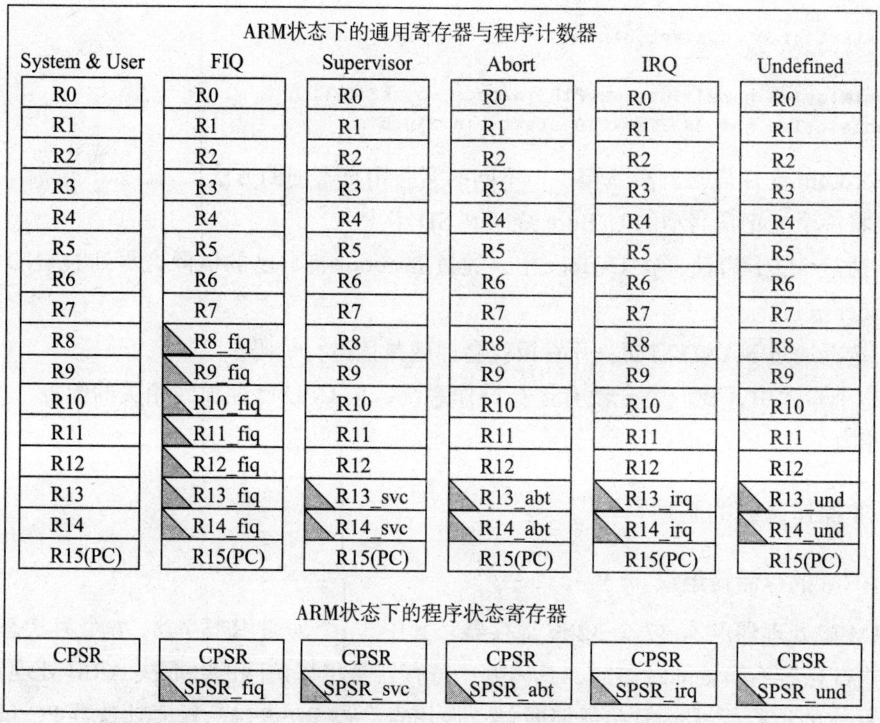

| \multicolumn{6}{c}{ARM状态下的通用寄存器与程序计数器} |
System & User	FIQ	Supervisor	Abort	IRQ	Undefined
R0	R0	R0	R0	R0	R0
R1	R1	R1	R1	R1	R1
R2	R2	R2	R2	R2	R2
R3	R3	R3	R3	R3	R3
R4	R4	R4	R4	R4	R4
R5	R5	R5	R5	R5	R5
R6	R6	R6	R6	R6	R6
R7	R7	R7	R7	R7	R7
R8	R8_fiq	R8	R8	R8	R8
R9	R9_fiq	R9	R9	R9	R9
R10	R10_fiq	R10	R10	R10	R10
R11	R11_fiq	R11	R11	R11	R11
R12	R12_fiq	R12	R12	R12	R12
R13	R13_fiq	R13_svc	R13_abt	R13_irq	R13_und
R14	R14_fiq	R14_svc	R14_abt	R14_irq	R14_und
R15(PC)	R15(PC)	R15(PC)	R15(PC)	R15(PC)	R15(PC)
\multicolumn{6}{c}{ARM状态下的程序状态寄存器}
CPSR	CPSR	CPSR	CPSR	CPSR	CPSR
	SPSR_fiq	SPSR_svc	SPSR_abt	SPSR_irq	SPSR_und

图 3-23　ARM 处理器的寄存器和程序计数器结构

2. ARM 寻址方式

ARM 处理器有两个指令集：32 位的 ARM 指令集；16 位的 Thumb 指令集。

1）ARM 指令集：效率高，代码密度高。

2）Thumb 指令集：具有较高的代码密度。

这两种指令集中所有的 ARM 指令集都是有条件执行的，而 Thumb 指令集仅有一条指令具备条件执行功能。并且 ARM 程序和 Thumb 程序可相互调用，相互之间的状态切换开销几乎为零。

寻址方式是指根据指令中给出的地址码字段来实现寻找真实操作数地址的方式。ARM 处理器总共有 9 种基本的寻址方式。

（1）立即寻址

立即寻址指令中的操作码字段后面的地址码部分即是操作数本身，也就是说，数据就包含在指令当中，取出指令也就取出了可以立即使用的操作数（这样的数称为立即数）。立即寻址指令举例如下：

```
SUBS R0, R0, #1      ;R0 减 1，结果放入 R0，并且影响标志位
MOV R0, #0xFF000     ;将立即数 0xFF000 装入 R0 寄存器
```

（2）寄存器寻址

操作数的值在寄存器中，指令中的地址码字段指出的是寄存器编号，指令执行时直接取

出寄存器值来操作。寄存器寻址指令举例如下：

```
MOV  R1, R2          ;将 R2 的值存入 R1
SUB  R0, R1, R2      ;将 R1 的值减去 R2 的值，结果保存到 R0
```

（3）寄存器移位寻址

寄存器移位寻址是 ARM 指令集特有的寻址方式。当第 2 个操作数是寄存器移位方式时，第 2 个寄存器操作数在与第 1 个操作数结合之前，选择进行移位操作。寄存器移位寻址指令举例如下：

```
MOV  R0, R2, LSL #3        ;R2 的值左移 3 位，结果放入 R0，即是 R0=R2×8
ANDS R1, R1, R2, LSL R3    ;R2 的值左移 R3 位，然后和 R1 相"与"操作，结果放入 R1
```

（4）寄存器间接寻址

寄存器间接寻址指令中的地址码给出的是一个通用寄存器的编号，所需的操作数保存在寄存器指定地址的存储单元中，即寄存器为操作数的地址指针。寄存器间接寻址指令举例如下：

```
LDR R1, [R2]          ;将 R2 指向的存储单元的数据读出保存在 R1 中
SWP R1, R1, [R2]      ;将寄存器 R1 的值和 R2 指定的存储单元的内容交换
```

（5）多寄存器寻址

多寄存器寻址一次可传送几个寄存器值，允许一条指令传送 16 个寄存器的任何子集或所有寄存器。多寄存器寻址指令举例如下：

```
LDMIA R1!, {R2-R7, R12}    ;将 R1 指向的单元中的数据读出到 R2～R7、R12 中（R1 自动加 1）
STMIA R0!, {R2-R7, R12}    ;将寄存器 R2～R7、R12 的值保存到 R0 指向的存储单元中（R0 自动加 1）
```

（6）基址寻址

基址寻址就是将基址寄存器的内容与指令中给出的偏移量相加，形成操作数的有效地址。基址寻址用于访问基址附近的存储单元，常用于查表、数组操作、功能部件寄存器访问等。基址寻址指令举例如下：

```
LDR R2, [R3, #0x0C]        ;读取 R3+0x0C 地址上的存储单元的内容，放入 R2
STR R1, [R0, #-4]!         ;先 R0=R0-4，然后把 R1 的值寄存到 R0 指定的存储单元
```

（7）堆栈寻址

堆栈是一个按特定顺序进行存取的存储区，操作顺序为"后进先出"，堆栈寻址是隐含的，它使用一个专门的寄存器（堆栈指针）指向一块存储区域（堆栈），指针所指向的存储单元即堆栈的栈顶。存储器堆栈可分为两种：

1）向上生长：向高地址方向生长，称为递增堆栈。

2）向下生长：向低地址方向生长，称为递减堆栈。

堆栈指针指向最后压入堆栈的有效数据项，称为满堆栈；堆栈指针指向下一个待压入数据的空位置，称为空堆栈。

所以可以组合出四种类型的堆栈方式：

1）满递增：堆栈向上增长，堆栈指针指向内含有效数据项的最高地址。指令如 LDMFA、STMFA 等。

2）空递增：堆栈向上增长，堆栈指针指向堆栈上的第一个空位置。指令如 LDMEA、

STMEA 等。

3）满递减：堆栈向下增长，堆栈指针指向内含有效数据项的最低地址。指令如 LDMFD、STMFD 等。

4）空递减：堆栈向下增长，堆栈指针指向堆栈下的第一个空位置。指令如 LDMED、STMED 等。

（8）块拷贝寻址

多寄存器传送指令用于将一块数据从存储器的某一位置拷贝到另一位置。如：

```
STMIA R0!,{R1-R7}    ;将 R1～R7 的数据保存到存储器中，存储指针在保存第一个值之后增加，
                      增长方向为向上增长
STMIB R0!,{R1-R7}    ;将 R1～R7 的数据保存到存储器中，存储指针在保存第一个值之前增加，
                      增长方向为向上增长
```

（9）相对寻址

相对寻址是基址寻址的一种变通。由程序计数器 PC 提供基准地址，指令中的地址码字段作为偏移量，两者相加后得到的地址即为操作数的有效地址。

相对寻址指令举例如下：

```
BL SUBR1   ;调用到 SUBR1 子程序
BEQ LOOP   ;条件跳转到 LOOP 标号处
…
LOOP MOV R6,#1
…
```

3. ArmSim 的实现

ArmSim 实现了对 ARM CPU、存储设备（RAM 和 ROM）、外部设备（开发板和其他外部设备）等硬件设备的模拟。其中，ArmSim 模拟的 CPU 为 ARM720T，包括指令集、MMU、Cache 等，指令集的模拟只实现了 32 位的 ARM 指令，而未对 16 位的 Thumb 指令进行模拟；模拟存储设备的容量取决于宿主机，可以划分为不连续的多块区域，最多不超过 12 块；模拟的开发板为 EP7312，包括开发板的时钟、I/O 寄存器、UART 寄存器等，通过开发板的 UART 接口来实现标准控制台输入输出。ArmSim 的总体架构如图 3-24 所示。

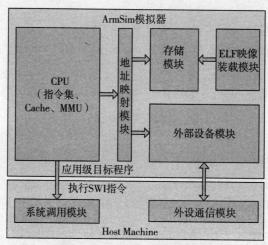

图 3-24　ArmSim 的总体结构

ArmSim 具有良好的可扩展性，主要体现为模拟器中所有的构件都有一个一致的外部接口——初始化函数。模拟器使用者可以在不需要了解整个模拟器内部结构的情况下，只要在单个模拟构件中实现指定的外部接口——初始化函数，就可以实现在模拟器中增加模拟器构件，实现对模拟器进行扩展。ArmSim 通过配置文件的方式来实现模拟器的设备配置和初始化，这使得其具有良好的可配置性。用户只需要更改配置文件中的设备配置信息，即可实现在不同配置的模拟器上运行目标程序。

ArmSim 的扩展及配置过程如图 3-25 所示。

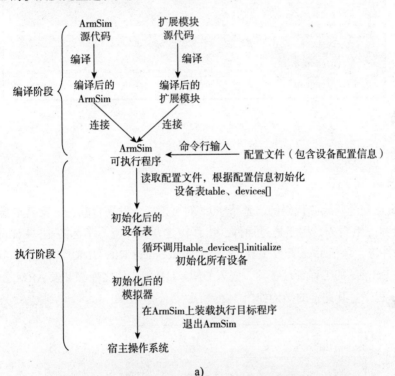

a)

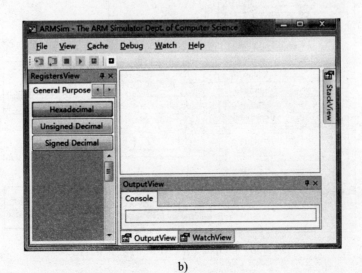

b)

图 3-25　ArmSim 的扩展及配置过程

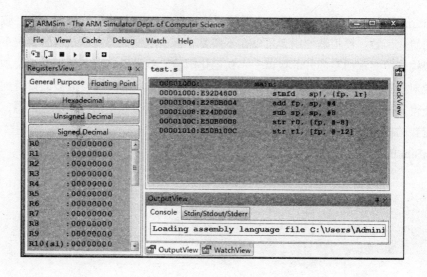

c)

图 3-25 （续）

4. Eclipse for ARM 的实现

Eclipse 是一个开放源代码的、基于 Java 的可扩展开发平台软件。就其本身而言，它只是一个框架和一组服务，用于通过插件、组件构建开发环境。幸运的是，Eclipse 附带了一个标准的插件集，包括 Java 开发工具（Java Development Kit，JDK）。Eclipse for ARM 是借用开源软件 Eclipse 的工程管理工具，嵌入 GNU 工具集，使之能够开发 ARM 公司 Cortex-A 系列的 CPU 程序。其完整的结构如图 3-26 所示。

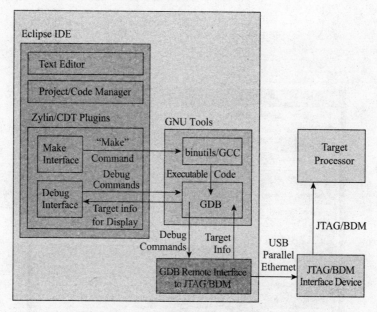

图 3-26　Eclipse 软件 ARM 的完整结构图

其中，CDT 是 Eclipse 用于扩展 Eclipse 支持 C/C++ 开发的插件。Zylin CDT 是支持

Eclipse 用于嵌入式 C/C++ 开发和远程调试的插件，另一种 Yagarto 整合了 GNU ARM 的交叉编译工具链，它是一个跨平台的 ARM 架构开发平台，是一个 Eclipse 的插件。开始的时候我们可以不考虑这些插件，在掌握了 Eclipse 开发后可以安装以上工具。

```
[root@JOY /test]# arm-linux-gcc -v
Using built-in specs
Target: arm-none-linux-gnueabi
Configuredwith: /scratch/julian/2009q3-respin-linux-lite/src/gcc-4.4/configure
    --build=i686-pc-linux-gnu --host=i686-pc-linux-gnu --target=arm-none-linux-
    gnueabi --enable-threads --disable-libmudflap --disable-libssp --disable-
    libstdcxx-pch --enable-extra-sgxxlite-multilibs--with-arch=armv5te --with-gnu-as
    --with-gnu-ld --with-specs='%{funwind-tables|fno-unwind-tables|mabi=*|ffreestan
    ding|nostdlib:;:-funwind-tables}
Thread model: posix
gcc version 4.4.1 (Sourcery G++ Lite 2009q3-67)

[root@JOY /java]# pwd
/usr/java
[root@JOY /test]# ls -l
total 25924
drwxr-xr-x 2 root root     4096 Aug  5  2015 bin
-r--r--r-- 1 root root     3244 Aug  5  2015 COPYRIGHT
drwxr-xr-x 4 root root     4096 Aug  5  2015 db
drwxr-xr-x 3 root root     4096 Aug  5  2015 include
-rwxr-xr-x 1 root root  5104040 Aug  4  2015 javafx-src.zip
drwxr-xr-x 5 root root     4096 Aug  5  2015 jre
drwxr-xr-x 5 root root     4096 Aug  5  2015 lib
-r--r--r-- 1 root root       40 Aug  5  2015 LICENSE
drwxr-xr-x 4 root root     4096 Aug  5  2015 man
-r--r--r-- 1 root root      159 Aug  5  2015 README.html
-rw-r--r-- 1 root root      525 Aug  5  2015 release
-rw-r--r-- 1 root root 21105839 Aug  5  2015 src.zip
-rwxr-xr-x 1 root root   110114 Aug  4  2015 THIRDPARTYLICENSEREADME-JAVAFX.txt
-r--r--r-- 1 root root   177094 Aug  5  2015 THIRDPARTYLICENSEREADME.txt

[root@JOY /java]# cat /etc/profile
# /etc/profile
JAVA_HOME=/usr/java/
JRE_HOME=/usr/java/jre
CLASSPATH=.:$JAVA_HOME/lib/:dt.jar:$JAVA_HOME/lib/tools.jar
export PATH JAVA_HOME JRE_HOME CLASSPATH

[root@JOY /java]# echo $PATH
/usr/lib64/qt-3.3/bin:/usr/local/sbin:/usr/local/bin:/sbin:/bin:/usr/sbin:/usr/
bin:/usr/local/arm/4.4.1/bin:/root/bin
[root@JOY /java]#
[root@JOY /java]# java -version
java version "1.7.0_45"
OpenJDK Runtime Environment (rhel-2.4.3.3.el6-x86_64 u45-b15)
OpenJDK 64-Bit Server VM (build 24.45-b08, mixed mode)
[root@JOY /test]#
```

配置完成后的信息如图 3-27 所示。

```
[root@JOY eclipse]# pwd
/var/ftp/pub/eclipse
[root@JOY eclipse]# ls -l
total 24
-rw-r--r--. 1 root root    0 Oct 17 15:57 artifacts.xml
drwxr-xr-x. 2 root root 4096 Oct 17 15:56 configuration
drwxr-xr-x. 2 root root 4096 Oct 17 15:56 dropins
-rw-r--r--. 1 root root    0 Oct 17 15:57 eclipse.ini
drwxr-xr-x. 2 root root 4096 Oct 17 15:56 features
-rw-r--r--. 1 root root    0 Oct 17 15:57 icon.xpm
-rw-r--r--. 1 root root    0 Oct 17 15:57 notice.html
drwxr-xr-x. 2 root root 4096 Oct 17 15:56 p2
drwxr-xr-x. 2 root root 4096 Oct 17 15:56 plugins
drwxr-xr-x. 2 root root 4096 Oct 17 15:56 readme
```

图 3-27 配置完成后的相关信息

以上是经过配置后看到的相关信息，说明所有的工具都已经配置好。现在我们可以用 Eclipse 来编写 ARM 程序，如图 3-28 所示。

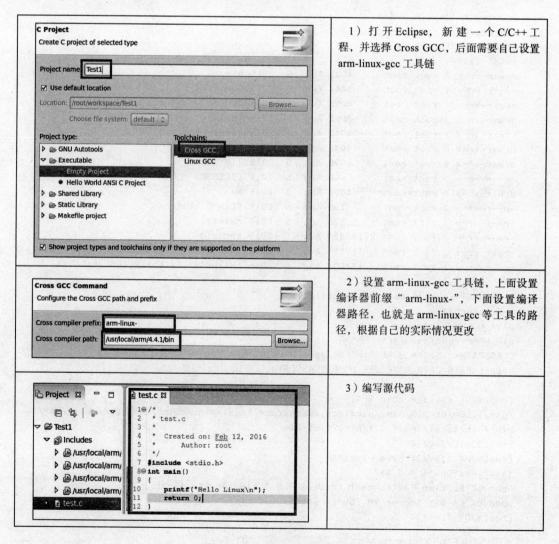

图 3-28 编写 ARM 程序步骤

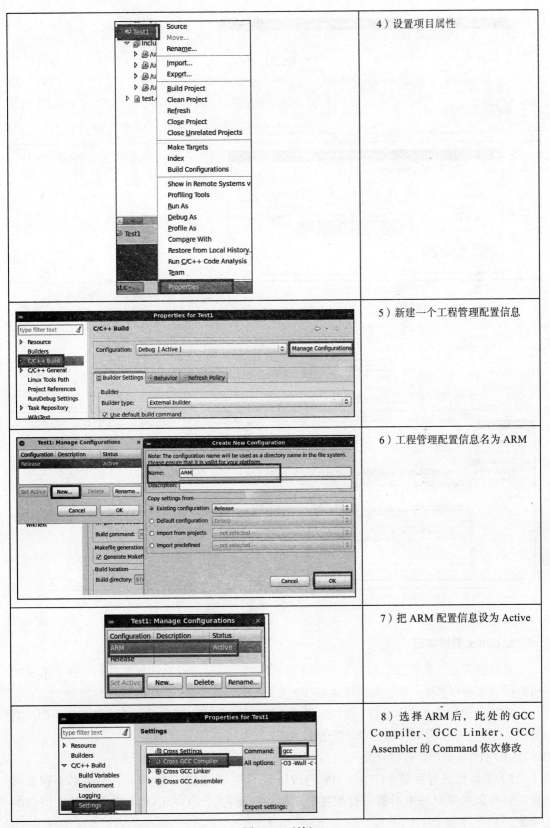

图 3-28 （续）

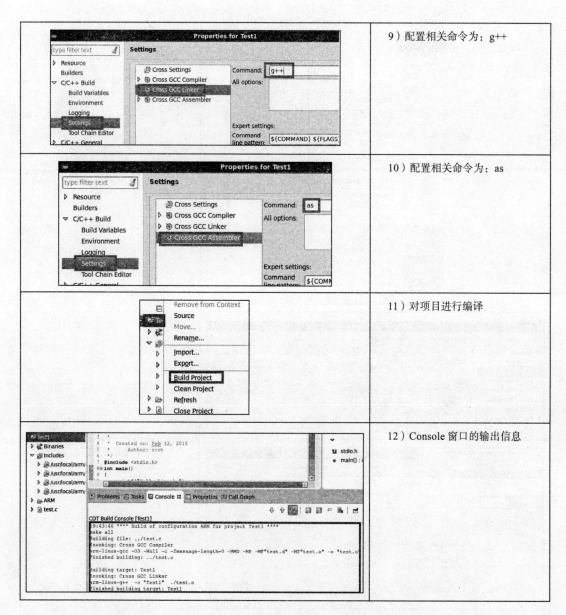

图 3-28 （续）

5. Linux 系统实现

到目前为止，我们已经知道了芯片启动的过程，并且已经跳转到 C 代码，接下来开始用 C 语言来编写裸板代码。我们先从 GPIO 入手，S5PV210 GPIO 结构如图 3-29 所示。

GPIO（通用输入输出端口）是相对于芯片而言的，如果对应的芯片存在 GPIO 引脚，则可以通过读这些引脚来获取引脚的变化（即引脚的高低电平的变化）。

（1）GPIO 常用寄存器分类

1）端口控制寄存器（GPA0CON～GPJ4CON）：在 S5PV210 中，大多数的引脚都可复用，所以必须对每个引脚进行配置。端口控制寄存器（GPnCON）定义了每个引脚的功能。

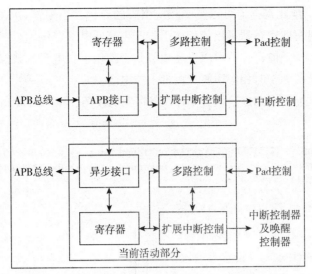

图 3-29　S5PV210 GPIO 功能概括图

2）端口数据寄存器（GPA0DAT～GPJ4DAT）：如果端口被配置成输出端口，可以向 GPnDAT 的相应位写数据。如果端口被配置成输入端口，可以从 GPnDAT 的相应位读出数据。

3）端口上拉寄存器（GPA0PULL～GPJ4PULL）：端口上拉寄存器控制了每个端口组的上拉/下拉电阻的使能/禁止。根据对应位的 0/1 组组合，设置对应端口的上拉/下拉电阻功能是否使能。如果端口的上拉电阻被使能，无论在哪种状态（输入、输出、DATAn、EINTn 等）下，上拉电阻都起作用。

（2）通过寄存器来访问引脚

在 S5PV210 芯片中有 237 个 I/O 端口，共分为 A～J 共 8 组，分别为 GPA～GPJ；在 S5PV210 中有 146 个 I/O 端口，共分为 A～J 9 组，分别为 GPA～GPJ。配置这些端口相应的寄存器分别是 GPxCON、GPxDAT、GPxUP（其中，x=A～J），设置引脚用于输入/输出，或者用于特殊功能。

1）GPxCON 寄存器：GPxCON(x=A～J) 寄存器用于设置相应引脚的功能是输入/输出，还是特殊功能或保留不用。在功能配置方面 PORTA 与 PORTB～PORTH/J 有所不同，GPACON 寄存器中每一位对应一个引脚，当某位被设置为 0 时，对应该位引脚被设置为输出引脚（可以用于写入），此时我们可以对 GPADAT 寄存器（用于写引脚）进行写操作，当某位被设置为 1 时（相应引脚为地址线/或用于控制），GPxCON 每两位对应一个引脚：

① 00：输入。
② 01：输出。
③ 10：特殊功能。
④ 11：保留不用。

2）GPxDAT 寄存器：此寄存器用于读写引脚的状态，即端口数据。当引脚配置为输出时，给该寄存器某位写 1，则对应引脚输出高电平；写 0 输出低电平，当引脚配置为输出时，读该寄存器可以得到端口电平状态。GPxDAT 用于读/写引脚，当配置 GPxCON 寄存器设置某引脚为输入时,读此寄存器可以得知相应引脚的变化,当配置 GPxCON 寄存器设置某引脚为输出时,通过写此寄存器可以使相应引脚产生高低电平变化。

3) GPxUP 寄存器:该寄存器可以设置引脚是否使用上拉电阻,某位为 0 时对应引脚使用内部上拉电阻,某位为 1 时相应引脚无内部上拉电阻。

通过软件的方法访问 GPIO 是设置 GPIO 寄存器的技巧,以 GPJ 端口为例来说明,其他与此类似。

```
#define  GPJ3CON            (*(volatile unsigned long *) 0xE02002A0)
#define  GPJ3DAT            (*(volatile unsigned long *) 0xE02002A4)
#define GPB_OUT (1<<(2*5))
GPJCON = GPB_OUT;   // 设置 GPJ5 为输出
GPJDAT &= ~(1<<5); // 向 GPJ5 输出低电平
```

1) 对控制寄存器 GPJCON 的控制:

从引脚读数据将 GPxCON 设置为输入:

```
#define GPJx_in   ~(3<<(x*2))         // 将 GPJ 端口的第 x 位设置为输入
```

在前面的寄存器的输入输出控制中,PORTB~PORTH/J 对寄存器操作完全相同,GPXCON 每两位对应一个引脚:00——输入;01——输出;10——特殊功能;11——保留不用。3 对应的二进制是 11,将 3 先移位到要操作的对应位,取反就成了 00。按此思路,如果要将相应的 GPxCON 设置为输出位,只需将"01"左移即可,如:

```
#define GPJx_out (1<<(x*2))
```

2) 对数据寄存器 GPxDAT 的控制:

GPJDAT 是用来读写端口数据的。写数据的时候,直接将要写的值赋给 GPxDAT 即可。要读数据时,先将寄存器置高,然后再读。

- 只对寄存器第 x 位赋 0,其余值不变:GPJDAT &=~ (1<<x);
- 只对寄存器第 x 位赋 1,其余值不变:GPJDAT |= (1<<x);

这个移位虽然繁琐,但是这个必须要掌握,这样在今后的程序中我们才能灵活运用。

通过对 S5PV210 相关 GPIO 知识的掌握,以及对开发平台的 LED 接口电路的了解,开发平台中提供了 1 个可编程用户,我们得知,要控制 LED 灯闪烁,我们要做的操作是:LED1 使用的 CPU 端口资源为 GPJ3_4。开发平台 LED 原理图如图 3-30 所示。

从图 3-30 得知:

①配置 GPJ3_4 为输出引脚。

②使 GPJ3_4 重复输出高低电平。

S5PV210 手册中有关 GPJ 寄存器的配置参数说明如表 3-5 所示。

- GPJ3CON:配置寄存器,配置引脚的功能,如输出、输入以及其他功能。
- GPJ3DAT:数据寄存器,引脚配置成输出时,可以修改这个寄存器的值来修改引脚的输出;引脚配置成输入时,可以读取寄存器的值来得到引脚的输入。
- GPJ3PUD:上/下拉寄存器,配置引脚上的上/下拉电阻。
- GPJ3DRV:驱动能力寄存器,配置引脚的驱动能力。
- GPJ3CONPDN:power down 模式下的配置寄存器。

嵌入式系统开发环境

- GPJ3PUDPDN：power down 模式下的上 / 下拉配置寄存器。

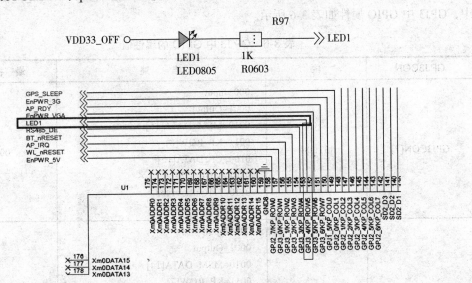

图 3-30 LED 硬件原理图

表 3-5 各类寄存器的参数说明

寄存器	地址	R/W	描述	复位值
GPJ3CON	0xE020_02A0	R/W	Port Group GPJ3 Configuration Register	0x00000000
GPJ3DAT	0xE020_02A4	R/W	Port Group GPJ3 Data Reaister	0x00
GPJ3PUD	0xE020_02A8	R/W	Port Group GPJ3 Pull-up/down Registe	0x5555
GPJ3DRV	0xE020_02AC	R/W	Port Group GPJ3 Drive Strength Control Register	0x0000
GPJ3CONPDN	0xE020_02B0	R/W	Port Group GPJ3 Power Down Mode Configuration Register	0x00
GPJ3PUDPDN	0xE020_02B4	R/W	Port Group GPJ3 Power Down Mode Pull-up/down Register	0x00

下面代码只需要配置前两个寄存器，后面的使用默认值就可以了。在S5PV210中每一个寄存器都分配了一个地址，对应的地址上存放该寄存器的值。寄存器 GPJ3CON 的地址是 0xE02002A0，寄存器的默认值就是 0x00000000。如果我们需要往 GPJ0CON 寄存器写入 0x11111111。需要怎么做呢？

第一步：定义地址 0xE02002A0 为 unsigned int 类型的指针。

`(unsigned int *) 0xE02002A0`

第二步：获取 0xE02002A0 的值。

`*(unsigned int *) 0xE02002A0`

第三步：赋值。

`*(unsigned int *) 0xE02002A0 = 0x11111111`

第四步：添加 volatile，防止编译优化。

`(*(volatile unsigned int *) 0xE02002A0) = 0x11111111`

在 S5PV210 手册原理图中可以看到，GPJ3 有 8 个 GPIO，分别是 GPJ3_0~GPJ3_7。其中，GPJ3 中 GPIO 属性如表 3-6 所示。

表 3-6　GPJ3 中 GPIO 的属性值

GPJ3CON	位	描述	最初态
GPJ3CON[7]	[31:28]	000=Input 0001=Output 0010=MSM_DATA[15] 0011=KP_ROW[8] 0100=CF_DATA[15] 0101=MHL_D22 0110~1110=Reserved 1111=GPJ3_INT[7]	0000
GPJ3CON[6]	[27:24]	000=Input 0001=Output 0010=MSM_DATA[14] 0011=KP_ROW[7] 0100=CF_DATA[14] 0101=MHL_D21 0110~1110=Reserved 1111=GPJ3_INT[6]	0000
GPJ3CON[5]	[23:20]	0000=Input 0001=Output 0010=MSM_DATA[13] 0011=KP_ROW[6] 0100=CF_DATA[13] 0101=MHL_D20 0110~1110=Reserved 1111=GPJ3_INT[5]	0000
GPJ3CON[4]	[19:16]	0000=Input 0001=Output 0010=MSM_DATA[12] 0011=KP_ROW[5] 0100=CF_DATA[12] 0101=MHL_D19 0110~1110=Reserved 1111=GPJ3_INT[4]	0000

我们需要修改的是 GPJ3_3，在寄存器 GPJ0CON 的第 16~19 位，默认值是 0000，0000 是配置成输入，0001 是配置成输出，1111 配置成中断。现在我们要配置成输出，即 0001，其他的引脚保持为 0000。所以 GPJ3CON 值的二进制表示为：

0b 0000 0000 0000 0001 0000 0000 0000 0000

也可以用代码表示为：(1<<16)。

再看看数据寄存器 GPJ3DAT，如表 3-7 所示。

嵌入式系统开发环境

表 3-7 GPJ3DAT 属性描述

GPJ3DAT	位	描述	最初态
GPJ3DAT[7:0]	[7:0]	端口配置为输入，对应位为引脚状态。端口配置为输出，引脚状态为对应位。端口配置为功能引脚，读取未定义值	0x00

GPJ3DAT 有 8 位，每一位对应一个 GPIO。如果我们配置了 GPJ3_4 引脚为输出，现在需要输出高电平的话，需要给 GPJ3DAT 的 bit3 赋 1，即 (*(volatile unsigned int *) 0xE0200244)=(1<<4)。

到此为止，有关硬件上的问题我们已经全部解决，下面要按照 S5PV210 对系统启动时的要求进行程序编写。

```
[root@JOY led]# less main.c
#define GPJ3CON (*( volatile unsigned int *) 0xE02002A0)
#define GPJ3DAT (*( volatile unsigned int *) 0xE02002A4)
void delay(unsigned int count)
{
    for(; count > 0; count--);
}

int main(void)
{
    GPJ3CON = (1 << 16);
    while(1){
        GPJ3DAT = (1 << 4);
        delay(100000);
        GPJ3DAT = (0 << 4);
        delay(10000);
    }
}

[root@JOY led]# less Makefile
CC=/usr/local/arm/4.4.1/bin/arm-linux-gcc
LD=/usr/local/arm/4.4.1/bin/arm-linux-ld
OBJCOPY=/usr/local/arm/4.4.1/bin/arm-linux-objcopy
OBJDUMP=/usr/local/arm/4.4.1/bin/arm-linux-objdump
START_OBJ=main.o
start.bin:$(START_OBJ)
        $(LD) -Ttext 0x0000000 -g $(START_OBJ) -o start
        $(OBJCOPY) -O binary -S start $@
        $(OBJDUMP) -D -m arm start > start.dis
%.o:%.S
        $(CC) -g -nostdlib -c -o $@ $<
%.o:%.c
        $(CC) -g -nostdlib -c -o $@ $<
clean:
        rm start *.o *.bin *.dis

[root@JOY led]# gcc mkv210_image.c -o s5pv210
[root@JOY led]# ls -l
-rw-r--r-- 1 root root 16384 Feb 13 04:09 210.bin
-rw-r--r-- 1 root root   313 Feb 13 04:04 main.c
```

```
-rw-r--r-- 1 root root  2616 Feb 13 04:08 main.o
-rw-r--r-- 1 root root   468 Feb 13 04:08 Makefile
-rw-r--r-- 1 root root  1744 Feb 13 03:51 mkv210_image.c
-rwxr-xr-x 1 root root  8638 Feb 13 04:09 s5pv210
-rwxr-xr-x 1 root root 34917 Feb 13 04:08 start
-rwxr-xr-x 1 root root   136 Feb 13 04:08 start.bin
-rw-r--r-- 1 root root  8608 Feb 13 04:08 start.dis

[root@JOY led]# ./s5pv210 start.bin 210.bin
```

编译后，将代码烧入开发板，按下电源开关，就会看到对应的 LED 不停闪烁。但是只要我们松开开关，电源就断开了，这可不是我们想要的，所以需要改进一下开发板的启动函数，优化一下代码。上面的操作是直接给整个寄存器赋值，如果是单独赋值该如何做呢？

以操作 GPJ3DAT 为例：

- 置1：

```
GPJ3DAT |= (1 << 3);
```

- 置0：

```
GPJ3DAT &= ~(1 << 3);
```

所以定义了几个宏：

```
[root@JOY led]# less common.h
#define vi *( volatile unsigned int * )
#define SET_ZERO( addr, bit ) ( (vi addr) &= ( ~ ( 1 << (bit) ) ) )
#define SET_ONE( addr, bit ) ( (vi addr) |= ( 1 << ( bit ) ) )
#define SET_BIT( addr, bit, val ) ( (vi addr) = (( vi addr)&=(~(1<<(bit))) ) | (
    (val)<<(bit) ) )
#define SET_2BIT( addr, bit, val ) ( (vi addr) = (( vi addr)&(~(3<<(bit))) ) | (
    (val)<<(bit) ) )
#define SET_NBIT( addr, bit, len, val ) \
( (vi addr) = ((( vi addr)&(~(( (1<<(len))-1) )<<(bit)))) | ( (val)<<(bit) ) )
#define GET_BIT( addr, bit ) ( (( vi addr ) & ( 1 << (bit) )) > 0 )
#define GET_VAL( addr, val ) ( (val) = vi addr )
#define SET_VAL( addr, val ) ( (vi addr) = (val) )
#define OR_VAL( addr, val ) ( (vi addr) |= (val) )

[root@JOY led]# less main.c
#include "common.h"
#define GPJ0CON 0xE02002A0
#define GPJ0DAT 0xE02002A4
void delay(unsigned int count)
    {
        for(; count > 0; count--);
    }

int main(void)
{
    SET_2BIT(GPJ0CON, 12, 1);
    while(1){
        SET_ONE(GPJ0DAT, 3);
```

```
                delay(100000);
                SET_ZERO(GPJ0DAT, 3);
                delay(100000);
                }
}
[root@JOY led]# ./s5pv210   start.bin   210.bin
```

在 Windows 下对 SD 卡进行烧写，首先运行 DD_For_Windows.exe，如图 3-31 所示。

图 3-31　运行 DD_For_Windows.exe 界面

把刚刚在 Linux 系统下编译的 210.bin 烧写到实验箱中，可以看到结果。至此，在非操作系统下的相关理论与实践告一段落，但它是后续章节的基础。总而言之，一是要理解嵌入式系统的架构，二是要理解不同 CPU 的理论特点，三是要懂得如何在非操作系统下掌握 CPU 的使用。

第 4 章 嵌入式引导系统

4.1 概述

嵌入式引导系统又称为 BootLoader，它是在操作系统运行之前执行的一段小程序。通过这段小程序，我们可以初始化硬件设备、建立内存空间的映射表，从而建立适当的系统软硬件环境，为最终调用操作系统内核做好准备。

对于嵌入式系统来说，BootLoader 是基于特定硬件平台来实现的。因此，几乎不可能为所有的嵌入式系统建立一个通用的 BootLoader，不同的处理器架构有不同的 BootLoader。BootLoader 不但依赖于 CPU 的体系结构，而且依赖于嵌入式系统板级设备的配置。对于不同的嵌入式相关硬件而言，即使它们使用同一种处理器，要想让运行在不同板级硬件上的 BootLoader 程序能运行在另一个板级硬件上，一般也需要修改 BootLoader 的源程序。但大部分 BootLoader 仍然具有很多共性，某些 BootLoader 也能够支持多种体系结构的嵌入式系统。例如，U-Boot 就同时支持 PowerPC、ARM、MIPS 和 x86 等体系结构，支持的板级硬件有上百种。

4.1.1 BootLoader 的种类

嵌入式系统世界已经有各种各样的 BootLoader，种类划分也有多种方式。除了可以按照处理器体系结构划分以外，还可以按照功能复杂程度的不同来划分。

首先区分一下 BootLoader 和 Monitor 的概念。严格来说，BootLoader 只是引导设备并且执行主程序的固件；而 Monitor 还提供了更多的命令行接口，可以进行调试、读写内存、烧写 Flash、配置环境变量等操作。Monitor 在嵌入式系统开发过程中可以提供很好的调试功能，开发完成以后，就完全设置成了一个 BootLoader。所以，习惯上大家把它们统称为 BootLoader。

表 4-1 列出了 Linux 的开放源码引导程序及其支持的体系结构。表中给出 x86 ARM PowerPC 体系结构的常用引导程序，并且注明每一种引导程序是不是 Monitor。

表 4-1 开放源码的 Linux 引导程序

BootLoader	Monitor	描述	x86	ARM	PowerPC
LILO	否	Linux 磁盘引导程序	是	否	否
GRUB	否	GNU 的 LILO 替代程序	是	否	否
LoadIn	否	从 DOS 引导 Linux	是	否	否
ROLO	否	从 ROM 引导 Linux 而不需要 BIOS	是	否	否
Etherboot	否	通过以太网卡启动 Linux 系统的固件	是	否	否

(续)

BootLoader	Monitor	描 述	x86	ARM	PowerPC
LinuxBIOS	否	完全替代 BUIS 的 Linux 引导程序	是	否	否
BLOB	否	LART 等硬件平台的引导程序	否	是	否
U-Boot	是	通用引导程序	是	是	是
RedBoot	是	基于 eCos 的引导程序	是	是	是

对于每种体系结构，都有一系列开放源码的 BootLoader 可以选用。

1. x86

x86 的工作站和服务器上一般使用 LILO 和 GRUB。LILO 是 Linux 发行版主流的 BootLoader。不过 RedHat Linux 发行版已经使用了 GRUB，GRUB 比 LILO 有更好的显示界面，使用和配置也更加灵活方便。在某些 x86 嵌入式单板机或者特殊设备上会采用其他 BootLoader，如 ROLO。这些 BootLoader 可以取代 BIOS 的功能，能够从 Flash 中直接引导 Linux 启动。现在 ROLO 支持的开发板已经并入 U-Boot，所以 U-Boot 也可以支持 x86 平台。

2. ARM

ARM 处理器的芯片商很多，所以每种芯片的开发板都有自己的 BootLoader。结果 ARM BootLoader 也变得多种多样。最早有 ARM720 处理器开发板的固件，又有了 ARMboot、StrongARM 平台的 blob，还有 S3C2410 处理器开发板上的 vivi 等。现在 ARMboot 已经并入 U-Boot，所以 U-Boot 也支持 ARM/XSCALE 平台。U-Boot 已经成为 ARM 平台事实上的标准 BootLoader。

3. PowerPC

PowerPC 平台的处理器有标准的 BootLoader，就是 PPCBoot。PPCBoot 在合并 ARMboot 等之后，创建了 U-Boot，它成为各种体系结构开发板的通用引导程序。U-Boot 仍然是 PowerPC 平台的主要 BootLoader。

4. MIPS

MIPS 公司开发的 YAMON 是标准的 BootLoader，也有许多 MIPS 芯片商为自己的开发板写了 BootLoader。现在 U-Boot 也已经支持 MIPS 平台。

对于各种常见的 BootLoader 来说，工业界有更多的选择，但无论如何，一定是针对特定的 CPU 而言的，了解自己所使用的 CPU 类型对选择哪种类型的 BootLoader 很重要。

4.1.2 不同平台的开源项目

1. Redboot

Redboot 是 RedHat 公司随 eCos 发布的一个 BOOT 方案，是一个开源项目。当前 Redboot 的最新版本是 Redboot-2.0.1，RedHat 公司将会继续支持该项目。Redboot 支持的处理器架构有 ARM、MIPS、MN10300、PowerPC、RenesasSHx、v850、x86 等，是一个完善的嵌入式系统 BootLoader。Redboot 是在 eCos 的基础上剥离出来的，继承了 eCos 的简洁、轻巧、可灵活配置、稳定可靠等优点。它可以使用 X-modem 或 Y-modem 协议经由串口下载，也可以经由以太网口通过 BOOTP/DHCP 服务获得 IP 参数，使用 TFTP 方式下载程序映像文件，常用于调试和系统初始化（Flash 下载更新和网络启动）。Redboot 可以通过串口和以太网口与 GDB 进行通信，调试应用程序，甚至能中断 GDB 运行的应用程序。Redboot 为管理 Flash 映像、映像下载、Redboot 配置以及其他如串口、以太网口提供了一个交互式命令行接口，自动启动后，Redboot 从 TFTP 服务器或者从 Flash 下载映像文件加载系统的引导脚本文件并保存在 Flash 上。当前支持单板机的移植版特性有：

1）支持 eCos，Linux 操作系统引导。
2）在线读写 Flash。
3）支持串行口 kermit、S-record 下载代码。
4）监控命令集：读写 I/O、内存，寄存器、内存、外设测试功能等。

Redboot 是标准的嵌入式调试和引导解决方案，支持几乎所有的处理器架构以及大量的外围硬件接口，并且目前还在不断地完善。

2. ARMboot

ARMboot 是一个 ARM 平台的开源固件项目，它基于 PPCBoot——一个为 PowerPC 平台上的系统提供类似功能的姊妹项目。鉴于对 PPCBoot 的严重依赖性，其已经与 PPCBoot 项目合并，新的项目为 U-Boot。

ARMboot 发布的最后版本为 ARMboot-1.1.0，2002 年 ARMboot 终止了维护。ARMboot 支持的处理器架构有 StrongARM、ARM720T、PXA250 等，是为基于 ARM 或者 StrongARM CPU 的嵌入式系统所设计的。ARMboot 的目标是成为通用的、容易使用和移植的引导程序，可以非常轻便地用于新的平台。ARMboot 是 GPL 下的 ARM 固件项目中唯一支持 Flash 闪存、BOOTP、DHCP、TFTP 网络下载、PCMCLA 寻线机等多种类型来引导系统的。

特性为：

1）支持多种类型的 Flash。
2）允许映像文件经由 BOOTP、DHCP、TFTP 从网络传输。
3）支持串行口下载 S-record 或者 binary 文件。
4）允许内存的显示及修改。
5）支持 jffs2 文件系统等。

ARMboot 对 S3C44B0 板的移植相对简单，在经过删减完整代码中的一部分后，仅仅需要完成初始化、串口收发数据、启动计数器和 Flash 操作等步骤，就可以下载引导 μClinux 内核完成板上系统的加载。总的来说，ARMboot 介于大、小型 BootLoader 之间，相对轻便，基本功能完备，但缺点是缺乏后续支持。

3. U-Boot

U-Boot 是由开源项目 PPCBoot 发展起来的，ARMboot 并入了 PPCBoot，与其他一些 CPU 体系的 Loader 合称 U-Boot。2002 年 12 月 17 日第一个版本 U-Boot-0.2.0 发布，同时 PPCBoot 和 ARMboot 停止维护。

U-Boot 自发布以后已更新 6 次，最新版本为 U-Boot-1.1.1，U-Boot 的支持是持续性的。
U-Boot 支持的处理器架构包括 PowerPC（MPC5xx、MPC8xx、MPC82xx、MPC7xx、

MPC74xx、MPC4xx),ARM(ARM7、ARM9、StrongARM、Xscale)、MIPS(4Kc、5Kc)、x86等,从名字就可以看出,U-Boot(Universal BootLoader)是在 GPL 下资源代码最完整的一个通用 BootLoader。

U-Boot 提供两种操作模式:启动加载(Bootloading)模式和下载(Downloading)模式,并具有大型 BootLoader 的全部功能。主要特性为:

1) SCC/FEC 以太网支持。
2) BOOTP/TFTP 引导。
3) IP、MAC 预置功能。
4) 在线读写 Flash、DOC、IDE、IIC、EEROM、RTC。
5) 支持串行口 kermit、S-record 下载代码。
6) 识别二进制、ELF32、pImage 格式的 Image,对 Linux 引导有特别的支持。
7) 监控命令集:读写 I/O、内存、寄存器、内存、外设测试功能等。
8) 脚本语言支持(类似 BASH 脚本)。
9) 支持 WatchDog、LCD logo、状态指示功能等。

它的官方网站是 http://www.denx.de/en/News/WebHome,可以通过 http://www.denx.de/wiki/U-Boot/SourceCode 或 ftp://ftp.denx.de/pub/u-boot/ 下载最新版本的系统。

4. vivi

vivi 是韩国 mizi 公司开发的 BootLoader,适用于 ARM9 处理器。它小巧玲珑,但功能全面,对于学习 BootLoader 来说有很重要的指导意义,真正细致地弄清楚 vivi 实现的细节,对 C 语言水平的提高和 ARM 体系结构的认识无疑是有好处的。

4.2 Linux 系统引导过程与嵌入式引导过程的区别

在认识嵌入式系统之前,首先对 BootLoader 的启动要有足够的认识,这是我们学习引导系统的重中之重,可以通过与 Linux 系统引导过程对比来了解。

4.2.1 Linux 系统引导过程

系统通电或复位后,所有 CPU 都会从某个地址开始执行,这是由处理器设计决定的。比如 x86 的复位向量在高地址端,ARM 处理器在复位时从地址 0x00000000 取第一条指令。嵌入式系统的开发板都要把板上 ROM 或 Flash 映射到这个地址。因此,必须把 BootLoader 程序存储在相应的 Flash 位置。系统加电后,CPU 将首先执行它。Linux 系统的启动过程如图 4-1 所示。

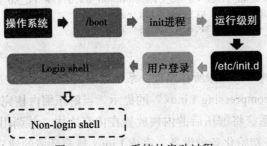

图 4-1 Linux 系统的启动过程

启动加载过程如下：

（1）加载 BIOS

当我们打开计算机电源时，计算机会首先加载 BIOS 信息，BIOS 信息是如此重要，以至于计算机必须在最开始就找到它。这是因为 BIOS 中包含了 CPU 的相关信息、设备启动顺序信息、硬盘信息、内存信息、时钟信息、PnP 特性等。在此之后，计算机就知道应该去读取哪个硬件设备了。

（2）读取 MBR

众所周知，硬盘上第 0 磁道第 1 个扇区被称为 MBR，也就是 Master Boot Record（主引导记录），它的大小是 512 字节，别看地方不大，可里面却存放了预启动信息、分区表信息。

系统找到 BIOS 所指定的硬盘的 MBR 后，就会将其复制到 0x7c00 地址所在的物理内存中。其实被复制到物理内存的内容就是 BootLoader，而具体到我们的计算机，就是 LILO 或者 GRUB。

（3）BootLoader

BootLoader 就是在操作系统内核运行之前运行的一段小程序。通过这段小程序，我们可以初始化硬件设备、建立内存空间的映射图，从而将系统的软硬件环境带到一个合适的状态，以便为最终调用操作系统内核做好一切准备。Linux BootLoader 有若干种，其中 GRUB、LILO 和 SPFDISK 是常见的 BootLoader。在以 GRUB 为 BootLoader 的系统中，系统读取内存中的 GRUB 配置信息（一般为 grub.conf），并依照此配置信息来启动不同的操作系统。

```
[root@JOY /]# cat /etc/grub.conf
# grub.conf generated by anaconda
## Note that you do not have to rerun grub after making changes to this file
# NOTICE:  You have a /boot partition.  This means that
#          all kernel and initrd paths are relative to /boot/, eg.
#          root (hd0, 0)
#          kernel /vmlinuz-version ro root=/dev/sda3
#          initrd /initrd-[generic-]version.img
#boot=/dev/sda
default=0
timeout=5
splashimage=(hd0, 0)/grub/splash.xpm.gz
hiddenmenu
title Red Hat Enterprise Linux (2.6.32-431.el6.x86_64)
     root (hd0, 0)
kernel/vmlinuz-2.6.32-431.el6.x86_64 ro root=UUID=8271f042-7f89-4f34-b076-
     66e83080cc95 rd_NO_LUKS rd_NO_LVM LANG=en_US.UTF-8 rd_NO_MD SYSFONT=latarcyrheb-
     sun16  KEYBOARDTYPE=pc KEYTABLE=us rd_NO_DM
initrd /initramfs-2.6.32-431.el6.x86_64.img
```

（4）加载内核

根据 GRUB 设定的内核映像所在路径，系统读取内存映像，并进行解压缩操作。此时，屏幕一般会输出"Uncompressing Linux"的提示。当解压缩内核完成后，屏幕输出"OK, booting the kernel"。系统将解压后的内核放置在内存之中，并调用 start_kernel() 函数来启动一系列初始化函数并初始化各种设备，完成 Linux 核心环境的建立。至此，Linux 内核已经建立起来了，基于 Linux 的程序应该可以正常运行了。

```
[root@JOY /]# cd /boot/
[root@JOY /boot]# ls -l
-rw-------.1 root root  4496542 Jun 1 2015 initrd-2.6.32-431.el6.x86_64kdump.img
-rw-r--r--.1root root 2518236Nov 11 2013 System.map-2.6.32-431.el6.x86_64
-rwxr-xr-x.1 root root  4128944 Nov 11 2013 vmlinuz-2.6.32-431.el6.x86_64
```

其中 img 为系统的映像文件，System 为系统描述符，vmlinuz 是内核，系统在启动时，要依次加载这些相关文件。

（5）用户层 init

依据 inittab 文件来设定运行等级，内核被加载后，第一个运行的程序便是 /sbin/init，该文件会读取 /etc/inittab 文件，并依据此文件来进行初始化工作。其实 /etc/inittab 文件最主要的作用就是设定 Linux 的运行等级，其设定形式是"：id:5:initdefault:"，这就表明 Linux 需要运行在等级 5 上。Linux 的运行等级设定如下：

0：关机。

1：单用户模式。

2：无网络支持的多用户模式。

3：有网络支持的多用户模式。

4：保留，未使用。

5：有网络支持，有 X-Window 支持的多用户模式。

6：重新引导系统，即重启。

```
[root@JOY /]# cat /etc/inittab
# inittab is only used by upstart for the default runlevel.
# ADDING OTHER CONFIGURATION HERE WILL HAVE NO EFFECT ON YOUR SYSTEM.
# System initialization is started by /etc/init/rcS.conf
# Individual runlevels are started by /etc/init/rc.conf
# Ctrl-Alt-Delete is handled by /etc/init/control-alt-delete.conf
# Terminal gettys are handled by /etc/init/tty.conf and /etc/init/serial.conf,
# with configuration in /etc/sysconfig/init.
# For information on how to write upstart event handlers, or how
# upstart works, see init(5), init(8), and initctl(8).
# Default runlevel.The runlevels used are:
#   0 - halt (Do NOT set initdefault to this)
#   1 - Single user mode
#   2 - Multiuser, without NFS (The same as 3, if you do not have networking)
#   3 - Full multiuser mode
#   4 - unused
#   5 - X11
#   6 - reboot (Do NOT set initdefault to this)
id:5:initdefault:
```

（6）init 进程执行 rc.sysinit

在设定了运行等级后，Linux 系统执行的第一个用户层文件就是 /etc/rc.d/rc.sysinit 脚本程序，它做的工作非常多，包括设定 PATH、设定网络配置（/etc/sysconfig/network）、启动 swap 分区、设定 /proc 等。

```
[root@JOY /]# cd /etc/rc.d
[root@JOY rc.d]# ls -l
total 60
drwxr-xr-x. 2 root root  4096 Oct 16 23:57 init.d
-rwxr-xr-x. 1 root root  2617 Oct 10  2013 rc
drwxr-xr-x. 2 root root  4096 Oct 16 23:57 rc0.d
drwxr-xr-x. 2 root root  4096 Oct 16 23:57 rc1.d
drwxr-xr-x. 2 root root  4096 Oct 16 23:57 rc2.d
drwxr-xr-x. 2 root root  4096 Oct 16 23:57 rc3.d
drwxr-xr-x. 2 root root  4096 Oct 16 23:57 rc4.d
drwxr-xr-x. 2 root root  4096 Oct 16 23:57 rc5.d
drwxr-xr-x. 2 root root  4096 Oct 16 23:57 rc6.d
-rwxr-xr-x. 1 root root   220 Oct 10  2013 rc.local
-rwxr-xr-x. 1 root root 19432 Oct 10  2013 rc.sysinit
```

之后转到由等级所确定的目录中，如图4-2所示是rc3.d目录文件。

```
[root@JOY rc.d]# cd rc3.d
[root@JOY rc3.d]# ls
K01numad            K84wpa_supplicant   S24rpcgssd
K01smartd           K85ebtables         S25blk-availability
K02oddjobd          K86cgred            S25cups
K05wdaemon          K87restorecond      S25netfs
K10psacct           K88sssd             S26acpid
K10saslauthd        K89rdisc            S26haldaemon
K15htcacheclean     K95firstboot        S26hypervkvpd
K15httpd            K99rngd             S26udev-post
K15svnserve         S01sysstat          S28autofs
K30spamassassin     S02lvm2-monitor     S50bluetooth
K30spice-vdagentd   S03vmware-tools     S55sshd
K35dovecot          S05cgconfig         S57vmware-tools-thinprint
K35tgtd             S07iscsid           S80postfix
K36mysqld           S08ip6tables        S82abrt-ccpp
K46radvd            S08iptables         S82abrtd
K50dnsmasq          S10network          S84ksm
K50netconsole       S11auditd           S85ksmtuned
K50snmpd            S11portreserve      S90crond
K50snmptrapd        S12rsyslog          S95atd
K50vsftpd           S13cpuspeed         S95virt-who
K60nfs              S13irqbalance       S97libvirtd
K69rpcsvcgssd       S13iscsi            S97rhnsd
K73winbind          S13rpcbind          S97rhsmcertd
K74ipsec            S15mdmonitor        S99certmonger
K74ntpd             S20kdump            S99libvirt-guests
K75ntpdate          S22messagebus       S99local
K75quota_nld        S23NetworkManager
K76ypbind           S24nfslock
```

图4-2 rc3.d目录文件

这个目录文件的特点是：S开头的表示在启动时要加载的，K开头的表示在关闭系统时要加载的。

（7）启动内核模块

具体是依据/etc/modules.conf或/etc/modprobe.d（不同内核版本的方法不一样）目录下的文件来装载内核模块。

（8）执行不同运行等级的脚本程序

根据运行等级的不同，系统会运行rc0.d到rc6.d中相应的脚本程序，以完成相应的初始化工作和启动相应的服务。

（9）执行/etc/rc.d/rc.local

```
[root@JOY /]# cd /etc/
[root@JOY etc]# ll rc.local
lrwxrwxrwx.1 root root 13 Jun  1  2015 rc.local -> rc.d/rc.localrc.local
[root@JOY etc]# cat rc.local
```

```
#!/bin/sh
# This script will be executed *after* all the other init scripts.
# You can put your own initialization stuff in here if you don't
# want to do the full Sys V style init stuff.
touch /var/lock/subsys/local
#add for myself:
iptables -F
iptables -X
```

这就是在一切初始化工作完成后,Linux 留给用户进行个性化配置的地方。我们可以把自己想设置和启动的内容放到此处。

(10)执行 /bin/login 程序

进入登录状态,此时系统已经进入等待用户输入 username 和 password 的时候,我们已经可以用自己的账号登入系统了。

4.2.2 嵌入式引导过程

在以 S5PV210 为核心的平台上,我们以 K9K8G08U0A 的 NAND Flash 系统为例介绍引导过程:

第一步:CPU 上电启动后,先来到 0x00000000 这个地址处(也就是 IROM 的地址),此时会看到一段代码(这是 IROM 中固定的代码),这段代码会找到 BootLoader 的第一段代码(以下称为 BL1)存放的地址,由于 BL1 存放在 NAND Flash 中,不支持片上执行,所以 IROM 会把这段代码拷贝到 IRAM 中,但是在拷贝之前,IROM 会先把 IRAM 的起始 4 个地址分别写上一定的内容(不过通常只写 0x00 地址为 BL1 所占空间的大小(一般是 8KB),而其他三个地址全写上 0),把 BL1 这段代码拷贝到 IRAM 后,IROM 的使命就快要完成了,IROM 的最后一个任务是把 PC 指针指向存放 BL1 的那块地址的起始位置,然后按照这个地址的指令开始执行。

第二步:这时开始执行 BL1 的代码。这段代码的功能是初始化硬件,比如串口、内存、显示器、按键等。在初始化所有需要初始化的硬件后,BL1 还会有一个拷贝指令,用于把 BootLoader 拷贝到 SDRAM 中,一般会把 BootLoader 的代码放到 BLADD(表示为 BootLoader 在 SDRAM 中存放的地址)中。这时 BL1 的使命也将要完成,于是 BL1 会把 PC 指针跳转到 BL2 的地址,此时所有要运行的代码都在 SDRAM 中,这次的跳转不会直接从这次拷贝的开始地址执行,而是跳过 BL1 代码所占的地址,从 BL2 开始执行。

第三步:执行 BL2 中的代码。此时 BL2 代码的功能主要是实现 MTD 设备驱动初始化、电源、时钟初始化,堆栈空间以及各种必要的初始化,并且会提供一个命令行进行交互。在这之后会有一个设置内核参数的过程,这些参数在内存中也是以结构体存储,以链表进行关联的,而这个链表有一个固定的起始地址 0x30000100;每一个结构体代表一个信息,并且首尾相连,内核在需要这些参数时就可以在对应的地址上取数据。这一步执行完毕后,就要把 kernel 的代码拷贝到 SDRAM 中的一个指定地址,并把这个地址强制转换成一个函数指针,且向这个函数中传递一些参数,最终会到内核中执行内核代码。这时,内核会被引导到执行状态。

以上操作可总结为两个阶段,如图 4-3 所示。

第一个阶段是 stage1 完成的任务:

① 初始化硬件设备、屏蔽所有的中断。
② 设置 CPU 的速度和时钟频率。
③ 初始化 RAM。
④ 初始化 LED，通过 GPIO 驱动 LED，表明系统状态是 OK 或 ERROR。若开发板未配备 LED，则通过初始化 UART 向串口打印 BootLoader 的 Logo 字符信息来表明系统的状态。
⑤ 关闭 CPU 内部指令/数据 Cache。
⑥ 为加载 BootLoader stage2 准备 RAM 空间。
⑦ 拷贝 BootLoader stage2 到 RAM 空间。
⑧ 设置好堆栈指针，为执行 C 语言代码做准备。
⑨ 跳转到 stage2 的 C 程序入口点。

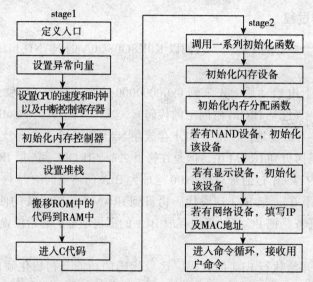

图 4-3　嵌入式引导过程的两个阶段

第二个阶段是 stage2 完成的任务：
① 初始化本阶段要使用的硬件设备，至少包括一个串口，以便向终端用户输出 FO 信息，初始化计时器等。
② 检测系统内存映射。
③ 将内核映像和根文件系统映像从 Flash 中读到 RAM 空间中。
④ 规划内存占用的布局，包括内核映像、根文件系统占用的内存范围，需要考虑基地址和映像的大小两方面。对于内核映像，一般将其拷贝到从 MEM_START+0x8000 基地址开始的大约 1MB 大小的内存范围内（因为嵌入式 Linux 内核一般不超过 1MB）。在 MEM_START 到 MEM_START+0x8000 这段 32KB 的内存里，存放的是 Linux 内核的全局数据结构，如启动参数、内核页表等。对于根文件系统映像，一般将其拷贝到 MEM_START+0x00100000 开始的地方。如果用 Ramdisk 作为根文件系统映像，则其解压后一般是 1MB。从 Flash 上读取数据与从 RAM 单元中读取数据并没有什么不同，用一个简单的循

环即可完成从 Flash 设备上拷贝映像。

⑤ 设置内核启动参数。

⑥ 调用内核。BootLoader 调用内核的方法是直接跳转到内核的第一条指令处，即直接跳转到 MEM_START+0x8000 地址处。

4.2.3 引导系统启动方式

大多数 BootLoader 都包含两种不同的操作模式：本地加载模式和远程下载模式。这两种操作模式的区别仅对于开发人员才有意义，也就是不同启动方式的使用。从最终用户的角度看，BootLoader 的作用就是加载操作系统，并不存在所谓的本地加载模式与远程下载模式的区别。因为 BootLoader 的主要功能是引导操作系统启动，所以我们详细讨论一下各种启动方式的特点。

1. 网络启动方式

采用这种方式开发板不需要配置较大的存储介质，与无盘工作站有点类似。但是使用这种启动方式之前，需要把 BootLoader 安装到板上的 EPROM 或者 Flash 中。BootLoader 通过以太网接口远程下载 Linux 内核映像或者文件系统。第 3 章介绍的交叉开发环境就是以网络启动方式建立的，这种方式对于嵌入式系统开发来说非常重要。使用这种方式也有前提条件，就是目标板有串口、以太网接口或者其他连接方式。串口一般可以作为控制台，同时可以用来下载内核映像和 RAMDISK 文件系统。串口通信传输速率过低，不适合用来挂接 NFS 文件系统。所以以太网接口成为通用的互连设备，一般的开发板都可以配置 10M 以太网接口。对于 PDA 等手持设备来说，以太网的 RJ-45 接口显得大了些，而 USB 接口特别是 USB 的迷你接口，尺寸非常小。

对于开发的嵌入式系统，可以把 USB 接口虚拟成以太网接口来通信。这种方式在开发主机和开发板两端都需要驱动程序。另外，还要在服务器上配置、启动相关网络服务。BootLoader 下载文件一般都使用 TFTP 网络协议，还可以通过 DHCP 的方式动态配置 IP 地址。DHCP/BOOTP 服务为 BootLoader 分配 IP 地址，配置网络参数，然后才能够支持网络传输功能。如果 BootLoader 可以直接设置网络参数，就可以不使用 DHCP。TFTP 服务为 BootLoader 客户端提供文件下载功能，把内核映像和其他文件放在 /tftpboot 目录下。这样 BootLoader 可以通过简单的 TFTP 协议远程下载内核映像到内存，如图 4-4 所示。

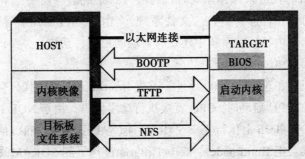

图 4-4　BootLoader 通过 TFTP 协议远程下载内核映射到内存的过程

大部分引导程序都能够支持网络启动方式。例如 BIOS 的 PXE（Preboot eXecution

Environment）功能就是网络启动方式，U-Boot 也支持网络启动功能。

2. Flash 启动方式

大多数嵌入式系统都使用 Flash 存储介质。Flash 有很多类型，包括 NOR Flash、NAND Flash 和其他半导体盘。其中 NOR Flash（也就是线性 Flash）使用最为普遍。NOR Flash 可以支持随机访问，所以代码是可以直接在 Flash 上执行的。BootLoader 一般是存储在 Flash 芯片上的。另外，Linux 内核映像和 RAMDISK 也可以存储在 Flash 上。通常需要把 Flash 分区使用，每个区的大小应该是 Flash 擦除块大小的整数倍，如图 4-5 所示。

图 4-5 BootLoader 内核映像和文件系统的分区表

BootLoader 一般放在 Flash 的底端或者顶端，这要根据处理器的复位向量设置。要使 BootLoader 的入口位于处理器上电执行第一条指令的位置。

接下来分配参数区，这里可以作为 BootLoader 的参数保存区域。

再下来是内核映像区。BootLoader 引导 Linux 内核，就是要从这个地方把内核映像解压到 RAM 中，然后跳转到内核映像入口执行。

然后是文件系统区。如果使用 RAMDISK 文件系统，则需要 BootLoader 把它解压到 RAM 中。如果使用 JFFS2 文件系统，将直接挂接为根文件系统。这两种文件系统将在第 6 章详细讲解。

最后还可以分出一些数据区，这要根据实际需要和 Flash 大小来考虑了。这些分区是开发者定义的，BootLoader 一般直接读写对应的偏移地址。当系统启动后，嵌入式 Linux 内核空间可以配置成 MTD 方式来访问 Flash 分区。但是，有的 BootLoader 也支持分区的功能，如 Redboot 可以创建 Flash 分区表，并且内核 MTD 驱动可以解析出 Redboot 的分区表。

4.2.4 NOR Flash 和 NAND Flash 启动过程的区别

要从嵌入式裸机时代进入操作系统时代，嵌入式系统最少需要三个文件：BootLoader、kernel、rootfs（启动引导程序、内核、文件系统）。由 BootLoader 引导 CPU 从哪里开始执行 kernel 程序，在启动内核后，系统中还要有对应的根文件系统。

（1）NOR Flash 启动过程

NOR Flash 一般放在总线的 0x00 地址。首先 BootLoader 这段代码存放在 NOR Flash 的 0x00 这个地址中。在 CPU 启动时，CPU 直接执行这段代码，由于 NOR Flash 支持片上执行，CPU 可以直接在 NOR Flash 上执行完三个步骤，但是由于 NOR Flash 的读取速度相对来说比较慢，所以有时候会把 BootLoader、kernel 和 rootfs 拷贝到 SDRAM 中，在 SDRAM 中执行启动过程。

（2）NAND Flash 启动过程

CPU 在启动过程中最初会执行 IROM 中的一段代码，这段代码会指引 CPU 到 NAND Flash 中，把 NAND Flash 中的 BL1 拷贝到 IRAM 中。在执行完这部分代码的末尾会告诉 CPU 把原来在 NAND Flash 中的 BootLoader、kernel、rootfs 程序都拷贝到 SDRAM 中，然后从 BL2 代码的开始处执行程序，最终执行完所有的启动程序。

BL1 和 BL2 指定的是 BootLoader 代码的两部分，分别是硬件初始化程序和加载操作系统程序。

4.3 U-Boot 系统的实践

4.3.1 U-Boot 的组成

U-Boot 的代码可以从官方的 FTP 服务器上获取，地址为 ftp://ftp.denx.de/pub/u-boot/，当前最新版本是 2016.03-rc1（本书编写时的最新版本）。代码是按照一定时间周期更新的，命名方式由以前的数字方式命名更换为以时间方式命名，编者认为这样更直接、更简单。当然，拿比较新的版本跟以前的老版本比较，结构和代码的具体实现是有很多差异的，编者认为新版的 U-Boot 结构更合理，代码更简练，移植更方便。不管工程结构和代码怎么变，不变的是原理和整体框架，只要牢牢抓住这些本质的东西，我们就能看懂其精华。

```
[root@JOY u-boot-2013.07-rc2]# ls -l
drwxrwxr-x   2 root root     4096 Jun 29  2013 api
drwxrwxr-x  16 root root     4096 Jun 29  2013 arch
drwxrwxr-x 284 root root    12288 Jun 29  2013 board
-rw-rw-r--   1 root root   126847 Jun 29  2013 boards.cfg
drwxrwxr-x   3 root root     4096 Jun 29  2013 common
-rw-rw-r--   1 root root    11747 Jun 29  2013 config.mk
-rw-rw-r--   1 root root    16398 Jun 29  2013 COPYING
-rw-rw-r--   1 root root    12082 Jun 29  2013 CREDITS
drwxrwxr-x   2 root root     4096 Jun 29  2013 disk
drwxrwxr-x   7 root root     4096 Jun 29  2013 doc
drwxrwxr-x  30 root root     4096 Jun 29  2013 drivers
drwxrwxr-x   2 root root     4096 Jun 29  2013 dts
drwxrwxr-x   4 root root     4096 Jun 29  2013 examples
drwxrwxr-x  13 root root     4096 Jun 29  2013 fs
drwxrwxr-x  19 root root    12288 Jun 29  2013 include
drwxrwxr-x   8 root root     4096 Jun 29  2013 lib
-rw-rw-r--   1 root root    27706 Jun 29  2013 MAINTAINERS
-rwxrwxr-x   1 root root    23418 Jun 29  2013 MAKEALL
-rw-rw-r--   1 root root    29303 Jun 29  2013 Makefile
-rwxrwxr-x   1 root root     4245 Jun 29  2013 mkconfig
drwxrwxr-x   3 root root     4096 Jun 29  2013 nand_spl
drwxrwxr-x   2 root root     4096 Jun 29  2013 net
drwxrwxr-x   6 root root     4096 Jun 29  2013 post
-rw-rw-r--   1 root root   201664 Jun 29  2013 README
-rw-rw-r--   1 root root     2487 Jun 29  2013 rules.mk
-rw-rw-r--   1 root root       74 Jun 29  2013 snapshot.commit
drwxrwxr-x   2 root root     4096 Jun 29  2013 spl
drwxrwxr-x   5 root root     4096 Jun 29  2013 test
drwxrwxr-x  14 root root     4096 Jun 29  2013 tools
```

- api：一些系统调用，包含显示部分的 api、网络部分的 api，以及一些与平台相关但独立出来的 api，是一个扩展应用的独立的 api 库。
- arch：与特定 CPU 架构相关的目录，每一款 U-Boot 下支持的 CPU 在该目录下对应一个子目录，比如子目录 arm 就是我们开发板上使用的硬件体系目录。而 arch/arm/ 目录下的 CPU 目录就是对应 ARM 体系的 CPU 目录，其中的 ARMv7 就是我们此次移植的重点对象，S5PV210 就是 ARMv7 架构的 CPU。
- board：与一些已有开发板有关的文件。每一个开发板都以一个子目录出现在当前目录中。例如，smdkc100 就是官方以 S5PC100 为核心的开发板的相关文件。该目录和 arch 目录是严重依赖硬件平台的，移植之初要改动最多的也是这两个目录。
- common：主要实现 U-Boot 命令行下支持的命令，每一条命令都对应一个文件。例如 bootm 命令对应的就是 cmd_bootm.c。
- disk：对磁盘的支持。
- doc：文档目录。U-Boot 的文档还是比较完善的，推荐大家参考阅读。
- drivers：U-Boot 支持的设备驱动程序都放在该目录下，比如各种网卡、支持 CFI 的 Flash、串口和 USB。
- dts：从 U-Boot 的 readme 文件中获取到的信息，有兴趣的读者可以参考 U-Boot 的 readme 文件中对 CONFIG_OF_IDE_FIXUP 和 CONFIG_OF_EMBED 这两个宏的描述。
- examples：一些独立运行的应用程序的例子。
- fs：支持文件系统的文件，U-Boot 现在支持 cramfs、fat、fdos、jffs2、yaffs 和 registerfs。
- include：头文件，还有支持各种硬件平台的汇编文件、系统的配置文件和支持文件系统的文件。
- lib：通用的多功能库函数实现。例如，字符串的一些常用函数就在 string.c 中实现。
- nand_spl：支持从 NAND Flash 启动，但支持的 CPU 的种类不是很多。
- net：与网络有关的代码，BOOTP 协议、TFTP 协议、RARP 协议和 NFS 文件系统的实现。
- post：上电自检程序。
- spl：镜像分离的实现，一般用于 SD 卡启动。
- test：测试命令的实现，测试系统是否运行正常时使用。
- tools：创建 S-Record 格式文件和 U-Boot images 的工具。
- boards.cfg：目标板配置参数文件，其中有很多种目标板的配置参数。
- config.mk：这个文件里面主要定义了交叉编译器及选项和编译规则。
- COPYING：软件的使用条款声明。
- CREDITS：U-Boot 开发者的联系方式。
- MAINTAINERS：各个硬件架构、软件维护者的联系方式。
- MAKEALL：创建多个目标板的配置，一般用不到。
- Makeflie：U-Boot 的 Makefile，主要用来编译链接并生成 U-Boot 镜像。
- mkconfig：建立工程需要的一些软链接并创建配置文件 config.h。

- README：U-Boot 的介绍信息，最好花点时间看看，多了解一些关于 U-Boot 的信息。
- rules.mk：U-Boot 工程编译依赖规则。
- snapshot.commit：U-Boot 序列号和发布时间的快照。

以上是这个版本的所有目录，其实在 S5PV210 系统中有些是没有用到的，我们可以删除，删除的目录如图 4-6 所示。

```
[root@iotlab arch]# pwd
/iotlab/u-boot-2013.07-rc2/arch
[root@iotlab arch]# ls -l
total 4
drwxrwxr-x 5 root root 4096 Feb 13 23:30 arm
[root@iotlab arm]# pwd
/iotlab/u-boot-2013.07-rc2/arch/arm
[root@iotlab arm]# ls -l
total 16
-rw-rw-r-- 1 root root 3537 Jun 29  2013 config.mk
drwxrwxr-x 3 root root 4096 Feb 13 23:33 cpu
drwxrwxr-x 3 root root 4096 Jun 29  2013 include
drwxrwxr-x 2 root root 4096 Jun 29  2013 lib
[root@iotlab cpu]# pwd
/iotlab/u-boot-2013.07-rc2/arch/arm/cpu
[root@iotlab cpu]# ls -l
total 8
drwxrwxr-x 4 root root 4096 Feb 13 23:36 armv7
-rw-rw-r-- 1 root root 2288 Jun 29  2013 u-boot.lds
[root@iotlab armv7]# pwd
/iotlab/u-boot-2013.07-rc2/arch/arm/cpu/armv7
[root@iotlab armv7]# ls -l
total 52
-rw-rw-r-- 1 root root 10295 Jun 29  2013 cache_v7.c
-rw-rw-r-- 1 root root  1759 Jun 29  2013 config.mk
-rw-rw-r-- 1 root root  2363 Jun 29  2013 cpu.c
-rw-rw-r-- 1 root root  1501 Jun 29  2013 lowlevel_init.S
-rw-rw-r-- 1 root root  1574 Jun 29  2013 Makefile
drwxrwxr-x 2 root root  4096 Jun 29  2013 s5pc1xx
drwxrwxr-x 2 root root  4096 Jun 29  2013 s5p-common
-rw-rw-r-- 1 root root 11709 Jun 29  2013 start.S
-rw-rw-r-- 1 root root  2279 Jun 29  2013 syslib.c
[root@iotlab asm]# pwd
/iotlab/u-boot-2013.07-rc2/arch/arm/include/asm
[root@iotlab asm]# ls
arch-s5pc1xx    config.h        io.h            pl310.h         string.h
armv7.h         dma-mapping.h   linkage.h       posix_types.h   system.h
assembler.h     ehci-omap.h     mach-types.h    proc-armv       types.h
atomic.h        emif.h          macro.h         processor.h     u-boot-arm.h
bitops.h        errno.h         memory.h        ptrace.h        u-boot.h
bootm.h         global_data.h   omap_common.h   setup.h         unaligned.h
byteorder.h     gpio.h          omap_gpio.h     sizes.h         utils.h
cache.h         hardware.h      omap_musb.h     spl.h
[root@iotlab board]# pwd
/iotlab/u-boot-2013.07-rc2/board
[root@iotlab board]# ls -l
total 4
drwxrwxr-x 4 root root 4096 Feb 13 23:48 samsung
[root@iotlab samsung]# pwd
/iotlab/u-boot-2013.07-rc2/board/samsung
[root@iotlab samsung]# ls -l
total 8
drwxrwxr-x 2 root root 4096 Jun 29  2013 common
drwxrwxr-x 2 root root 4096 Jun 29  2013 smdkc100
[root@iotlab configs]# pwd
/iotlab/u-boot-2013.07-rc2/include/configs
[root@iotlab configs]# ls -l
total 8
-rw-rw-r-- 1 root root 7202 Jun 29  2013 smdkc100.h
```

图 4-6 S5PV210 中删除的目录

至此，删改目录的工作就完成了，接下来我们开始定制自己的配置。

4.3.2 定制 S5PV210 配置

先修改 boards.cfg 文件，包含将自定义的硬件板级系统加入系统中。

```
[root@JOY u-boot-2013.07-rc2]# less boards.cfg
# Target ARCH       CPU        Board name       Vendor       SoC        Options
##########################################################################
smdkc100  arm       armv7      smdkc100         samsung      s5pc1xx
s5pv210   arm       armv7      s5pv210          samsung      s5pv1xx
```

到 include/configs 目录下，把 smdkc100 复制一份并命名为 s5pv210.h。

```
[root@JOY u-boot-2013.07-rc2]# cd include/configs/
[root@JOY configs]# ls -l
-rw-r--r-- 1 root root 7201 Feb 14 02:26 s5pv210.h
-rw-rw-r-- 1 root root 7202 Jun 29  2013 smdkc100.h
```

到 board/samsung/ 目录下，复制 smdkc100 目录并命名为 s5pv210。

```
[root@JOY u-boot-2013.07-rc2]# cd board/samsung/
[root@JOY samsung]# ls -l
drwxrwxr-x 2 root root 4096 Feb 14 02:36 common
drwxr-xr-x 2 root root 4096 Feb 14 02:37 s5pv210
drwxrwxr-x 2 root root 4096 Jun 29  2013 smdkc100
```

到 s5pv210 目录下，把 smdkc100.c 重命名为 s5pv210.c。

```
[root@JOY samsung]# cd s5pv210/
[root@JOY s5pv210]# ls -l
-rw-r--r-- 1 root root  373 Feb 14 01:26 config.mk
-rw-r--r-- 1 root root 3893 Feb 14 01:26 lowlevel_init.S
-rw-r--r-- 1 root root 1545 Feb 14 01:28 Makefile
-rw-r--r-- 1 root root 4544 Feb 14 01:26 mem_setup.S
-rw-r--r-- 1 root root 2381 Feb 14 01:26 onenand.c
-rw-r--r-- 1 root root 2386 Feb 14 01:27 s5pv210.c
```

在 s5pv210 目录的 Makefile 文件中，把 smdkc100.o 替换为 s5pv210.o。

```
[root@JOY s5pv210]# viMakefile
include $(TOPDIR)/config.mk
LIB     = $(obj)lib$(BOARD)o
COBJS-y := s5pv210.o
COBJS-$(CONFIG_SAMSUNG_ONENAND) += onenand.o
SOBJS   := lowlevel_init.o
SRCS    := $(SOBJS:.o=.S) $(COBJS-y:.o=.c)
OBJS    := $(addprefix $(obj), $(COBJS-y))
SOBJS   := $(addprefix $(obj), $(SOBJS))
$(LIB): $(obj). depend $(SOBJS) $(OBJS)
        $(call cmd_link_o_target, $(SOBJS) $(OBJS))
```

4.3.3 编译 U-Boot

如果上述修改无误的话，我们可以试着编译一下。

嵌入式引导系统

```
[root@JOY u-boot-2013.07-rc2]# make mrproper
[root@JOY u-boot-2013.07-rc2]# make s5pv210_config
[root@JOY u-boot-2013.07-rc2]# make -j 2
```

查看终端打印的信息，如果没有报错，并且源码目录下生成了 u-boot.bin 等文件，那就说明编译成功了!

```
[root@JOY u-boot-2013.07-rc2]# ls -l
-rwxr-xr-x  1 root root   955215 Feb 14 03:34 u-boot
-rwxr-xr-x  1 root root   327680 Feb 14 03:34 u-boot.bin
-rw-r--r--  1 root root  1985141 Feb 14 03:34 u-boot.dis
-rw-r--r--  1 root root   203199 Feb 14 03:34 u-boot.map
-rwxrwxrwx  1 1000 1000   174554 Jun 17  2012 uboot.patch
-rwxr-xr-x  1 root root   983154 Feb 14 03:34 u-boot.srec
[root@JOY u-boot-V2.0]#
```

4.3.4 编译过程分析

第一，从 Makefile 开始，所有目录的编译链接都是由顶层目录的 Makefile 来确定的。

在执行 make 之前，先要执行 make $(board)_config 对工程进行配置，以确定特定目标板的各个子目录和头文件。$(board)_config: 是 Makefile 中的一个伪目标，它传入指定的 CPU、ARCH、BOARD、SOC 参数执行 mkconfig 脚本。

这个脚本的主要功能在于连接与目标板平台相关的头文件夹，生成 config.h 文件，包含硬件开发平台的配置头文件，使得 Makefile 能根据目标板的这些参数编译正确的平台相关的子目录。

以 S5PV210 为例，执行 make s5pv210_config，主要完成三个功能：

- 在 include 文件夹下建立相应的文件（夹）软链接。

```
# 如果是 ARM 体系将执行以下操作：
#ln -s   asm-arm           asm
#ln -s   arch-s5pv210      asm-arm/arch
#ln -s   proc-armv         asm-arm/proc
```

- 生成 Makefile 包含文件 include/config.mk，内容很简单，定义了四个变量。

```
ARCH    = arm
CPU     = s5pv210
BOARD   = smdk2410
SOC     = s3c24x0
```

- 生成 include/config.h 头文件，只有一行。

```
/* Automatically generated - do not edit */
#include "config/s5pv210.h"
```

顶层 Makefile 先调用各子目录的 Makefile，生成目标文件或者目标文件库，然后再链接所有目标文件（库）生成最终的 u-boot.bin。

链接的主要目标（库）如下：

```
OBJS   = cpu/$(CPU)/start.o
LIBS   = lib_generic/libgeneric.a
LIBS  += board/$(BOARDDIR)/lib$(BOARD).a
LIBS  += cpu/$(CPU)/lib$(CPU).a
ifdef SOC
LIBS  += cpu/$(CPU)/$(SOC)/lib$(SOC).a
endif
LIBS  += lib_$(ARCH)/lib$(ARCH).a
LIBS  += fs/cramfs/libcramfs.a fs/fat/libfat.a fs/fdos/libfdos.a fs/jffs2/libjffs2.a /
         fs/reiserfs/libreiserfs.a fs/ext2/libext2fs.a
LIBS  += net/libnet.a
LIBS  += disk/libdisk.a
LIBS  += rtc/librtc.a
LIBS  += dtt/libdtt.a
LIBS  += drivers/libdrivers.a
LIBS  += drivers/nand/libnand.a
LIBS  += drivers/nand_legacy/libnand_legacy.a
LIBS  += drivers/sk98lin/libsk98lin.a
LIBS  += post/libpost.a post/cpu/libcpu.a
LIBS  += common/libcommon.a
LIBS  += $(BOARDLIBS)
```

显然与平台相关的主要是:

```
cpu/$(CPU)/start.o
board/$(BOARDDIR)/lib$(BOARD).a
cpu/$(CPU)/lib$(CPU).a
cpu/$(CPU)/$(SOC)/lib$(SOC).a
lib_$(ARCH)/lib$(ARCH).a
```

这里面的四个变量定义在 include/config.mk 中,其余的均与平台无关,所以考虑移植的时候也主要考虑这几个目标文件(库)对应的目录。

第二,理解 U-Boot 是如何做到与平台无关的。

在 include/config/s5pv210.h 文件中,主要定义了两类变量。一类是选项,前缀是 CONFIG_,用来选择处理器、设备接口、命令、属性等,主要用来决定是否编译某些文件或者函数;另一类是参数,前缀是 CFG_,用来定义总线频率、串口波特率、Flash 地址等。这些常数参量主要用来支持通用目录中的代码,定义板子资源参数。

这两类宏定义对 U-Boot 的移植性非常关键,比如 drive/CS8900.c,对 CS8900 而言,很多操作都是通用的,但不是所有的板子上面都有这个芯片,即使有它在内存中映射的基地址也是与平台相关的。所以对于 S5PV210 板,在 s5pv210.h 中定义了:

```
#define CONFIG_DRIVER_CS8900  1           /* CS8900 硬件相关配置 */
#define CS8900_BASE    0x19000300         /* IO 模式配置空间 */
```

CONFIG_DRIVER_CS8900 的定义使得 cs8900.c 可以被编译(当然还得定义 CFG_CMD_NET 才行),因为 cs8900.c 中在函数定义的前面就有编译条件判断:#ifdef CONFIG_DRIVER_CS8900。如果这个选项没有定义,整个 cs8900.c 就不会被编译。

而常数参量 CS8900_BASE 则用在 cs8900.h 头文件中定义各个功能寄存器的地址。U-Boot 的 CS8900 工作在 I/O 模式下,只要给定 I/O 寄存器在内存中映射的基地址,其余代码就与平台无关了。

从这里可以看出，U-Boot 工程的可配置性和移植性可以分为两层：一是由 Makefile 来实现，配置工程要包含的文件和文件夹用什么编译器；二是由目标板的配置头文件来实现源码级的可配置性和通用性。主要使用的是以下这些类的宏定义来实现：

```
#ifdef
#else
#endif
```

第三，了解其余重要的文件：

1）include/s5pv210.h：定义了 S5PV210 芯片的各个特殊功能寄存器（SFR）的地址。

2）cpu/s5pv210/start.s：在 Flash 中执行的引导代码。

3）lib_arm/board.c：U-Boot 的初始化流程，尤其是 U-Boot 用到的全局数据结构 gd、bd 的初始化，以及设备和控制台的初始化。

4）board/s5pv210/flash.c：在 board 目录下的代码都是严重依赖目标板的，对于不同的 CPU、SOC、ARCH、U-Boot 都有相对通用的代码，但是板子构成却是多样的，主要是内存地址、Flash 型号、外围芯片如网络等相关硬件参数。

第四，理解 U-Boot 的启动流程。

从文件层面上看，主要流程是在两个文件中，即 cpu/s5pv210/start.s 和 lib_arm/board.c，也就是 BootLoader 中的 stage1，负责初始化硬件环境，把 U-Boot 从 Flash 加载到 RAM 中，然后跳转到 lib_arm/board.c 的 start_armboot 中执行。start_armboot 是 U-Boot 执行的第一个 C 语言函数，完成系统初始化工作，进入主循环，处理用户输入的命令。

第5章 嵌入式操作系统内核

内核是嵌入式操作系统的核心部分，包含了系统运行的核心过程，决定着系统的性能。嵌入式操作系统在启动时内核被装入到 RAM 中，嵌入式操作系统与底层硬件设备交互，为运行应用程序提供运行环境。嵌入式系统中内核是重要的一个环节，同时也是比较难的问题。本章我们从学习内核的简单原理及编程开始，再学习嵌入式内核移植。

5.1 概述

从 1991 年 10 月 5 日，Linus Torvalds 在新闻组 comp.os.minix 发布了大约有一万行代码的 Linux v0.01 版本开始，Linux 内核得到了全世界开源爱好者的支持与贡献。Alan Cox 维护 2.2 版的内核直到 2003 年年底，同样，Marcelo Tosatti 维护 2.4 版的内核直到 2006 年。程序员 Andrew Morton 带动了于 2003 年 12 月 18 日发布的首个稳定版本 2.6 版内核的开发和维护，作者编写本教材时已经到了 4.4 版阶段，如图 5-1 是 Linux 内核代码发展版本的时间轴。内核可以到 www.kerenl.org 官方网站下载，如图 5-2 是 Linux 内核的启动界面。

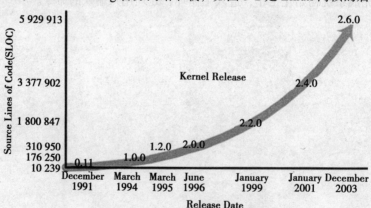

图 5-1　Linux 内核代码的发展版本

图 5-2　Linux 内核的启动界面

1. 内核表示方式

技术上讲 Linux 是一个内核。内核指的是一个提供硬件抽象层、磁盘及文件系统控制、多任务等功能的系统软件。一个内核不是一套完整的操作系统。一套基于 Linux 内核的完整操作系统叫作 Linux 操作系统，或是 GNU/Linux。在 Linux 下有一个目录，即 /usr/src/kernels/ 目录，下面记载着一个 Linux 系统的内核文件。

```
[root@iotlab kernels]# ls -l
drwxr-xr-x.22 root root 4096 Jun  1  2015 2.6.32-431.el6.x86_64
```

（1）第一种方式

内核是一个用来与硬件打交道并为用户程序提供一个有限服务集的低级支撑软件。一个计算机系统是一个硬件和软件的共生体，它们互相依赖，不可分割。Linux 的版本号分为两部分，即内核版本与发行版本。内核版本号由 3 个数字组成：r.x.y。

- r：目前发布的内核主版本。
- x：偶数表示稳定版本；奇数表示开发中版本。
- y：错误修补的次数。

一般来说，x 位为偶数的版本是一个可以使用的稳定版本，如 2.4.4；x 位为奇数的版本一般加入了一些新的内容，不一定很稳定，是测试版本，如 2.1.111。

```
[root@iotlab kernels]# uname -r
2.6.32-431.el6.x86_64
```

（2）第二种方式

第二种内核表示的通用格式为 major.minor.patch-build.desc2.6.32-431。

- major：表示主版本号，有结构性变化时才变更。
- minor：表示次版本号，新增功能时才发生变化。一般奇数表示测试版，偶数表示生产版。
- patch：表示对次版本的修订次数或补丁包数。
- build：表示编译（或构建）的次数。每次编译可能对少量程序做优化或修改，但一般没有大的（可控的）功能变化。
- desc：用来描述当前的版本特殊信息。其信息由编译时指定，具有较大的随意性，但也有一些描述标识是常用的，比如：

① rc（有时也用一个字母 r）：表示候选版本（release candidate），rc 后的数字表示该正式版本的第几个候选版本，多数情况下各候选版本之间数字越大越接近正式版。

② smp：表示对称多处理器（Symmetric MultiProcessing）。

③ pp：在 RedHat Linux 中常用来表示测试版本（pre-patch）。

④ EL：在 RedHat Linux 中用来表示企业版 Linux（Enterprise Linux）。

⑤ mm：表示专门用来测试新的技术或新功能的版本。

⑥ fc：在 RedHat Linux 中表示 Fedora Core。

如果在生产机上，最好不要安装小版本号是奇数的内核。同样，pre-patch 的内核版本也不建议安装在生产机上。

2. Linux 内核组成

Linux 内核只是 Linux 操作系统的一部分。对下，它管理系统的所有硬件设备；对上，它通过系统调用，向 Library Routine（例如 C 库）或者其他应用程序提供接口。如图 5-3 所示。

因此其核心功能就是：管理硬件设备，提供应用程序使用接口。而现代计算机（无论是 PC 还是嵌入式系统）的标准组成就是 CPU、Memory（内存和外存）、输入输出设备、网络设备和其他外围设备。所以为了管理这些设备，Linux 内核进一步优化了架构。总的来讲，Linux 体系结构可以分为两块，如图 5-4 所示。

图 5-3　Linux 内核的功能

1）用户空间：用户空间中又包含了用户的应用程序、C 库。
2）内核空间：内核空间包括系统调用以及与平台架构相关的代码。

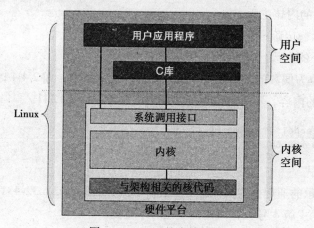

图 5-4　Linux 的内核结构

以 ARM 为例，ARM CPU 实现了 7 种工作模式，不同模式下 CPU 可以执行的指令或者访问的寄存器不同：

1）用户模式 usr。
2）系统模式 sys。
3）管理模式 svc。
4）快速中断 fiq。
5）外部中断 irq。
6）数据访问终止 abt。
7）未定义指令异常。

以 x86 为例，x86 CPU 实现了 4 个不同级别的权限：Ring0～Ring3。Ring0 下可以执行特权指令，可以访问 I/O 设备；Ring3 则有很多的限制。所以 Linux 从 CPU 的角度出发，为了保护内核的安全，把系统分成了两部分。用户空间和内核空间是程序执行的两种不同状态，我们可以通过"系统调用"和"硬件中断"来完成用户空间到内核空间的转移。

从图 5-5 中可以看出，内核由进程管理（process management）、定时器（timer）、中断管理（interrupt management）、内存管理（memory management）、模块管理（module management）、

虚拟文件系统（Virtual File System，VFS）、设备驱动程序（device driver）、进程间通信（inter-process communication）、网络管理系统（network management）、系统启动（system init）等操作系统功能组成。

● 进程管理

进程管理也称作进程调度。进程调度是 Linux 内核中最重要的子系统，它主要提供对 CPU 的访问控制。因为在计算机中，CPU 资源是有限的，而众多的应用程序都要使用 CPU 资源，所以需要进程调度子系统对 CPU 进行调度管理。如图 5-6 为 Linux 内核进程管理模块。

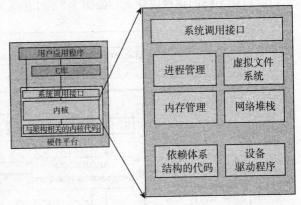

图 5-5　Linux 内核的功能实现模块

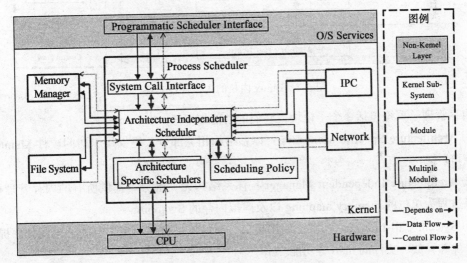

图 5-6　Linux 内核的进程管理模块

① Scheduling Policy：实现进程调度的策略，它决定哪个（或哪几个）进程将拥有 CPU。

② Architecture Specific Scheduler：与体系结构相关的部分，用于对不同 CPU 的控制，抽象为统一的接口。这些控制主要在 suspend 和 resume 进程时使用，牵涉到 CPU 的寄存器访问、汇编指令操作等。

③ Architecture Independent Scheduler：与体系结构无关的部分。它会与 Scheduling Policy 模块沟通，决定接下来要执行哪个进程，然后通过 Architecture Specific Schedulers 模块恢复指定的进程。

④ System Call Interface：系统调用接口。进程调度子系统通过系统调用接口，将需要提供给用户空间的接口开放出去，同时屏蔽不需要用户空间程序关心的细节。

● 内存管理

内存管理同样是 Linux 内核中最重要的子系统，它主要提供对内存资源的访问控制。Linux 系统会在硬件物理内存和进程所使用的内存（称作虚拟内存）之间建立一种映射关系，这种映射以进程为单位，因而不同的进程可以使用相同的虚拟内存，而这些相同的虚拟内存可以映射到不同的物理内存上。如图 5-7 为 Linux 内核的内存管理模块。

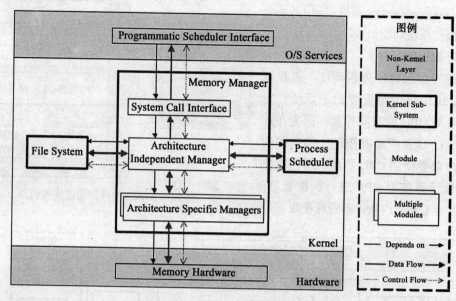

图 5-7　Linux 内核的内存管理模块

内存管理子系统包括 3 个子模块，它们的功能如下。

① Architecture Specific Managers：体系结构相关部分。提供用于访问硬件 Memory 的虚拟接口。

② Architecture Independent Manager：体系结构无关部分。提供所有的内存管理机制，包括以进程为单位的 memory mapping 以及虚拟内存的 Swapping。

③ System Call Interface：系统调用接口。通过该接口，向用户空间的应用程序提供内存的分配和释放、文件的 map 等功能。

● 虚拟文件系统

传统意义上的文件系统是一种存储和组织计算机数据的方法，它用易懂、人性化的方法（文件和目录结构）抽象计算机磁盘、硬盘等设备上"冰冷"的数据块，从而使得对它们的查找和访问变得容易。因而文件系统的实质就是"存储和组织数据的方法"，文件系统的表现形式就是"从某个设备中读取数据和向某个设备写入数据"。

随着计算机技术的进步，存储和组织数据的方法也在不断进步，从而导致有多种类型的文件系统，如 FAT、FAT32、NTFS、EXT2、EXT3 等。而为了兼容，操作系统或者内核要以相同的表现形式同时支持多种类型的文件系统，这就延伸出了虚拟文件系统（VFS）的概念。VFS 的功能就是管理各种各样的文件系统，屏蔽它们的差异，以统一的方式为用户程序提供访问文件的接口。

我们可以在磁盘、硬盘、NAND Flash 等设备中读取或写入数据，因而最初的文件系统都是构建在这些设备之上的。这个概念也可以推广到其他硬件设备，如内存、显示器（LCD）、键盘、串口等。我们对硬件设备的访问控制也可以归纳为读取或者写入数据，因而可以用统一的文件操作接口访问。Linux 内核就是这样做的，除了传统的磁盘文件系统之外，它还抽象出了设备文件系统、内存文件系统等。这些逻辑都由 VFS 子系统实现。如图 5-8 为 Linux 内核的虚拟文件系统模块。

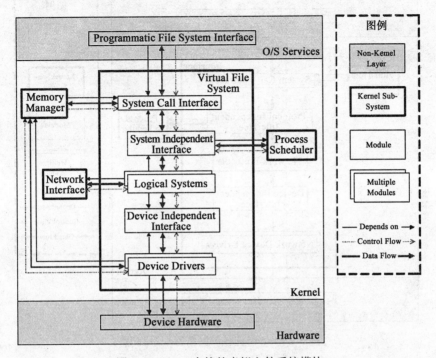

图 5-8　Linux 内核的虚拟文件系统模块

VFS 子系统包括 5 个子模块，它们的功能如下：

① Device Drivers：设备驱动，用于控制所有的外部设备及控制器。由于存在大量不能相互兼容的硬件设备（特别是嵌入式产品），所以也有非常多的设备驱动。因此，Linux 内核中将近一半的源代码都是设备驱动，大多数的 Linux 底层工程师（特别是国内的企业）都是在编写或者维护设备驱动，而无暇顾及其他内容（它们恰恰是 Linux 内核的精髓所在）。

② Device Independent Interface：该模块定义了描述硬件设备的统一方式（统一设备模型），所有的设备驱动都遵守这个定义，可以降低开发的难度。同时可以用一致的形式向上提供接口。

③ Logical Systems：每一种文件系统都会对应一个 Logical System（逻辑文件系统），它会实现具体的文件系统逻辑。

④ System Independent Interface：该模块负责以统一的接口（块设备和字符设备）表示硬件设备和逻辑文件系统，这样上层软件就不再关心具体的硬件形态了。

⑤ System Call Interface：系统调用接口，向用户空间提供访问文件系统和硬件设备的统一的接口。

● 网络管理系统

网络子系统在 Linux 内核中主要负责管理各种网络设备，并实现各种网络协议栈，最终实现通过网络连接其他系统的功能。在 Linux 内核中，网络子系统几乎是自成体系。如图 5-9 为 Linux 内核的网络管理系统模块。

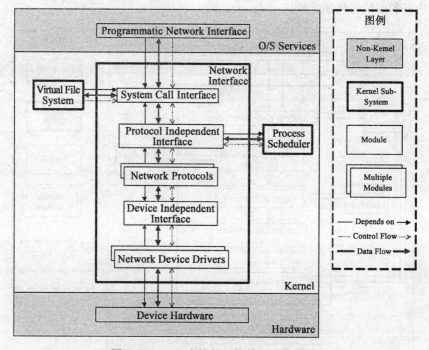

图 5-9　Linux 内核的网络管理系统模块

它包括 5 个子模块，它们的功能如下：

① Network Device Drivers：网络设备的驱动，与 VFS 子系统中的设备驱动是一样的。

② Device Independent Interface：与 VFS 子系统中的是一样的。

③ Network Protocols：实现各种网络传输协议，如 IP、TCP、UDP 等。

④ Protocol Independent Interface：屏蔽不同的硬件设备和网络协议，以相同的格式提供接口（socket）。

⑤ System Call interface：系统调用接口，向用户空间提供访问网络设备的统一的接口。

通过以上几个模块的功能我们可以看出，内核的作用是虚拟化（抽象），将计算机硬件抽象为一台虚拟机，供用户进程（process）使用。进程运行时完全不需要知道硬件是如何工作的，只要调用 Linux kernel 提供的虚拟接口（virtual interface）即可。多任务处理实际上是多个任务在并行使用计算机硬件资源，内核的任务是仲裁对资源的使用，制造每个进程都以为自己是独占系统的错觉。

中心系统是进程调度器（Process Scheduler，SCHED）：所有其余的子系统都依赖于进程调度器，因为其余子系统都需要阻塞和恢复进程。当一个进程需要等待一个硬件动作完成时，相应子系统会阻塞这个进程；当这个硬件动作完成时，子系统会将这个进程恢复；这个阻塞和恢复动作都要依赖于进程调度器完成。

如图 5-10 中的每一个依赖箭头都有原因：

① 进程调度器依赖内存管理器：进程恢复执行时，需要依靠内存管理器分配供它运行

的内存。

② IPC 子系统依赖于内存管理器：共享内存机制是进程间通信的一种方法，运行两个进程利用同一块共享的内存空间进行信息传递。

③ VFS 依赖于网络接口：支持 NFS 网络文件系统。

④ VFS 依赖于内存管理器：支持 RAMDISK 设备。

⑤ 内存管理器依赖于 VFS：因为要支持交换（swapping），可以将暂时不运行的进程换出到磁盘上的交换分区（swap），进入挂起状态。

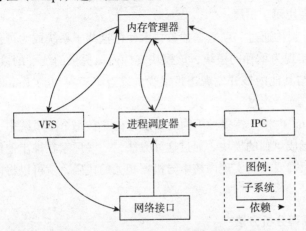

图 5-10　Linux 内核的进度调度器

Linux 内核的高度模块化设计的系统有利于分工合作，只有极少数的程序员需要横跨多个模块开展工作，这种情况确实会发生，但仅发生在当前系统需要依赖另一个子系统时。

在 Linux 内核系统中，以下几个重要数据结构是我们要关注的，其在整个内核的生存期起着关键性作用。

1) 任务列表（Task List）。进程调度器针对每个进程维护一个数据结构 task_struct；所有的进程用链表管理，形成 task list；进程调度器还维护一个 current 指针指向当前正在占用 CPU 的进程。

2) 内存映射（Memory Map）。内存管理器存储每个进程的虚拟地址到物理地址的映射；并且也提供了如何换出特定的页，或者是如何进行缺页处理。这些信息存放在数据结构 mm_struct 中。每个进程都有一个 mm_struct 结构，在进程的 task_struct 结构中有一个指针 mm 指向次进程的 mm_struct 结构。在 mm_struct 中有一个指针 pgd，指向该进程的页目录表（即存放页目录首地址）。当该进程被调度时，此指针被换成物理地址，写入控制寄存器 CR3（x86 体系结构下的页基址寄存器）。

3) 数据连接（Data Connection）。内核中所有的数据结构的根都在进程调度器维护的任务列表链表中。系统中每个进程的数据结构 task_struct 中有一个指针 mm 指向它的内存映射信息；也有一个指针 files 指向它打开的文件（用户打开文件表）；还有一个指针指向该进程打开的网络套接字。

4) inodes。VFS 通过 inodes 表示磁盘上的文件镜像，inodes 用于记录文件的物理属性。每个进程都有一个 files_struct 结构，用于表示该进程打开的文件，在 task_struct 中有一个

files 指针。使用 inodes 可以实现文件共享。文件共享有两种方式：通过同一个系统打开文件 file 指向同一个 inodes，这种情况发生于父子进程间；通过不同系统打开文件指向同一个 inodes，例如硬链接，或者是两个不相关的指针打开同一个文件。

Linux 内核是整个 Linux 系统中的一层。内核从概念上由五个主要的子系统构成：进程调度器模块、内存管理模块、虚拟文件系统、网络接口模块和进程间通信模块。这些模块之间通过函数调用和共享数据结构进行数据交互。

Linux 内核架构促进了它的成功，这种架构使得大量的志愿开发人员可以分工合作，并且使得各个特定的模块便于扩展。

一方面，Linux 架构通过一项数据抽象技术使得这些子系统成为可扩展的——每个具体的硬件设备驱动都实现为单独的模块，该模块支持内核提供的统一的接口。通过这种方式，个人开发者只需要与其他内核开发者进行最少的交互，就可以为 Linux 内核添加新的设备驱动。

另一方面，Linux 内核支持多种不同的体系结构。在每个子系统中，都将体系结构相关的代码分割出来，形成单独的模块。通过这种方法，一些厂家在推出他们自己的芯片时，他们的内核开发小组只需要重新实现内核中与机器相关的代码，就可以将内核移植到新的芯片上运行。

3. Linux 内核源码分析方法

Linux 内核代码的庞大令不少人望而生畏，也正因为如此，使得人们对 Linux 的了解仅处于泛泛的层次。如果想"透析"Linux，深入操作系统的本质，阅读内核源码是最有效的途径。

1）内核源码的分析并非高不可攀。内核源码分析的难度不在于源码本身，而在于如何使用更合适的分析代码的方式和手段。内核的庞大致使我们不能按照分析一般的 demo 程序那样从主函数开始按部就班地分析，我们需要一种从中间介入的手段对内核源码各个击破。这种按需索取的方式使得我们可以把握源码的主线，而非过度纠结于具体的细节。

2）内核的设计是优美的。内核地位的特殊性决定着内核的执行效率必须足够高才可以响应目前计算机应用的实时性要求，为此 Linux 内核使用 C 和汇编语言的混合编程。但是我们都知道软件执行效率和软件的可维护性很多情况下是背道而驰的。如何在保证内核高效的前提下提高内核的可维护性，这需要依赖于内核中那些"优美"的设计。

3）神奇的编程技巧。在一般的应用软件设计领域，编码的地位可能不被过度地重视，因为开发者更注重软件的良好设计，而编码仅仅是实现手段问题——就像拿斧子劈柴一样，不用太多的思考。但是这在内核中并不成立，好的编码设计带来的不光是可维护性的提高，甚至是代码性能的提升。

从认识新事物的角度来讲，在探索事物本质之前，必须有一个了解新鲜事物的过程，这个过程使我们对新鲜事物产生一个初步的概念。分析内核代码也是如此，首先我们需要定位分析的代码涉及的内容，如是进程同步和调度的代码，是内存管理的代码，是设备管理的代码，还是系统启动的代码？等等。内核的庞大决定着我们不能一次性将内核代码全部分析完成，因此我们需要给自己一个合理的分工。正如算法设计告诉我们的，要解决一个大问题，首先要解决它所涉及的子问题。定位好要分析的代码范围，我们就可以动用手头的一切资源，尽可能全面了解该部分代码的整体结构和大致功能。图 5-11 给出了 Linux 内核的资料收集方式。

不管我们是从事 Linux 内核工作还是出于兴趣爱好，Linux 内核源码都是非常好的学习资源。这意味着要经常地与内核源码打交道，那么软件工具不可缺少。在 Windows 系统上确实有许多好用的软件。对于像内核这种复杂庞大的源码树，Source Insight 工具非常合适。

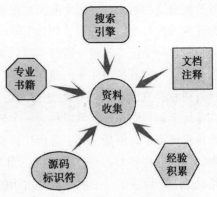

图 5-11　Linux 内核的资料收集

如何管理 Linux 内核源码树呢？很明显，Linux 操作系统支持不同体系结构的 CPU，在 /ARCH/ 目录下有 alpha、i386、parisc、sparc、arm、mips 等各种具体架构的 CPU 的目录。那么在建立一个学习用的内核源码树工程时，我们只要添加我们所关心的 CPU 目录和一些通用的目录和文件。如图 5-12 为 Source Insight 工具。

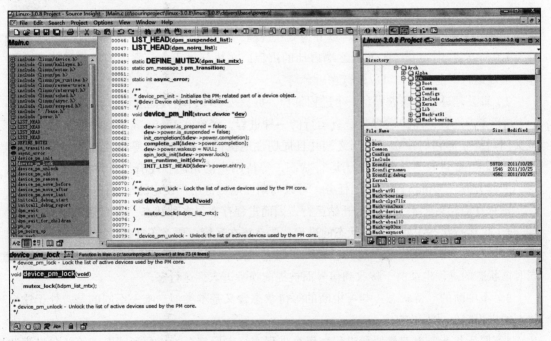

图 5-12　利用 Source Insight 工具阅读 Linux 内核源代码

5.2　嵌入式 Linux 内核实践

5.2.1　内核编程

1. 进程与线程

Linux 是一个多用户多任务的操作系统。多用户是指多个用户可以在同一时间使用同一个 Linux 系统；多任务是指在 Linux 下可以同时执行多个任务。更详细地说，Linux 采用了分时管理的方法，所有的任务都放在一个队列中，操作系统根据每个任务的优先级为每个任务分配合适的时间片，每个时间片很短，用户根本感觉不到是多个任务在运行，从而使所有的任务共同分享系统资源，因此 Linux 可以在一个任务还未执行完时，暂时挂起此任务，又去执行另一个任务，过一段时间以后再回来处理这个任务，直到这个任务完成，才从任务队列中去除。这就是多任务的概念。

进程是在自身的虚拟地址空间运行的一个独立的程序，从操作系统的角度来看，所有在系统上运行的东西都可以称为一个进程。需要注意的是，程序和进程是有区别的，进程虽然由程序产生，但是它并不是程序，程序是一个进程指令的集合，它可以启用一个或多个进程。同时，程序只占用磁盘空间，而不占用系统运行资源，而进程仅仅占用系统内存空间，是动态的、可变的，关闭进程，占用的内存资源随之释放。

按照进程的功能和运行的程序分类，进程可划分为两大类。

1）系统进程：可以执行内存资源分配和进程切换等管理工作，而且，该进程的运行不受用户的干预，即使是 root 用户也不能干预系统进程的运行。

2）用户进程：通过执行用户程序、应用程序或内核之外的系统程序而产生的进程，此类进程可以在用户的控制下运行或关闭。

而从用户进程的角度看，又可以分为交互进程、批处理进程和守护进程三类。

1）交互进程：由一个 shell 终端启动的进程，在执行过程中，需要与用户进行交互操作，可以运行于前台，也可以运行在后台。

2）批处理进程：该进程是一个进程集合，负责按顺序启动其他进程。

3）守护进程：守护进程是一直运行的一种进程，经常在 Linux 系统启动时启动，在系统关闭时终止。它们独立于控制终端并且周期性地执行某种任务或等待处理某些发生的事件。例如 httpd 进程，其一直处于运行状态，等待用户的访问。还有经常用的 crond 进程，这个进程类似与 Windows 的计划任务，可以周期性地执行用户设定的某些任务。

进程在启动后，不一定马上开始运行，因而进程存在很多种状态。我们称之为属性。

1）可运行状态：处于这种状态的进程，要么正在运行，要么正准备运行。

2）可中断的等待状态：这类进程处于阻塞状态，一旦达到某种条件就会变为运行态。同时该状态的进程也会由于接收到信号而被提前唤醒进入到运行态。

3）不中断的等待状态：与可中断的等待状态含义基本类似。唯一不同的是，处于这个状态的进程对信号不做响应。

4）僵死状态：也就是僵死进程，每个进程在结束后都会处于僵死状态，等待父进程调用进而释放资源，处于该状态的进程已经结束，但是它的父进程还没有释放其系统资源。

5）暂停状态：表明此时的进程暂时停止，等待接收某种特殊处理。

我们可以通过以下命令，查看系统中已经运行的进程状态。

```
[root@iotlab /]# ps -ef
UID         PID    PPID  C STIME TTY          TIME CMD
root          1       0  0 15:26 ?        00:00:01 /sbin/init
root          2       0  0 15:26 ?        00:00:00 [kthreadd]
root          3       2  0 15:26 ?        00:00:00 [migration/0]
root          4       2  0 15:26 ?        00:00:00 [ksoftirqd/0]
```

```
root          5      2   0 15:26 ?        00:00:00 [migration/0]
root          6      2   0 15:26 ?        00:00:05 [watchdog/0]
root          7      2   0 15:26 ?        00:00:15 [events/0]
root          8      2   0 15:26 ?        00:00:00 [cgroup]
root          9      2   0 15:26 ?        00:00:00 [khelper]
root         10      2   0 15:26 ?        00:00:00 [netns]
root         11      2   0 15:26 ?        00:00:00 [async/mgr]
root         12      2   0 15:26 ?        00:00:00 [pm]
```

在 Linux 系统中，进程 ID（用 PID 表示）是区分不同进程的唯一标识，它们的大小是有限制的，最大 ID 为 32 768。用 UID 和 GID 分别表示启动这个进程的用户和用户组。所有的进程都是 PID 为 1 的 init 进程的后代，内核在系统启动的最后阶段启动 init 进程，因而这个进程是 Linux 下所有进程的父进程，用 PPID 表示父进程。

相对于父进程就存在子进程，一般每个进程都必须有一个父进程，父进程与子进程之间是管理与被管理的关系。当父进程停止时，子进程也随之消失，但是子进程关闭，父进程不一定终止。如果父进程在子进程退出之前就退出，那么所有子进程就变成一个孤儿进程，如果没有相应的处理机制的话，这些孤儿进程就会一直处于僵死状态，资源无法释放，此时解决的办法是在启动的进程内找到一个进程作为这些孤儿进程的父进程，或者直接让 init 进程作为它们的父进程，进而释放孤儿进程占用的资源。

线程（thread）技术早在 20 世纪 60 年代就被提出，但真正应用多线程到操作系统中是在 80 年代中期，Solaris 是这方面的佼佼者。传统的 UNIX 也支持线程的概念，但是在一个进程（process）中只允许有一个线程，这样多线程就意味着多进程。现在多线程技术已经被许多操作系统所支持，包括 Windows/NT，当然也包括 Linux。如图 5-13 所示。

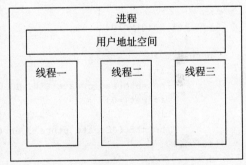

图 5-13 Linux 内核的多线程

为什么有了进程的概念后，还要再引入线程呢？使用多线程到底有哪些好处？什么样的系统应该选用多线程？

使用多线程的理由之一是，与进程相比，它是一种非常"节俭"的多任务操作方式。在 Linux 系统下，启动一个新的进程必须分配给它独立的地址空间，建立众多的数据表来维护它的代码段、堆栈段和数据段，这是一种"昂贵"的多任务工作方式。而运行于一个进程中的多个线程，它们彼此之间使用相同的地址空间，共享大部分数据，启动一个线程所占用的空间远远小于启动一个进程所占用的空间，而且线程间彼此切换所需的时间也远远小于进程间切换所需要的时间。

使用多线程的理由之二是线程间方便的通信机制。对不同进程来说，它们具有独立的数据空间，要进行数据的传递只能通过通信的方式进行，这种方式不仅费时，而且很不方便。线程则不然，由于同一进程下的线程之间共享数据空间，所以一个线程的数据可以直接为其他线程所用，这不仅快捷，而且方便。当然，数据的共享也带来其他一些问题，有的变量不能同时被两个线程所修改，有的子程序中声明为 static 的数据甚至可能给多线程程序带来灾难性的打击，这些正是编写多线程程序时最需要注意的地方。

除了以上所说的优点外,与进程比较,多线程程序作为一种多任务、并发的工作方式,还有以下优点。

1)提高应用程序响应。这对图形界面的程序尤其有意义。当一个操作耗时很长时,整个系统都会等待这个操作,此时程序不会响应键盘、鼠标、菜单的操作,而使用多线程技术,将耗时长的操作置于一个新的线程,可以避免这种尴尬的情况。

2)使多 CPU 系统更加有效。操作系统会保证当线程数不大于 CPU 数目时,不同的线程运行于不同的 CPU 上。

3)改善程序结构。一个既长又复杂的进程可以考虑分为多个线程,成为几个独立或半独立的运行部分,这样的程序会利于理解和修改。

在下面的程序中,我们使用 thread() 函数创建线程程序。

```
[root@iotlab home]# less example.c
/* example.c*/
#include <stdio.h>
#include <pthread.h>
void thread(void)
{
    int i;
    for(i=0;i<3;i++)
    printf("This is a pthread.n");
    }

    int main(void)
    {
phread_t id;
        int i, ret;
        ret=pthread_create(&id, NULL, (void *) thread, NULL);
        if(ret!=0)
        {
        printf ("Create pthread error!n");
exit (1);
}
    for(i=0;i<3;i++)
    printf("This is the main process.n");
    pthread_join(id, NULL);
    return (0);
    }

    [root@iotlab home]# gcc example.c -lpthread -o example
```

运行 example,我们得到如下结果:

```
[root@iotlab home]# ./example
This is the main process
This is the main process
This is the main process
This is a pthread
This is a pthread
This is a pthread
```

再次运行,我们可能得到如下结果:

```
[root@iotlab home]# ./example
This is a pthread
This is the main process
This is a pthread
This is the main process
This is a pthread
This is the main process
```

前后两次结果不一样，这是两个线程争夺 CPU 资源的结果。

2. 进程间通信（Inter Process Communication，IPC）

进程间通信至少可以通过传送打开文件来实现，不同的进程通过一个或多个文件来传递信息。事实上，在很多应用系统里都使用了这种方法。但一般进程间通信不包括这种似乎比较低级的通信方法。UNIX 系统中实现进程间通信的方法很多，但不幸的是，极少方法能在所有的 UNIX 系统中进行移植（唯一一种是半双工的管道，这也是最原始的一种通信方式）。而 Linux 作为一种新兴的操作系统，几乎支持所有的 UNIX 下常用的进程间通信方法，包括管道、消息队列、共享内存、信号量、套接字等。

进程通信的主要目的是：

1）数据传输：一个进程需要将它的数据发送给另一个进程，发送的数据量在一字节到几兆字节之间。

2）共享数据：多个进程想要操作共享数据，一个进程对共享数据的修改，别的进程应该立刻看到。

3）通知事件：一个进程需要向另一个或一组进程发送消息，通知它（它们）发生了某种事件（如进程终止时要通知父进程）。

4）资源共享：多个进程之间共享同样的资源。为了做到这一点，需要内核提供锁和同步机制。

5）进程控制：有些进程希望完全控制另一个进程的执行（如 Debug 进程），此时控制进程希望能够拦截另一个进程的所有陷入和异常，并能够及时知道它的状态改变。

（1）管道通信

普通的 Linux shell 都允许重定向，而重定向使用的就是管道。

```
[root@iotlab home]# ps -ef|grep vsftpd
root      1452     1  0 15:27 ?        00:00:00 /usr/sbin/vsftpd /etc/vsftpd/vsftpd.conf
root      6991  1730  0 22:02 pts/0    00:00:00 grep vsftpd
```

管道是单向的、先进先出的、无结构的、固定大小的字节流，它把一个进程的标准输出和另一个进程的标准输入连接在一起。写进程在管道的首端写入数据，读进程在管道的首端读出数据。数据读出后将从管道中移走，其他读进程都不能再读到这些数据。管道提供了简单的流控制机制。进程试图读空管道时，在有数据写入管道前，进程将一直阻塞。同样，管道已经满时，进程再试图写管道，在其他进程从管道中移走数据之前，写进程将一直阻塞。管道主要用于不同进程间通信。

```
[root@iotlab home]# less pipe.c
#include<unistd.h>
```

```c
#include<errno.h>
#include<stdio.h>
#include<stdlib.h>
int main()
{
int pipe_fd[2];
if(pipe(pipe_fd)<0){
printf("pipe create error\n");
return -1;
}
else
printf("pipe create success\n");
close(pipe_fd[0]);
close(pipe_fd[1]);
}
```

实际上通常先创建一个管道，再通过 fork 函数创建一个子进程。

可以通过打开两个管道来创建一个双向的管道，但需要在子进程中正确地设置文件描述符，并且必须在系统调用 fork() 中调用 pipe()，否则子进程将不会继承文件描述符。当使用半双工管道时，任何关联的进程都必须共享一个相关的祖先进程，因为管道存在于系统内核之中，所以任何不在创建管道的进程的祖先进程之中的进程都将无法寻址它，而在命名管道中却不是这样。

```
[root@iotlab home]# less pipe_rw.c
#include <unistd.h>
#include <sys/types.h>
#include <errno.h>
main()
{
int pipe_fd[2];
pid_t pid;
char r_buf[100];
char w_buf[4];
char* p_wbuf;
int r_num;
int cmd;
memset(r_buf, 0, sizeof(r_buf));
memset(w_buf, 0, sizeof(r_buf));
p_wbuf=w_buf;
if(pipe(pipe_fd)<0)
{
    printf("pipe create error\n");
    return -1;
}

if((pid=fork())==0)
{
    printf("\n");
    close(pipe_fd[1]);
    sleep(3);      // 确保父进程关闭
r_num=read(pipe_fd[0], r_buf, 100);
printf(    "read num is %d   the data read from the pipe is %d\n", r_num, atoi(r_buf));

    close(pipe_fd[0]);
```

```
        exit();
    }
    else if(pid>0)
    {
    close(pipe_fd[0]);//read
    strcpy(w_buf, "111");
    if(write(pipe_fd[1], w_buf, 4)!=-1)
        printf("parent write over\n");
    close(pipe_fd[1]);//write
        printf("parent close fd[1] over\n");
    sleep(10);
    }
}
```

（2）信号

信号是软件中断。信号（signal）机制是 UNIX 系统中最为古老的进程之间的通信机制。它用于在一个或多个进程之间传递异步信号。很多条件可以产生一个信号。

1）当用户按某些终端键时，产生信号。在终端上按 DELETE 键通常产生中断信号（SIGINT）。这是停止一个已失去控制程序的方法。

2）硬件异常产生信号：除数为 0、无效的存储访问等。这些条件通常由硬件检测到，并将其通知内核。然后内核为该条件发生时正在运行的进程产生适当的信号。例如对于执行一个无效存储访问的进程产生一个 SIGSEGV。

3）进程用 kill(2) 函数可将信号发送给另一个进程或进程组。该信号使用有些限制，接收信号进程和发送信号进程的所有者都必须相同，或发送信号进程的所有者必须是超级用户。

4）用户可用 kill（ID 值）命令将信号发送给其他进程。此程序是 kill 函数的界面操作。常用此命令终止一个失控的后台进程。

5）当检测到某种软件条件已经发生，并将其通知有关进程时也产生信号。这里并不是指硬件产生条件（如被 0 除），而是指软件条件，如 SIGURG（在网络连接上传来非规定波特率的数据）、SIGPIPE（在管道的读进程已终止后一个进程写此管道），以及 SIGALRM（进程所设置的闹钟时间已经超时）。

内核为进程生产信号来响应不同的事件，这些事件就是信号源。主要信号源如下：

- 异常：进程运行过程中出现异常。
- 其他进程：一个进程可以向另一个或一组进程发送信号。
- 终端中断：Ctrl-c、Ctrl-z 等。
- 作业控制：前台、后台进程的管理。
- 分配额：CPU 超时或文件大小突破限制。
- 通知：通知进程某事件发生，如 I/O 就绪等。
- 报警：计时器到期。

可以用以下方式查看系统中的信号信息。

```
[root@iotlab home]# kill -1
 1) SIGHUP      2) SIGINT      3) SIGQUIT     4) SIGILL      5) SIGTRAP
 6) SIGABRT     7) SIGBUS      8) SIGFPE      9) SIGKILL    10) SIGUSR1
```

11) SIGSEGV	12) SIGUSR2	13) SIGPIPE	14) SIGALRM	15) SIGTERM
16) SIGSTKFLT	17) SIGCHLD	18) SIGCONT	19) SIGSTOP	20) SIGTSTP
21) SIGTTIN	22) SIGTTOU	23) SIGURG	24) SIGXCPU	25) SIGXFSZ
26) SIGVTALRM	27) SIGPROF	28) SIGWINCH	29) SIGIO	30) SIGPWR
31) SIGSYS	34) SIGRTMIN	35) SIGRTMIN+1	36) SIGRTMIN+2	37) SIGRTMIN+3
38) SIGRTMIN+4	39) SIGRTMIN+5	40) SIGRTMIN+6	41) SIGRTMIN+7	42) SIGRTMIN+8
43) SIGRTMIN+9	44) SIGRTMIN+10	45) SIGRTMIN+11	46) SIGRTMIN+12	47) SIGRTMIN+13
48) SIGRTMIN+14	49) SIGRTMIN+15	50) SIGRTMAX-14	51) SIGRTMAX-13	52) SIGRTMAX-12
53) SIGRTMAX-11	54) SIGRTMAX-10	55) SIGRTMAX-9	56) SIGRTMAX-8	57) SIGRTMAX-7
58) SIGRTMAX-6	59) SIGRTMAX-5	60) SIGRTMAX-4	61) SIGRTMAX-3	62) SIGRTMAX-2
63) SIGRTMAX-1	64) SIGRTMAX			

常用的信号有：

- SIGHUP：从终端上发出的结束信号。
- SIGINT：来自键盘的中断信号（Ctrl+c）。
- SIGQUIT：来自键盘的退出信号。
- SIGFPE：浮点异常信号（例如浮点运算溢出）。
- SIGKILL：该信号结束接收信号的进程。
- SIGALRM：进程的定时器到期时发送该信号。
- SIGTERM：kill 命令产生的信号。
- SIGCHLD：标识子进程停止或结束的信号。
- SIGSTOP：来自键盘（Ctrl-z）或调试程序的停止信号。

```
[root@iotlab home]# less kill.c
#include<stdio.h>
#include<stdlib.h>
#include<signal.h>
#include<sys/types.h>
#include<sys/wait.h>
int main()
{
    pid_t pid;
    int ret;
    if((pid==fork())<0)
      {
        perro("fork");
        exit(1);
    }
    if(pid==0){
    raise(SIGSTOP);
    exit(0);
     }
    else
    {
       printf("pid=%d\n", pid);
       if((waitpid(pid, NULL, WNOHANG))==0)
         {
            if((ret=kill(pid, SIGKILL))==0)
            printf("kill %d\n", pid);
            Else
        {perror("kill");}
```

           }
       }
   }

（3）消息队列

消息队列（也称为报文队列）能够克服早期 UNIX 通信机制的一些缺点。作为早期 UNIX 通信机制之一的信号能够传送的信息量有限，后来虽然 POSIX 1003.1b 在信号的实时性方面作了拓展，使得信号在传递信息量方面有了相当程度的改进，但是信号这种通信方式更像"即时"的通信方式，它要求接收信号的进程在某个时间范围内对信号作出反应，因此该信号最多在接收信号进程的生命周期内才有意义，信号所传递的信息是接近于随进程持续(process-persistent)的概念，管道及有名管道则是典型的随进程持续 IPC，并且，只能传送无格式的字节流无疑会给应用程序开发带来不便，另外它的缓冲区大小也受到限制。

消息队列就是一个消息的链表。可以把消息看作一个记录，具有特定的格式以及特定的优先级。对消息队列有写权限的进程可以按照一定的规则添加新消息；对消息队列有读权限的进程则可以从消息队列中读取消息。消息队列是随内核持续的。

目前主要有两种类型的消息队列：POSIX 消息队列以及系统 V 消息队列，系统 V 消息队列目前被大量使用。考虑到程序的可移植性，新开发的应用程序应尽量使用 POSIX 消息队列，如图 5-14 所示。

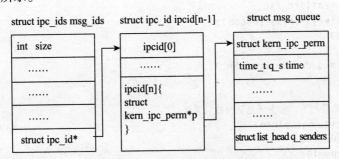

图 5-14 POSIX 访问的消息队列

从图 5-14 可以看出，全局数据结构 struct ipc_ids msg_ids 可以访问每个消息队列头的第一个成员 struct kern_ipc_perm，而每个 struct kern_ipc_perm 能够与具体的消息队列对应起来是因为在该结构中有一个 key_t 类型成员 key，而 key 则唯一确定一个消息队列。kern_ipc_perm 结构如下：

```
struct kern_ipc_perm
{ // 内核中记录消息队列的全局数据结构 msg_ids 能够访问到该结构
key_t    key;       // 该键值则唯一对应一个消息队列
    uid_t    uid;
    gid_t    gid;
    uid_t    cuid;
gid_t  cgid;
mode_t  mode;
unsigned long seq;
}
```

[root@iotlab home]#less   info.c

```c
#include <sys/types.h>
#include <sys/msg.h>
#include <unistd.h>
void msg_stat(int, struct msqid_ds );
main()
{
    int gflags, sflags, rflags;
    key_t key;
    int msgid;
    int reval;
    struct msgsbuf{
        int mtype;
        char mtext[1];
}
msg_sbuf;
struct msgmbuf
{
    int mtype;
    char mtext[10];
}
msg_rbuf;
struct msqid_ds msg_ginfo, msg_sinfo;
char* msgpath="/unix/msgqueue";
key=ftok(msgpath, 'a');
gflags=IPC_CREAT|IPC_EXCL;
msgid=msgget(key, gflags|00666);
if(msgid==-1)
{
    printf("msg create error\n");
    return;
}
// 创建一个消息队列后, 输出消息队列默认属性
msg_stat(msgid, msg_ginfo);
sflags=IPC_NOWAIT;
msg_sbuf.mtype=10;
msg_sbuf.mtext[0]='a';
reval=msgsnd(msgid, &msg_sbuf, sizeof(msg_sbuf.mtext), sflags);
if(reval==-1)
{
    printf("message send error\n");
}
// 发送一个消息后, 输出消息队列属性
msg_stat(msgid, msg_ginfo);
rflags=IPC_NOWAIT|MSG_NOERROR;
reval=msgrcv(msgid, &msg_rbuf, 4, 10, rflags);
if(reval==-1)
    printf("read msg error\n");
else
    printf("read from msg queue %d bytes\n", reval);
// 从消息队列中读出消息后, 输出消息队列属性
msg_stat(msgid, msg_ginfo);
msg_sinfo.msg_perm.uid=8;//just a try
msg_sinfo.msg_perm.gid=8;//
msg_sinfo.msg_qbytes=16388;
// 此处验证超级用户可以更改消息队列的默认 msg_qbytes
// 注意这里设置的值大于默认值
```

```c
reval=msgctl(msgid, IPC_SET, &msg_sinfo);
if(reval==-1)
{
    printf("msg set info error\n");
    return;
}
msg_stat(msgid, msg_ginfo);
// 验证设置消息队列属性
reval=msgctl(msgid, IPC_RMID, NULL);// 删除消息队列
if(reval==-1)
{
    printf("unlink msg queue error\n");
    return;
}

void msg_stat(int msgid, struct msqid_ds msg_info)
{
    int reval;
    sleep(1);// 只是为了后面输出时间方便
    reval=msgctl(msgid, IPC_STAT, &msg_info);
    if(reval==-1)
    {
        printf("get msg info error\n");
        return;
    }
printf("\n");
printf("current number of bytes on queue is %d\n", msg_info.msg_cbytes);
printf("number of messages in queue is %d\n", msg_info.msg_qnum);
printf("max number of bytes on queue is %d\n", msg_info.msg_qbytes);
// 每个消息队列的容量（字节数）都有限制 MSGMNB，值的大小因系统而异。在创建新的消息队列时，
    msg_qbytes 的默认值就是 MSGMNB
printf("pid of last msgsnd is %d\n", msg_info.msg_lspid);
printf("pid of last msgrcv is %d\n", msg_info.msg_lrpid);
printf("last msgsnd time is %s", ctime(&(msg_info.msg_stime)));
printf("last msgrcv time is %s", ctime(&(msg_info.msg_rtime)));
printf("last change time is %s", ctime(&(msg_info.msg_ctime)));
printf("msg uid is %d\n", msg_info.msg_perm.uid);
printf("msg gid is %d\n", msg_info.msg_perm.gid);
}
```

（4）共享内存

采用共享内存通信的一个显而易见的好处是效率高，因为进程可以直接读写内存，而不需要任何数据的拷贝。对于像管道和消息队列等通信方式，需要在内核和用户空间进行四次数据拷贝，而共享内存则只拷贝两次数据：一次从输入文件到共享内存区，另一次从共享内存区到输出文件。实际上，进程之间在共享内存时，并不总是读写少量数据后就解除映射，有新的通信时再重新建立共享内存区域，而是保持共享区域，直到通信完毕为止，这样数据内容一直保存在共享内存中，并没有写回文件。共享内存中的内容往往是在解除映射时才写回文件的。因此，采用共享内存的通信方式效率是非常高的。

1）以下程序是两个进程通过映射普通文件实现共享内存通信的案例。

```
[root@iotlab /]#less  sharedmem1.c
#include <sys/mman.h>
```

```c
#include <sys/types.h>
#include <fcntl.h>
#include <unistd.h>
typedef struct
{
    char name[4];
    int  age;
}
people;
main(int argc, char** argv)                 // map a normal file as shared mem
{
    int fd, i;
    people *p_map;
    char temp;
    fd=open(argv[1], O_CREAT|O_RDWR|O_TRUNC, 00777);
    lseek(fd, sizeof(people)*5-1, SEEK_SET);
    write(fd, "", 1);
    p_map = (people*) mmap( NULL, sizeof(people)*10, PROT_READ|PROT_WRITE,
            MAP_SHARED, fd, 0 );
    close( fd );
    temp = 'a';
    for(i=0; i<10; i++)
        {
            temp += 1;
            memcpy( ( *(p_map+i) ).name, &temp, 2 );
            ( *(p_map+i) ).age = 20+i;
        }
    printf(" initialize over \n ");
    sleep(10);
    munmap( p_map, sizeof(people)*10 );
    printf( "umap ok \n" );
}
```

```
[root@iotlab /]#less  sharedmem2.c
```

```c
#include <sys/mman.h>
#include <sys/types.h>
#include <fcntl.h>
#include <unistd.h>
typedef struct{
    char name[4];
    int  age;
}people;
main(int argc, char** argv)  // map a normal file as shared mem
{
    int fd, i;
    people *p_map;
    fd=open( argv[1], O_CREAT|O_RDWR, 00777 );
    p_map = (people*)mmap(NULL, sizeof(people)*10, PROT_READ|PROT_WRITE,
            MAP_SHARED, fd, 0);
    for(i = 0;i<10;i++)
        {
            printf( "name: %s age %d;\n", (*(p_map+i)).name, (*(p_map+i)).age );
        }
    munmap( p_map, sizeof(people)*10 );
}
```

2）父子进程通过匿名映射实现共享内存。

```c
[root@iotlab /]#less   sharedmem3.c
#include <sys/mman.h>
#include <sys/types.h>
#include <fcntl.h>
#include <unistd.h>
typedef struct{
    char name[4];
    int  age;
}people;
main(int argc, char** argv)
{
    int i;
    people *p_map;
    char temp;
    p_map=(people*)mmap(NULL, sizeof(people)*10, PROT_READ|PROT_WRITE,
            MAP_SHARED|MAP_ANONYMOUS, -1, 0);
    if(fork() == 0)
    {
    sleep(2);
    for(i = 0;i<5;i++)
        printf("child read: the %d people's age is %d\n", i+1, (*(p_map+i)).age);
    (*p_map).age = 100;
    munmap(p_map, sizeof(people)*10); // 实际上，进程终止时，会自动解除映射
    exit();
    }
    temp = 'a';
    for(i = 0;i<5;i++)
    {
        temp += 1;
        memcpy((*(p_map+i)).name, &temp, 2);
        (*(p_map+i)).age=20+i;
    }
    sleep(5);
    printf( "parent read: the first people, s age is %d\n", (*p_map).age );
    printf("umap\n");
    munmap( p_map, sizeof(people)*10 );
    printf( "umap ok\n" );
}
```

（5）套接字

套接字可以看作进程间通信的端点（endpoint)，每个套接字的名字都是唯一的，其他进程可以发现、连接并且与之通信。通信域用来说明套接字通信的协议，不同的通信域有不同的通信协议以及套接字的地址结构等，因此，创建一个套接字时要指明它的通信域。比较常见的是 UNIX 域套接字（采用套接字机制实现单机内的进程间通信）及网际通信域。套接字编程的几个重要步骤如下。

1）创建套接字。

由系统调用 socket 实现：

```c
int socket( int domain, int type, int ptotocol);
```

2）绑定地址。

根据传输层协议（TCP、UDP）的不同，客户机及服务器的处理方式也有很大不同。但是，不管通信双方使用何种传输协议，都需要标识自己的机制。

通信双方一般由两个方面标识：地址和端口号（通常，一个 IP 地址和一个端口号被称为一个套接字）。根据地址可以寻址到主机，根据端口号则可以寻址到主机提供特定服务的进程，实际上，一个特定的端口号代表了一个提供特定服务的进程。

对于使用 TCP 传输协议通信方式来说，通信双方需要给自己绑定一个唯一标识自己的套接字，以便建立连接；对于使用 UDP 传输协议，只需要服务器绑定一个标识自己的套接字就可以了，用户则不需要绑定（在需要时，如调用 connect 时，内核会自动分配一个本地地址和本地端口号）。绑定操作由系统调用 bind() 完成：

```
int bind( int sockfd, const struct sockaddr * my_addr, socklen_t my_addr_len);
```

3）请求建立连接（由 TCP 客户发起）。

对于采用面向连接的传输协议 TCP 实现通信来说，一个比较重要的步骤就是通信双方建立连接（如果采用 UDP 传输协议则不需要），由系统调用 connect() 完成：

```
int connect( int sockfd, const struct sockaddr * servaddr, socklen_t addrlen);
```

4）接收连接请求（由 TCP 服务器端发起）。

服务器端通过监听套接字，为所有连接请求建立了两个队列：已完成连接队列和未完成连接队列（每个监听套接字都对应这样两个队列，当然，一般服务器只有一个监听套接字）。通过 accept() 调用，服务器将在监听套接字的已连接队列中返回用于代表当前连接的套接字描述字。

```
int accept( int sockfd, struct sockaddr * cliaddr, socklen_t * addrlen);
```

5）通信。

客户机可以通过套接字接收服务器传过来的数据，也可以通过套接字向服务器发送数据。前面所有的准备工作（创建套接字、绑定等操作）都是为这一步骤准备的。

常用的从套接字中接收数据的调用有 recv、recvfrom、recvmsg 等，常用的向套接字中发送数据的调用有 send、sendto、sendmsg 等。

```
    int recv(int s, void *
buf, size_t
        len, int
        flags)
    int recvfrom(int s,  void *
buf,  size_t
        len, int
        flags, struct sockaddr *
        from, socklen_t *
fromlen)
    int recvmsg(int s, struct msghdr *
        msg, int
        flags)
    int send(int s, const void *
```

```
        msg, size_t
        len, int
        flags)
    int sendto(int s, const void *
        msg, size_t
        len, int
        flags const struct sockaddr *
        to, socklen_t
tolen)
    int sendmsg(int s, const struct msghdr *
        msg, int
        flags)
```

6) 通信的最后一步是关闭套接字。

由 close() 来完成此项功能, 它唯一的参数是套接字描述字, 不再赘述。

TCP 服务器代码:

```
......
int listen_fd, connect_fd;
struct sockaddr_in serv_addr, client_addr;
......
listen_fd = socket ( PF_INET, SOCK_STREAM, 0 );

/* 创建网际 Ipv4 域的 (由 PF_INET 指定) 面向连接的 (由 SOCK_STREAM 指定, 如果创建非面向连接的套
   接口则指定为 SOCK_DGRAM) 的套接口。第三个参数 0 表示由内核确定默认的传输协议, 对于本例, 由于
   创建的是可靠的面向连接的基于流的套接口, 内核将选择 TCP 作为本套接口的传输协议) */

bzero( &serv_addr, sizeof(serv_addr) );
serv_addr.sin_family = AF_INET ;    /* 指明通信协议族 */
serv_addr.sin_port = htons( 49152 ) ;          /* 分配端口号 */
inet_pton(AF_INET, " 192.168.0.11", &serv_addr.sin_sddr) ;
/* 分配地址, 把点分十进制 IPv4 地址转化为 32 位二进制 Ipv4 地址 */
bind( listen_fd, (struct sockaddr*) serv_addr, sizeof ( struct sockaddr_in )) ;
/* 实现绑定操作 */
listen( listen_fd, max_num) ;
/* 套接口进入侦听状态, max_num 规定了内核为此套接口排队的最大连接个数 */
for( ; ; ) {
....
connect_fd = accept( listen_fd, (struct sockaddr*)client_addr, &len ) ; /* 获得连接 fd */
......                                        /* 发送和接收数据 */
}
```

TCP 客户端代码:

```
......
    int socket_fd;
    struct sockaddr_in serv_addr ;
......
    socket_fd = socket ( PF_INET, SOCK_STREAM, 0 );
    bzero( &serv_addr, sizeof(serv_addr) );
    serv_addr.sin_family = AF_INET ;    /* 指明通信协议族 */
    serv_addr.sin_port = htons( 49152 ) ;          /* 分配端口号 */
    inet_pton(AF_INET, " 192.168.0.11", &serv_addr.sin_sddr) ;
    /* 分配地址, 把点分十进制 IPv4 地址转化为 32 位二进制 Ipv4 地址 */
    connect( socket_fd, (struct sockaddr*)serv_addr, sizeof( serv_addr ) ) ; /* 向
        服务器发起连接请求 */
    ......                              /* 发送和接收数据 */
......
```

5.2.2 嵌入式 Linux 内核移植实践

1. 嵌入式 Linux 内核与普通 Linux 内核的区别

通常情况下，Linux 内核的升级、更新速度要比 Linux 操作系统的升级速度快。因此，很多发烧友喜欢自己编译内核、升级内核。嵌入式 Linux 内核实际是 Linux 内核的一个裁剪版本，经过裁剪、定制、修改、交叉编译后得到。因此理论上任何人都可以从 Linux 内核官网下载最新的内核进行移植。

对于 Linux 内核的定制，其实并不像想象中的那么复杂。通过结合硬件、需求的实际情况对 Linux 系统内核进行合理的修改，可以有效地简化 Linux 内核，去除不需要的组件，从而提供更快的系统启动速度，释放更多的内存资源。

随着互联网技术的发展、普及，信息家电的广泛应用以及嵌入式操作系统的微型化和专业化，嵌入式操作系统的功能开始从单一的弱功能向高度专业化的强功能方向发展。这就造就了嵌入式内核有特定的属性。

（1）系统内核小

由于嵌入式系统一般是应用于小型电子装置，系统资源相对有限，所以内核较之传统的操作系统要小得多。比如 ENEA 公司的 OSE 分布式系统，内核只有 5KB。

（2）专用性强

嵌入式系统的个性化很强，其中的软件系统和硬件的结合非常紧密，一般要针对硬件进行系统的移植，即使在同一品牌、同一系列的产品中，也需要根据系统硬件的变化和增减不断进行修改。同时，针对不同的任务，往往需要对系统进行较大更改；程序的编译下载要与系统相结合，这种修改和通用软件的"升级"是完全不同的概念。

（3）系统精简

嵌入式系统一般没有系统软件和应用软件的明显区分，不要求其功能的设计及实现过于复杂，这样一方面利于控制系统成本，同时也利于实现系统安全。

（4）高实时性

高实时性的操作系统软件是嵌入式软件的基本要求。而且软件要求固化存储，以提高速度。软件代码要求高质量和高可靠性。

（5）多任务系统

嵌入式软件开发要想走向标准化，就必须使用多任务的操作。嵌入式系统的应用程序可以没有操作系统而直接在芯片上运行；但是为了合理地调度多任务，利用系统资源、系统函数以及标准库函数接口，用户必须自行选配 RTOS（Real Time Operating System）开发平台，这样才能保证程序执行的实时性、可靠性，并减少开发时间，保障软件质量。

（6）专门的开发工具和环境

嵌入式系统开发需要专门的开发工具和环境。由于嵌入式系统本身不具备自主开发能力，即使设计完成以后，用户通常也不能对其中的程序功能进行修改，因此必须有一套开发工具和环境才能进行开发，这些工具和环境一般是基于通用计算机上的软硬件设备以及各种逻辑分析仪、混合信号示波器等。开发时往往有主机和宿主机的概念，主机用于程序的开发，宿主机作为最后的执行机，开发时需要交替结合进行。

2. 最小嵌入式内核的移植

最小内核是我们基于嵌入式内核要求的特点，不针对任何硬件平台而进行的移植，其目的是让我们能够完成嵌入式内核移植的基本任务。表 5-1 展示了 Linux 3.0.8 的内核移植步骤。

表 5-1 Linux 3.0.8 的内核移植步骤

操作	说明
| ```
[root@iotlab linux-3.0.8]# ls -l
total 488
drwxrwxr-x 26 root root   4096 Oct 25  2011 arch
drwxrwxr-x  2 root root   4096 Oct 25  2011 block
-rw-rw-r--  1 root root  18693 Oct 25  2011 COPYING
-rw-rw-r--  1 root root  94495 Oct 25  2011 CREDITS
drwxrwxr-x  3 root root   4096 Oct 25  2011 crypto
drwxrwxr-x 93 root root  12288 Oct 25  2011 Documentation
drwxrwxr-x 94 root root   4096 Oct 25  2011 drivers
drwxrwxr-x 38 root root   4096 Oct 25  2011 firmware
drwxrwxr-x 71 root root   4096 Oct 25  2011 fs
drwxrwxr-x 21 root root   4096 Oct 25  2011 include
drwxrwxr-x  2 root root   4096 Feb 21 20:04 init
drwxrwxr-x  2 root root   4096 Oct 25  2011 ipc
-rw-rw-r--  1 root root   2464 Oct 25  2011 Kbuild
-rw-rw-r--  1 root root    252 Oct 25  2011 Kconfig
drwxrwxr-x  9 root root   4096 Oct 25  2011 kernel
drwxrwxr-x  8 root root   4096 Oct 25  2011 lib
-rw-rw-r--  1 root root 195191 Oct 25  2011 MAINTAINERS
-rw-rw-r--  1 root root  53437 Oct 25  2011 Makefile
drwxrwxr-x  2 root root   4096 Oct 25  2011 mm
drwxrwxr-x 53 root root   4096 Oct 25  2011 net
-rw-rw-r--  1 root root  17459 Oct 25  2011 README
-rw-rw-r--  1 root root   3371 Oct 25  2011 REPORTING-BUGS
drwxrwxr-x 10 root root   4096 Oct 25  2011 samples
drwxrwxr-x 13 root root   4096 Oct 25  2011 scripts
drwxrwxr-x  8 root root   4096 Oct 25  2011 security
drwxrwxr-x 22 root root   4096 Oct 25  2011 sound
drwxrwxr-x  9 root root   4096 Oct 25  2011 tools
drwxrwxr-x  3 root root   4096 Oct 25  2011 usr
drwxrwxr-x  3 root root   4096 Oct 25  2011 virt
``` | 我们以 Linux 3.0.8 内核为例 |
| ```
[root@iotlab linux-3.0.8]# vi Makefile
ARCH = arm
CROSS_COMPILE ?= arm-linux-
``` | 源文件中总 Makefile |
| ```
[root@iotlab linux-3.0.8]# make s5pv210_defconfig
  HOSTCC  scripts/basic/fixdep
  HOSTCC  scripts/kconfig/conf.o
  SHIPPED scripts/kconfig/zconf.tab.c
  SHIPPED scripts/kconfig/lex.zconf.c
  SHIPPED scripts/kconfig/zconf.hash.c
  HOSTCC  scripts/kconfig/zconf.tab.o
  HOSTLD  scripts/kconfig/conf
#
# configuration written to .config
``` | 利用内核中原有配置文件生成我们想要的配置文件 .config |
| ```
[root@iotlab linux-3.0.8]# make CROSS_COMPILE=arm-linux-
  OBJCOPY arch/arm/boot/Image
  Kernel: arch/arm/boot/Image is ready
  AS      arch/arm/boot/compressed/head.o
  GZIP    arch/arm/boot/compressed/piggy.gzip
  AS      arch/arm/boot/compressed/piggy.gzip.o
  CC      arch/arm/boot/compressed/misc.o
  CC      arch/arm/boot/compressed/decompress.o
  SHIPPED arch/arm/boot/compressed/lib1funcs.S
  AS      arch/arm/boot/compressed/lib1funcs.o
  LD      arch/arm/boot/compressed/vmlinux
  OBJCOPY arch/arm/boot/zImage
  Kernel: arch/arm/boot/zImage is ready
  Building modules, stage 2.
  MODPOST 1 modules
``` | 进行编译，并得到结果 |
| ```
[root@iotlab linux-3.0.8]# cd arch/arm/boot/
[root@iotlab boot]# ll -lh
total 3.6M
drwxrwxr-x 2 root root 4.0K Oct 25  2011 bootp
drwxrwxr-x 2 root root 4.0K Feb 22 14:23 compressed
-rwxr-xr-x 1 root root 2.3M Feb 22 14:23 Image
-rw-rw-r-- 1 root root 1.3K Oct 25  2011 install.sh
-rw-rw-r-- 1 root root 3.1K Oct 25  2011 Makefile
-rwxr-xr-x 1 root root 1.3M Feb 22 14:23 zImage
``` | 生成的 zImage 或 uImage 文件的位置 |
```

在移植嵌入式 Linux 内核时，make 编译可以生成不同格式的映像文件，例如：

```
[root@iotlab linux-3.0.8]# make zImage
[root@iotlab linux-3.0.8]# make uImage
```

zImage 是 ARM Linux 常用的一种压缩映像文件，uImage 是 U-Boot 专用的映像文件，它是在 zImage 之前加上一个长度为 0x40 的"头"，说明这个映像文件的类型、加载位置、生成时间、大小等信息。换句话说，如果直接从 uImage 的 0x40 位置开始执行，zImage 和 uImage 没有任何区别。在 Linux 2.4 内核中不支持 uImage，在 Linux 2.6 内核加入了很多对嵌入式系统的支持，但是 uImage 的生成也需要设置。

zImage 下载到目标板中可以直接用 U-Boot 的命令 go 来进行直接跳转。这时候内核直接解压启动。但是无法挂载文件系统，因为 go 命令没有将内核需要的相关启动参数传递给内核。传递启动参数我们必须使用命令 bootm 来进行跳转。bootm 命令跳转只处理 uImage 的镜像。

U-Boot 源代码的 tools/ 目录下有 mkimage 工具，这个工具可以用来制作不压缩或者压缩的多种可启动映像文件。mkimage 在制作映像文件的时候，是在原来的可执行映像文件的前面加上一个 0x40 字节的头，记录参数所指定的信息，这样 U-Boot 才能识别这个映像是针对哪个 CPU 体系结构的，哪个 OS 的，哪种类型，加载内存中的哪个位置，入口点在内存的哪个位置以及映像名是什么？用法如下。

```
./mkimage -A arch -O os -T type -C comp -a addr -e ep -n name
-d data_file[:data_file...] image
-A ==> set architecture to 'arch'
-O ==> set operating system to 'os'
-T ==> set image type to 'type'
-C ==> set compression type 'comp'
-a ==> set load address to 'addr' (hex)
-e ==> set entry point to 'ep' (hex)
-n ==> set image name to 'name'
-d ==> use image data from 'datafile'
-x ==> set XIP (execute in place)
```

参数说明：

- -A 指定 CPU 的体系结构，如表 5-2 所示。

表 5-2　CPU 对应的体系结构

取　　值	表示的体系结构	取　　值	表示的体系结构
alpha	Alpha	ppc	PowerPC
arm	ARM	s390	IBM
x86	Intel	sh	SuperH
ia64	IA64	sparc	SPARC
mips	MIPS	sparc64	SPARC
mips64	MIPS	m68k	MC68000
64	Bit		

- -O 指定操作系统类型，可取以下值：openbsd、netbsd、freebsd、4_4bsd、linux、svr4、esix、solaris、irix、sco、dell、ncr、lynxos、vxworks、psos、qnx、u-boot、rtems、artos。
- -T 指定映像类型，可取以下值：standalone、kernel、ramdisk、multi、firmware、script、filesystem；
- -C 指定映像压缩方式，可取以下值：none（不压缩）、gzip（用 gzip 的压缩方式）、bzip2（用 bzip2 的压缩方式）。
- -a 指定映像在内存中的加载地址，映像下载到内存中时要按照用 mkimage 制作映像时这个参数所指定的地址值来下载。
- -e 指定映像运行的入口点地址，这个地址就是 -a 参数指定的值加上 0x40（因为前面有个 mkimage 添加的 0x40 个字节的头）。
- -n 指定映像名。
- -d 指定制作映像的源文件。

```
[root@iotlab linux-3.0.8]# make zImage                          // 生成 zImage 映像
[root@iotlab linux-3.0.8]#/iotlab/tools/mkimage -n 'Linux 3.0.8' -A arm -O linux -T
kernel -C none -a 0x20007fc0 -e 0x20008000 -d zImage uImage   // 生成的映像文件具有可读性
```

3. 完整内核移植

众所周知，Linux 内核是由分布在全球的 Linux 爱好者共同开发的，Linux 内核每天都面临着许多新的变化。但是 Linux 内核的组织并没有出现混乱的现象，反而显得非常简洁，而且具有很好的扩展性，开发人员可以很方便地向 Linux 内核中增加新的内容。原因之一就是 Linux 采用了模块化的内核配置系统，从而保证了内核的扩展性。我们首先分析 Linux 内核中的配置系统结构，解释 Makefile 和配置文件的格式以及配置语句的含义，通过一个简单的例子——TEST Driver，具体说明如何将自行开发的代码加入到 Linux 内核中。

（1）配置系统的基本结构

Linux 内核的配置系统由三部分组成，分别是：
- Makefile：分布在 Linux 内核源代码中的 Makefile，定义 Linux 内核的编译规则。
- 配置文件（config.in）：给用户提供配置选择的功能。
- 配置工具：包括配置命令解释器（对配置脚本中使用的配置命令进行解释）和配置用户界面（提供基于字符界面、基于 Ncurses 图形界面以及基于 Xwindows 图形界面的用户配置界面，各自对应于 make config、make menuconfig 和 make xconfig）。

这些配置工具都是使用脚本语言（如 Tcl/TK、Perl）编写的（也包含一些用 C 编写的代码）。我们并不是对配置系统本身进行分析，而是介绍如何使用配置系统。所以除非是配置系统的维护者，一般的内核开发者无须了解它们的原理，只需要知道如何编写 Makefile 和配置文件就可以。在本节中我们只讨论 Makefile 和配置文件。另外，凡是涉及与具体 CPU 体系结构相关的内容，我们都以 ARM 为例，这样不仅可以将讨论的问题明确化，而且对内容本身不产生影响。

（2）Makefile

Makefile 的作用是根据配置的情况，构造出需要编译的源文件列表，然后分别编译，并把目标代码链接到一起，最终形成 Linux 内核二进制文件。由于 Linux 内核源代码是按照树形结构组织的，所以 Makefile 也被分布在目录树中。Linux 内核中的 Makefile 以及与 Makefile 直接相关的文件有：

- Makefile：顶层 Makefile，是整个内核配置、编译的总体控制文件。
- .config：内核配置文件，包含由用户选择的配置选项，用来存放内核配置后的结果（如 make config）。
- arch/*/Makefile：位于各种 CPU 体系目录下的 Makefile，如 arch/arm/Makefile，是针对特定平台的 Makefile。
- 各个子目录下的 Makefile：比如 drivers/Makefile，负责所在子目录下源代码的管理。
- Rules.make：规则文件，被所有的 Makefile 使用。

用户通过 make config 配置后，产生了 .config。顶层 Makefile 读入 .config 中的配置选择。

顶层 Makefile 有两个主要的任务：产生 vmlinux 文件和内核模块。为了达到此目的，顶层 Makefile 递归地进入内核的各个子目录中，分别调用位于这些子目录中的 Makefile。至于到底进入哪些子目录，取决于内核的配置。在顶层 Makefile 中有"include arch/$(ARCH)/Makefile"，包含了特定 CPU 体系结构下的 Makefile，这个 Makefile 中包含了平台相关的信息。

位于各个子目录下的 Makefile 同样也根据 .config 给出的配置信息，构造出当前配置下需要的源文件列表，并在文件的最后有 include $(TOPDIR)/Rules.make。

Rules.make 文件起着非常重要的作用，它定义了所有 Makefile 共用的编译规则。比如，如果需要将本目录下所有的 C 程序编译成汇编代码，需要在 Makefile 中定义以下编译规则：

```
%.s: %.c
    $(CC) $(CFLAGS) -S $< -o $@
```

若很多子目录下都有同样的要求，就需要在各自的 Makefile 中包含此编译规则，这会比较麻烦。而 Linux 内核中则把此类的编译规则统一放置到 Rules.make 中，并在各自的 Makefile 中包含 Rules.make（include Rules.make），这样就避免了在多个 Makefile 中重复同样的规则。对于上面的例子，在 Rules.make 中对应的规则为：

```
%.s: %.c
    $(CC) $(CFLAGS) $(EXTRA_CFLAGS) $(CFLAGS_$(*F)) $(CFLAGS_$@) -S $< -o $@
```

1）Makefile 中的变量。

顶层 Makefile 定义并向环境中输出了许多变量，为各个子目录下的 Makefile 传递一些信息。有些变量，比如 SUBDIRS，不仅在顶层 Makefile 中定义并且赋初值，而且在 arch/*/Makefile 还作了扩充。

常用的变量有以下几类：

① 版本信息。

版本信息有 VERSION、PATCHLEVEL、SUBLEVEL、EXTRAVERSION、KERNELRELEASE。版本信息定义了当前内核的版本，比如 VERSION=3，PATCHLEVEL=0，SUBLEVEL=8，EXATAVERSION=-rmk7，它们共同构成内核的发行版本 KERNELRELEASE：3.0.8-rmk7。

② CPU 体系结构 ARCH。

在顶层 Makefile 的开头，用 ARCH 定义目标 CPU 的体系结构，比如 ARCH:=arm 等。许多子目录的 Makefile 中，要根据 ARCH 的定义选择编译源文件的列表。

③ 路径信息 TOPDIR 和 SUBDIRS。

TOPDIR 定义了 Linux 内核源代码所在的根目录。例如各个子目录下的 Makefile 通过 $(TOPDIR)/Rules.make 就可以找到 Rules.make 的位置。

SUBDIRS 定义了一个目录列表，在编译内核或模块时，顶层 Makefile 就是根据 SUBDIRS 来决定进入哪些子目录。SUBDIRS 的值取决于内核的配置，在顶层 Makefile 中 SUBDIRS 赋值为 kernel drivers mm fs net ipc lib；根据内核的配置情况，在 arch/*/Makefile 中进行扩充了 SUBDIRS 的值。

④ 内核组成信息 HEAD、CORE_FILES、NETWORKS、DRIVERS、LIBS。

Linux 内核文件 vmlinux 是由以下规则产生的：

```
vmlinux: $(CONFIGURATION) init/main.o init/version.o linuxsubdirs
$(LD) $(LINKFLAGS) $(HEAD) init/main.o init/version.o \
    --start-group \
    $(CORE_FILES) \
    $(DRIVERS) \
    $(NETWORKS) \
    $(LIBS) \
    --end-group \
    -o vmlinux
```

可以看出，vmlinux 是由 HEAD、main.o、version.o、CORE_FILES、DRIVERS、NETWORKS 和 LIBS 组成的。这些变量（如 HEAD）都是用来定义链接生成 vmlinux 的目标文件和库文件列表。其中 HEAD 在 arch/*/Makefile 中定义，用来确定被最先链接到 vmlinux 的文件列表。比如对于 ARM 系列的 CPU，HEAD 定义为：

```
HEAD := arch/arm/kernel/head-$(PROCESSOR).o \
        arch/arm/kernel/init_task.o
```

表明 head-$(PROCESSOR).o 和 init_task.o 需要最先链接到 vmlinux 中。PROCESSOR 为 armv 或 armo，这取决于目标 CPU。CORE_FILES、NETWORK、DRIVERS 和 LIBS 在顶层 Makefile 中定义，并且由 arch/*/Makefile 根据需要进行扩充。CORE_FILES 对应着内核的核心文件，有 kernel/kernel.o、mm/mm.o、fs/fs.o、ipc/ipc.o，可以看出这些是组成内核最为重要的文件。同时 arch/arm/Makefile 对 CORE_FILES 进行了扩充：

```
# arch/arm/Makefile
# If we have a machine-specific directory, then include it in the build.
MACHDIR         := arch/arm/mach-$(MACHINE)
ifeq ($(MACHDIR), $(wildcard $(MACHDIR)))
SUBDIRS         += $(MACHDIR)
CORE_FILES      := $(MACHDIR)/$(MACHINE).o $(CORE_FILES)
```

```
            endif
            HEAD            := arch/arm/kernel/head-$(PROCESSOR).o \
            arch/arm/kernel/init_task.o
            SUBDIRS         += arch/arm/kernel arch/arm/mm arch/arm/lib arch/arm/nwfpe
            CORE_FILES      := arch/arm/kernel/kernel.o arch/arm/mm/mm.o $(CORE_FILES)
            LIBS            := arch/arm/lib/lib.a $(LIBS)
```

⑤ 编译信息 CPP、CC、AS、LD、AR、CFLAGS、LINKFLAGS。

在 Rules.make 中定义的是编译的通用规则，具体到特定的场合，需要明确给出编译环境，编译环境就是在以上变量中定义的。针对交叉编译的要求，定义了 CROSS_COMPILE。比如：

```
            CROSS_COMPILE   = arm-linux-
            CC              = $(CROSS_COMPILE)gcc
            LD              = $(CROSS_COMPILE)ld
            ……
```

CROSS_COMPILE 定义了交叉编译器前缀 arm-linux-，表明所有的交叉编译工具都是以 arm-linux- 开头的，所以在各个交叉编译器工具之前都加入了 $(CROSS_COMPILE)，以组成一个完整的交叉编译工具文件名，比如 arm-linux-gcc。

CFLAGS 定义了传递给 C 编译器的参数。

LINKFLAGS 是链接生成 vmlinux 时由链接器使用的参数。LINKFLAGS 在 arm/*/Makefile 中定义，比如：

```
            # arch/arm/Makefile
            LINKFLAGS       :=-p -X -T arch/arm/vmlinux.lds
```

⑥ 配置变量 CONFIG_*。

.config 文件中有许多的配置变量等式，用来说明用户配置的结果。例如 CONFIG_MODULES=y 表明用户选择了 Linux 内核的模块功能。

.config 被顶层 Makefile 包含后，就形成许多的配置变量，每个配置变量具有确定的值。y 表示本编译选项对应的内核代码被静态编译进 Linux 内核；m 表示本编译选项对应的内核代码被编译成模块；n 表示不选择此编译选项；如果根本就没有选择，那么配置变量的值为空。

⑦ Rules.make 变量。

前面讲过，Rules.make 是编译规则文件，所有的 Makefile 中都会包括 Rules.make。Rules.make 文件定义了许多变量，最为重要的是那些编译、链接列表变量。O_OBJS、L_OBJS、OX_OBJS、LX_OBJS 是本目录下需要编译进 Linux 内核 vmlinux 的目标文件列表，其中 OX_OBJS 和 LX_OBJS 中的"X"表明目标文件使用了 EXPORT_SYMBOL 输出符号。

M_OBJS、MX_OBJS 是本目录下需要被编译成可装载模块的目标文件列表。同样，MX_OBJS 中的"X"表明目标文件使用了 EXPORT_SYMBOL 输出符号。每个子目录下都有一个 O_TARGET 或 L_TARGET，Rules.make 首先从源代码编译生成 O_OBJS 和 OX_OBJS 中所有的目标文件，然后使用 $(LD)-r 把它们链接成一个 O_TARGET 或 L_TARGET。O_TARGET 以 .o 结尾，而 L_TARGET 以 .a 结尾。

2）子目录 Makefile。

子目录 Makefile 用来控制本级目录以下源代码的编译规则。我们通过一个例子来讲解子目录 Makefile 的组成。

```
# Makefile for the linux kernel.
#
# All of the (potential) objects that export symbols.
# This list comes from 'grep -l EXPORT_SYMBOL *.[hc]'.
export-objs        := tc.o
# Object file lists.
obj-y              :=
obj-m              :=
obj-n              :=
obj-               :=
obj-$(CONFIG_TC)   += tc.o
obj-$(CONFIG_ZS)   += zs.o
obj-$(CONFIG_VT)   += lk201.o lk201-map.o lk201-remap.o
# Files that are both resident and modular: remove from modular.
obj-m              := $(filter-out $(obj-y), $(obj-m))
# Translate to Rules.make lists.
L_TARGET           := tc.a
L_OBJS             := $(sort $(filter-out $(export-objs), $(obj-y)))
LX_OBJS            := $(sort $(filter     $(export-objs), $(obj-y)))
M_OBJS             := $(sort $(filter-out $(export-objs), $(obj-m)))
MX_OBJS            := $(sort $(filter     $(export-objs), $(obj-m)))
include $(TOPDIR)/Rules.make
```

● 编译目标定义

类似于 obj-$(CONFIG_TC) += tc.o 这一类语句用于定义编译的目标，它是子目录 Makefile 中最重要的部分。编译目标定义那些在本子目录下，需要编译到 Linux 内核中的目标文件列表。为了只在用户选择了此功能后才编译，所有的目标定义都融合了对配置变量的判断。

前面说过，每个配置变量取值范围是 y、n、m 和空，因此 obj-$(CONFIG_TC) 分别对应着 obj-y、obj-n、obj-m、obj-。如果 CONFIG_TC 配置为 y，那么 tc.o 就进入 obj-y 列表。obj-y 为包含到 Linux 内核 vmlinux 中的目标文件列表；obj-m 为编译成模块的目标文件列表；obj-n 和 obj- 中的文件列表被忽略。配置系统就根据这些列表的属性进行编译和链接。

export-objs 中的目标文件都使用了 EXPORT_SYMBOL() 定义了公共的符号，以便可装载模块使用。在 tc.c 文件的最后部分有 "EXPORT_SYMBOL(search_tc_card);"，表明 tc.o 有符号输出。

这里需要指出的是，对于编译目标的定义存在着两种格式，分别是老式定义和新式定义。老式定义就是前面 Rules.make 使用的那些变量，新式定义就是 obj-y、obj-m、obj-n 和 obj-。Linux 内核推荐使用新式定义，不过由于 Rules.make 不理解新式定义，需要在 Makefile 中的适配段将其转换成老式定义。

● 适配段

适配段的作用是将新式定义转换成老式定义。在上面的例子中，适配段就是将 obj-y 和 obj-m 转换成 Rules.make 能够理解的 L_TARGET、L_OBJS、LX_OBJS、M_OBJS、MX_

OBJS。

"L_OBJS:=$(sort $(filter-out $(export-objs), $(obj-y)))"定义了 L_OBJS 的生成方式：在 obj-y 的列表中过滤掉 export-objs（tc.o），然后排序并去除重复的文件名。这里使用了 GNU Make 的一些特殊功能，具体的含义可参考 Make 的文档（info make）。

（3）配置功能概述

除了 Makefile 的编写，另外一个重要的工作就是把新功能加入到 Linux 的配置选项中，并且提供此项功能的说明，让用户有机会选择此项功能。所有这些都需要在 config.in 文件中用配置语言来编写配置脚本，Linux 内核中配置命令方式如表 5-3 所示。

表 5-3　Linux 内核中配置命令有多种方式

配 置 命 令	解 释 脚 本
make config, make oldconfig	scripts/Configure
make menuconfig	scripts/Menuconfig
make xconfig	scripts/tkparse

以字符界面配置（make config）为例，顶层 Makefile 调用 scripts/Configure，按照 arch/arm/config.in 来进行配置。命令执行完后产生文件 .config，其中保存着配置信息。下一次再进行 make config 将产生新的 .config 文件，原 .config 被改名为 .config.old。

（4）配置语言

1）顶层菜单。

```
mainmenu_name /prompt/
```

/prompt/ 是用"或"包围的字符串，"与"的区别是"…"中可使用 $ 引用变量的值。mainmenu_name 设置最高层菜单的名字，它只在 make xconfig 时才会显示。

2）询问语句。

```
bool        /prompt/ /symbol/
hex         /prompt/ /symbol/ /word/
int         /prompt/ /symbol/ /word/
string      /prompt/ /symbol/ /word/
tristate    /prompt/ /symbol/
```

询问语句首先显示一串提示符 /prompt/，等待用户输入，并把输入的结果赋给 /symbol/ 所代表的配置变量。不同的询问语句的区别在于它们接受的输入数据类型不同，比如 bool 接受布尔类型（y 或 n），hex 接受十六进制数据。有些询问语句还有第三个参数 /word/，用来给出缺省值。

3）定义语句。

```
define_bool     /symbol/ /word/
define_hex      /symbol/ /word/
define_int      /symbol/ /word/
define_string   /symbol/ /word/
define_tristate /symbol/ /word/
```

不同于询问语句等待用户输入，定义语句显式地给配置变量 /symbol/ 赋值 /word/。

4）依赖语句。

```
dep_bool        /prompt/ /symbol/ /dep/ …
dep_mbool       /prompt/ /symbol/ /dep/ …
dep_hex         /prompt/ /symbol/ /word/ /dep/ …
dep_int         /prompt/ /symbol/ /word/ /dep/ …
dep_string      /prompt/ /symbol/ /word/ /dep/ …
dep_tristate    /prompt/ /symbol/ /dep/ …
```

与询问语句类似，依赖语句也是定义新的配置变量。不同的是，配置变量 /symbol/ 的取值范围将依赖于配置变量列表"/dep/…"。这就意味着被定义的配置变量所对应功能的取舍取决于依赖列表所对应功能的选择。以 dep_bool 为例，如果"/dep/…"列表的所有配置变量都取值 y，则显示 /prompt/，用户可输入任意的值给配置变量 /symbol/，但是只要有一个配置变量的取值为 n，则 /symbol/ 被强制成 n。不同依赖语句的区别在于它们由依赖条件所产生的取值范围不同。

5）选择语句。

```
choice          /prompt/ /word/ /word/
```

choice 语句首先给出一串选择列表，供用户选择其中一种。比如 Linux for ARM 支持多种基于 ARM core 的 CPU，Linux 使用 choice 语句提供一个 CPU 列表，供用户选择。

```
choice 'ARM system type' \
"Anakin              CONFIG_ARCH_ANAKIN \
Archimedes/A5000     CONFIG_ARCH_ARCA5K \
Cirrus-CL-PS7500FE   CONFIG_ARCH_CLPS7500 \
......
SA1100-based         CONFIG_ARCH_SA1100 \
Shark                CONFIG_ARCH_SHARK" RiscPC
```

choice 首先显示 /prompt/，然后将 /word/ 分解成前后两个部分，前部分为对应选择的提示符，后部分是对应选择的配置变量。用户选择的配置变量为 y，其余的都为 n。

6）if 语句。

```
    if [ /expr/ ] ; then
    /statement/
…
fi
    if [ /expr/ ] ; then
    /statement/
…
else
    /statement/
…
fi
```

if 语句对配置变量（或配置变量的组合）进行判断，并作出不同的处理。判断条件"/expr/"可以是单个配置变量或字符串，也可以是带操作符的表达式。操作符有 =、!=、-o、-a 等。

7）菜单块（menu block）语句。

```
mainmenu_option next_comment
comment '…'
…
endmenu
```

在向内核增加新的功能后,需要相应的增加新的菜单,并在新菜单下给出此项功能的配置选项。comment 后带的注释就是新菜单的名称。所有归属于此菜单的配置选项语句都写在 comment 和 endmenu 之间。

8) Source 语句。

```
source /word/
```

/word/ 是文件名,source 的作用是调入新的文件。

4. 定制内核实例

对于一个嵌入式开发者来说,将自己开发的内核代码加入到 Linux 内核中需要三个步骤。首先确定把自己开发的代码放入到内核的位置;其次把自己开发的功能增加到 Linux 内核的配置选项中,使用户能够选择此功能;最后构建子目录 Makefile,根据用户的选择将相应的代码编译到最终生成的 Linux 内核中。

以下通过一个例子——test driver,结合前面学到的知识来说明如何向 Linux 内核中增加新的功能。

(1) 目录结构

我们自定义的 test driver 放置在 drivers/test/ 目录下,结构如下:

```
[root@iotlab linux-3.0.8]# cd drivers/test
[root@iotlab linux-3.0.8]#tree
|-- Config.in
|-- Makefile
|-- cpu
|   |-- Makefile
|   `-- cpu.c
|-- test.c
|-- test_client.c
|-- test_ioctl.c
|-- test_proc.c
|-- test_queue.c
`-- test
|-- Makefile
`-- test.c
```

(2) 配置文件

● drivers/test/Config.in

```
#
# TEST driver configuration
#
mainmenu_option next_comment
comment 'TEST Driver'
bool 'TEST support' CONFIG_TEST
if [ "$CONFIG_TEST" = "y" ]; then
```

```
tristate 'TEST user-space interface' CONFIG_TEST_USER
bool 'TEST CPU ' CONFIG_TEST_CPU
    fi
    endmenu
```

由于 test driver 对于内核来说是新的功能，所以首先创建一个菜单 TEST Driver。然后，显示"TEST support"，等待用户选择，接下来判断用户是否选择了 TEST Driver。如果是（CONFIG_TEST=y），则进一步显示子功能，即用户接口与 CPU 功能支持。由于用户接口功能可以被编译成内核模块，所以这里的询问语句使用了 tristate（因为 tristate 的取值范围包括 y、n 和 m，m 就是对应着模块）。

- arch/arm/config.in

在文件的最后加入 source drivers/test/Config.in，将 TEST Driver 子功能的配置纳入到 Linux 内核的配置中。

（3）Makefile

- drivers/test/Makefile

```
#drivers/test/Makefile
#
#Makefile for the TEST.
#
SUB_DIRS        :=
MOD_SUB_DIRS := $(SUB_DIRS)
ALL_SUB_DIRS := $(SUB_DIRS) cpu
L_TARGET := test.a
export-objs := test.o test_client.o
obj-$(CONFIG_TEST)              += test.o test_queue.o test_client.o
obj-$(CONFIG_TEST_USER)         += test_ioctl.o
obj-$(CONFIG_PROC_FS)           += test_proc.o
subdir-$(CONFIG_TEST_CPU)       += cpu
include $(TOPDIR)/Rules.make
clean:
    for dir in $(ALL_SUB_DIRS); do make -C $$dir clean; done
    rm -f *.[oa] .*.flags
```

drivers/test 目录下最终生成的目标文件是 test.a。在 test.c 和 test-client.c 中使用了 EXPORT_SYMBOL 输出符号，所以 test.o 和 test-client.o 位于 export-objs 列表中。然后根据用户的选择（具体来说，就是配置变量的取值），构建各自对应的 obj-* 列表。由于 TEST Driver 中包含一个子目录 cpu，当 CONFIG_TEST_CPU=y（即用户选择了此功能）时，需要将 cpu 目录加入到 subdir-y 列表中。

- drivers/test/cpu/Makefile

```
#       drivers/test/test/Makefile
#
#       Makefile for the TEST CPU
#
SUB_DIRS        :=
MOD_SUB_DIRS := $(SUB_DIRS)
ALL_SUB_DIRS := $(SUB_DIRS)
L_TARGET := test_cpu.a
```

```
obj-$(CONFIG_test_CPU)              += cpu.o
include $(TOPDIR)/Rules.make
clean:
    rm -f *.[oa] .*.flags

drivers/Makefile
......
    subdir-$(CONFIG_TEST)           += test
......
    include $(TOPDIR)/Rules.make
```

在 drivers/Makefile 中加入 subdir-$(CONFIG_TEST)+= test，使得在用户选择 TEST Driver 功能后，内核编译时能够进入 test 目录。

- Makefile

```
......
DRIVERS-$(CONFIG_PLD) += drivers/pld/pld.o
DRIVERS-$(CONFIG_TEST) += drivers/test/test.a
DRIVERS-$(CONFIG_TEST_CPU) += drivers/test/cpu/test_cpu.a
DRIVERS := $(DRIVERS-y)
......
```

在顶层 Makefile 中加入 DRIVERS-$(CONFIG_TEST) += drivers/test/test.a 和 DRIVERS-$(CONFIG_TEST_CPU) += drivers/test/cpu/test_cpu.a。如果用户选择了 TEST Driver，那么 CONFIG_TEST 和 CONFIG_TEST_CPU 都是 y，test.a 和 test_cpu.a 就都位于 DRIVERS-y 列表中，之后又被放置在 DRIVERS 列表中。在前面曾经提到过，Linux 内核文件 vmlinux 的组成中包括 DRIVERS，所以 test.a 和 test_cpu.a 最终可链接到 vmlinux 中。

至此，配置 Linux 内核时我们要用到的最基本的相关脚本分析我们都进行了介绍，接下来我们要为实际中工作平台编译内核，并下载到工作平台中使其能够运行。如表 5-4 给出了编译内核的步骤及代码。

表 5-4 编译内核的步骤及代码

代码	说明

`[root@iotlab linux-3.0.8]# make s5pv210_defconfig`
`HOSTCC  scripts/basic/fixdep`
`HOSTCC  scripts/kconfig/conf.o`
`SHIPPED scripts/kconfig/zconf.tab.c`
`SHIPPED scripts/kconfig/lex.zconf.c`
`SHIPPED scripts/kconfig/zconf.hash.c`
`HOSTCC  scripts/kconfig/zconf.tab.o`
`HOSTLD  scripts/kconfig/conf`
`#`
`# configuration written to .config`
	得到初步的配置文件

`[root@iotlab linux-3.0.8]# vi Makefile`
`ARCH ?= arm`
`CROSS_COMPILE ?= arm-linux-`
	修改嵌入式 CPU 为 ARM，并指定交叉编译为 arm-linux-

`[root@iotlab linux-3.0.8]# cd arch/arm/mach-s5pv210/include/mach/`
`[root@iotlab mach]# vi memory.h`
`#define PLAT_PHYS_OFFSET       UL(0x30000000)`
`#define SECTION_SIZE_BITS      29`
	工作平台中的内存是 512MB，就是 2 的 29 次方。就是说 512MB 需要 29 位，按实际情况修改

`[root@iotlab linux-3.0.8]# cd arch/arm/mach-s5pv210/include/mach/`
`[root@iotlab mach]# vi map.h`
`#define S5PV210_PA_SDRAM       0x30000000`
	指定地址

`[root@iotlab linux-3.0.8]# cd arch/arm/mach-s5pv210/`
`[root@iotlab mach-s5pv210]# vi Makefile.boot`
 	
`   zreladdr-y     := 0x30008000`
`params_phys-y    := 0x30000100`
	与上面的一致

`[root@iotlab mach]# pwd`
`/iotlab/linux-3.0.8/arch/arm/mach-s5pv210/include/mach`
`[root@iotlab mach]# vi map.h`
 	
`#define S5PV210_PA_SROM_BANK1      0x88000000`
`#define S5PV210_PA_SROM_BANK5      0xA8000000`
	DM9000 网络相关配置，按实际手册中的地址修改

`[root@iotlab linux-3.0.8]# cd arch/arm/mach-s5pv210/` `[root@iotlab mach-s5pv210]# vi mach-smdkv210.c` `/*` `static struct resource smdkv210_dm9000_resources[] = {` `        [0] = {` `                .start  = S5PV210_PA_SROM_BANK5,` `                .end    = S5PV210_PA_SROM_BANK5,` `                .flags  = IORESOURCE_MEM,` `        },` `        [1] = {` `                .start  = S5PV210_PA_SROM_BANK5 + 2,` `                .end    = S5PV210_PA_SROM_BANK5 + 2,` `                .flags  = IORESOURCE_MEM,` `        },` `        [2] = {` `                .start  = IRQ_EINT(10),` `                .end    = IRQ_EINT(10),` ` .flags = IORESOURCE_IRQ	IORESOURCE_IRQ_HIGHLEVEL,` ` },` `};` `*/` `static struct resource smdkv210_dm9000_resources[] = {` ` [0] = DEFINE_RES_MEM(S5PV210_PA_SROM_BANK1, 4),` ` [1] = DEFINE_RES_MEM(S5PV210_PA_SROM_BANK1, 4,4),` ` [2] = DEFINE_RES_NAMED(IRQ_EINT(10), 1, NULL, IORESOURCE_IRQ \` `	IORESOURCE_IRQ_HIGHLEVEL),` `};` `static void __init smdkv210_machine_init(void)` `{` ` s3c_pm_init();`  ` //smdkv210_dm9000_init();`	分区修改参数

`[root@iotlab linux-3.0.8]# make menuconfig`
`     Power management options   --->`
`[*] Networking support  --->`
`     Device Drivers   --->`
`        Networking options    --->`
 	
`<*> Packet socket`
`<*> Unix domain sockets`
`< > Transformation user configuration interface (NEW)`
`[ ] Transformation sub policy support (EXPERIMENTAL) (NEW)`
`[ ] Transformation migrate database (EXPERIMENTAL) (NEW)`
`[ ] Transformation statistics (EXPERIMENTAL) (NEW)`
`< > PF_KEY sockets (NEW)`
`[*] TCP/IP networking`
`[*]   IP: multicasting`
`[*]   IP: advanced router`
`[ ]     FIB TRIE statistics (NEW)`
`[ ]   IP: policy routing (NEW)`
`[ ]   IP: equal cost multipath (NEW)`
`[ ]   IP: verbose route monitoring (NEW)`
`[*]   IP: kernel level autoconfiguration`
`[*]     IP: DHCP support`
`[*]     IP: BOOTP support`
	Make menuconfig 配置，按图中要求依次选中所选内容

`     Device Drivers  --->`
`   < >   Generic Target Core Mod (TCM)`
`   [*]   Network device support  --->`
`   < >     PHY Device support and Infrastruc`
`   [*]     Ethernet (10 or 100Mbit)  --->`
`   [ ]     Ethernet (1000 Mbit)`
`   <*>       DM9000 support`
	同上

`     Device Drivers  --->` `   <*>  Memory Technology Device (MTD) support  --->`	配置内核支持 NAND Flash

	（续）
``` <*> Caching block device access to MTD devices <*> NAND Device Support ---> <*> Support for generic platform NAND driver ```	NAND Flash 配置选项
``` Do you wish to save your new configuration? <ESC><ESC> to continue. < Yes > < No > ```	得到内核配置 .config。这一步是必须要的
``` [root@iotlab linux-3.0.8]# make OBJCOPY arch/arm/boot/zImage Kernel: arch/arm/boot/zImage is ready ```	编译得到结果

通过以上方法，我们可以依据具体的硬件平台，构造出符合要求的内核系统。这个系统可能只是功能上的内核，并不能引导嵌入式 Linux 内核，在后面的章节中，我们将以这为基础继续把相关的硬件驱动及功能移植到内核中。

5.3 嵌入式 Android 内核移植实践

Android 是一个开放的系统，这个系统的体积非常庞大，不同的开发者在开发过程中并不需要掌握整个 Android 系统，只需要进行其中某一个部分的开发，从功能上来区分，Android 的开发分成 3 种类型：

- 移动通信系统开发
- Android 应用程序开发
- Android 系统开发

Android 开发主要集中在两种环境中，分别是基于 Android SDK 的开发和基于 Android 源代码的开发。前者可以在 Linux 或者 Windows 两种环境中使用 IDE 完成，后者需要在 Linux 环境中进行。

1. Android 系统架构

从宏观的角度来看，由于 Android 是一个开放的系统，它包含了众多的源代码，从下至上，Android 系统分成 4 个层次，如图 5-15 所示。

- Linux 操作系统及驱动
- 本地代码框架
- Java 框架
- Java 应用程序

在图 5-15 中可以看出，Android 基于 Linux 2.6 内核，其核心系统服务如安全性、内存管理、进程管理、网路协议以及驱动模型都依赖于 Linux 内核。本地代码框架可以分为两部分，分别是系统库和 Android 运行时。Java 框架是我们从事 Android 开发的基础，很多核心应用程序也是通过这一层来实现其核心功能的，该层简化了组件的重用，开发人员可以直接使用其提供的组件来快速进行应用程序开发，也可以通过继承而实现个性化的拓展。Android 平台不仅仅是操作系统，也包含了许多应用程序，诸如 SMS 短信客户端程序、电话拨号程序、图片浏览器、Web 浏览器等应用程序。这些应用程序都是用 Java 语言编写的，并且这些应用程序都可以被开发人员开发的其他应用程序所替换，这点不同于其他手机操作系统固化在系统内部的系统软件，因此更加灵活和个性化。

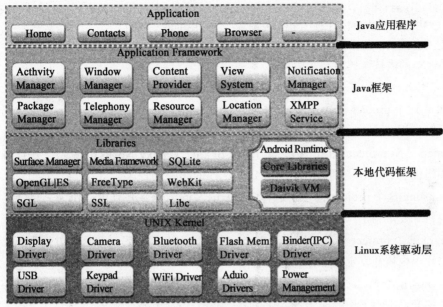

图 5-15 Android 系统框架图

2. 基于 Linux 平台 Android 移植

为了能够正确下载和编译 Android 源码，还需要安装以下程序包：

- Python 2.6/2.7：Python 是一个非常易学的面向对象的脚本语言，在 Android 的编译过程中会使用到该脚本解释器。
- GNU Make 3.81/3.82：Make 工具用于管理和编译大型的源码项目，它通过 Makefile 来指定编译规则。
- JDK：Android 源码中包含大量的 Java 源码，编译 Java 源码要使用 JDK 里的编译工具，对于 Gingerbread 2.3.x 及其以上版本要使用 JDK6 编译，对于 2.3.x 以下版本要安装 JDK5。
- Git 1.7：Git 是 Linus Torvalds（也是 Linux 内核的编写者）开发的一个非常优秀的分布式项目版本控制系统，用于大型项目的维护，如 Linux 内核源码和 Android 源码都是使用 Git 来管理的，我们用安装的 Git 来下载 Android 源码。

```
[root@iotlab /]# yum list python
Loaded plugins: product-id, refresh-packagekit, security, subscription-manager
This system is not registered to Red Hat Subscription Management. You can use
    subscription-manager to register.
Installed Packages
python.x86_64 2.6.6-51.el6                                      @local
// 显示 Python 相关软件是否已经安装
[root@iotlab ~]# java -version
java version "1.7.0_45"
```

```
OpenJDK Runtime Environment (rhel-2.4.3.3.el6-x86_64 u45-b15)
OpenJDK 64-Bit Server VM (build 24.45-b08, mixed mode)
// 查看Java版本
[root@iotlab ~]#yum install git-core gnupg flex bison gperfbuild-essential zip curl
    libc6-dev libncurses5-dev:i686x11proto-core-devlibx11-dev:i686 libreadline6-
    dev:i686libgl1-mesa-glx:i686   libgl1-mesa-dev g++-multilibmingw64 tofrodos
    python-markdown libxml2-utilsxsltproczlib1g-dev:i686
// 安装相关依赖的软件包
```

可供选择的内核源码有很多版本:
- goldfish 这个project（项目）包含了适合于模拟器平台的源码。
- msm 这个project 包含了适合于ADP1、ADP2、Nexus One、Nexus 4 的源码，并且可以作为高通MSM芯片组开发定制内核工作的起始点。
- omap 这个project 包含了适合于PandaBoard、Galaxy Nexus 的源码，并且可以作为德州仪器OMAP芯片组内核开发定制工作的起始点。
- samsung 这个project 包含了适合于Nexus S 的源码，并且可以作为三星蜂鸟芯片组内核开发定制工作的起始点。
- tegra 这个project 包含了适合于Xoom 和Nexus 7 的源码，并且可以作为英伟达图睿芯片组内核开发定制工作的起始点。
- exynos 这个project 包含了适合与Nexus 10 的源码，并且可以作为三星猎户座芯片组内核开发定制工作的起始点。

本教材我们采用的是三星的S5PV210核的CPU，但为了能够在平台上能有模拟器，我们采用goldfish 为例。

```
[root@iotlab /]# mkdir androidkernel
[root@iotlab /]# cd androidkernel/
[root@iotlab androidkernel]# git clone https://android.googlesource.com/kernel/
    goldfish.git
```

下载源代码:

```
[root@iotlab androidkernel]#git branch -a
```

```
[root@iotlab androidkernel]#git checkout -b android-goldfish-2.6.29 origin/android-
    goldfish-2.6.29
```

接下来，下载必要的prebuilt 工具:

```
[root@iotlab androidkernel]#git clone https://android.googlesource.com/platform/prebuilt
```

将prebuilt 工具添加到环境变量中以备后续使用:

```
[root@iotlab androidkernel]#vi /etc/profile
#export PATH=$(pwd)/prebuilt/linux-x86/toolchain/arm-eabi-4.4.3/bin:$PATH
```

接下来需要配置其他必要的环境变量:

```
[root@iotlab/]#export ARCH=arm
[root@iotlab/]#export SUBARCH=arm
[root@iotlab/]#export CROSS_COMPILE=arm-eabi-
```

得到所需要的配置文件，这一步与其他版本的 Linux 目的是一致的，主要是得到 .config 文件。

```
[root@iotlab androidkernel]#make goldfish_defconfig
[root@iotlab androidkernel]#make
```

编译过程及结果显示如图 5-16 所示。

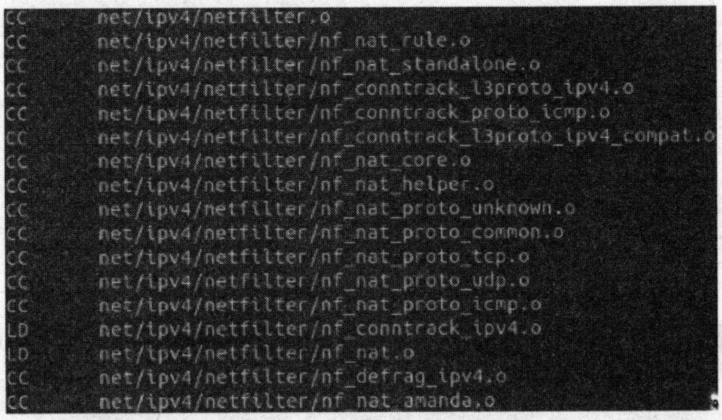

图 5-16　编译过程

映像的输出为：arch/arm/boot/zImage，这样就通过默认的配置完成了 Android 内核的编译。当然这个内核还有可能无法在开发平台上运行，因此我们必须依据开发板上相关的硬件参数来定制相关的 Android 内核的一系列参数。所需要的操作为：

```
[root@iotlab androidkernel]#make menuconfig
```

如图 5-17 所示，在内核配置主界面中，我们要参照开发平台上的硬件情况进行选择与配置。

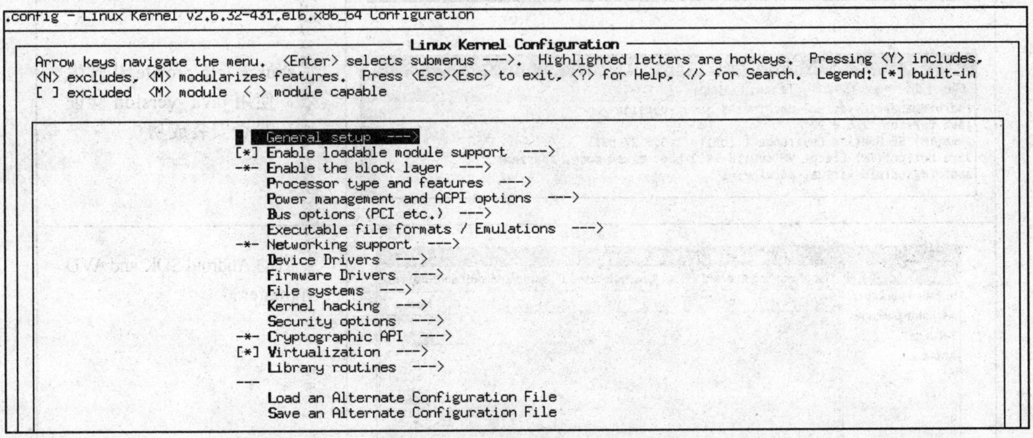

图 5-17　内核配置主界面

3. 基于 Android 平台 MyEclipse 的配置

目前都是用 MyEclipse 来开发 Android 软件，在 Linux 环境中的 SDK 开发与 Windows 基本相同，区别在于 MyEclipse 安装前的环节。

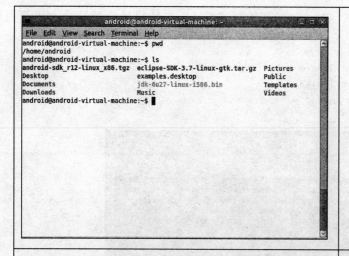	在 Linux 下创建一个 android 用户，用来管理 android 的开发环境，把准备的软件拷贝到 /home/android 目录下
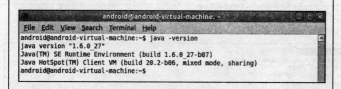	vi /etc/profile 中加入 JAVA_HOME
	source /etc/profile 让其生效，使用 java -version 验证 JDK 是否安装成功
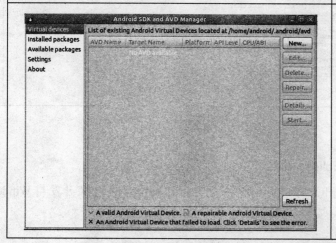	启动 Android SDK and AVD Manager

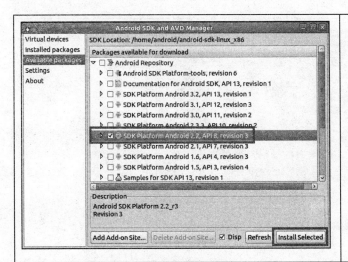	在左边选择 Available packages，后选中 SDK Platform Android 2.2 API 软件包进行部署
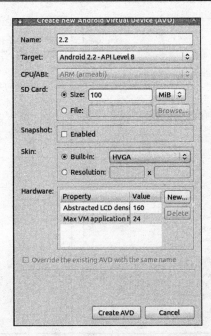	创建 AVD 界面
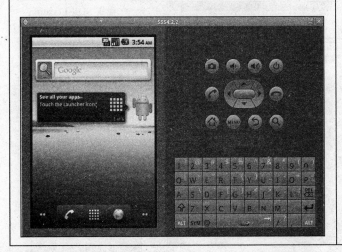	运行时界面

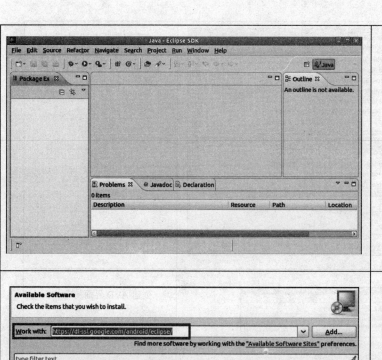	运行 Eclipse 后界面
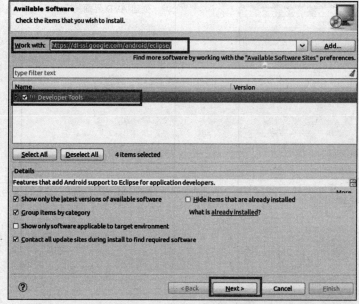	在上图中继续安装 ADT 插件，选择 Help→Install New Software，在 "Work with：" 输入 "https://dl-ssl.google.com/android/eclipse/"
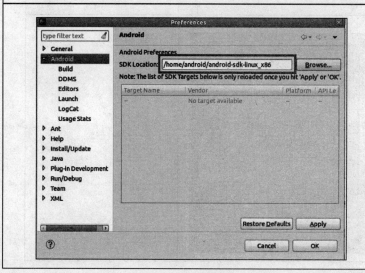	设置 SDK Location

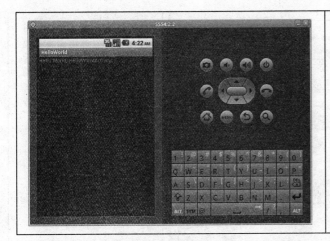

编写 HelloWorld 程序，选择 Run as→Android Application。至此 Android 平台已经完成

4. 基于 Android 网关开发案例

通过以上步骤，我们已经把嵌入式 Android 环境开发平台搭建好了，现在可以将嵌入式 Android 作为网关来开发嵌入式相关硬件的驱动，实现在 Android 中控制开发平台的相关硬件，因此，我们需要在嵌入式 Linux、嵌入式 Android 中构建一个网关的概念，通过网关为我们牵线搭桥把底层一些复杂的相关 API 调用操作封装在以网关为平台的中间层中。

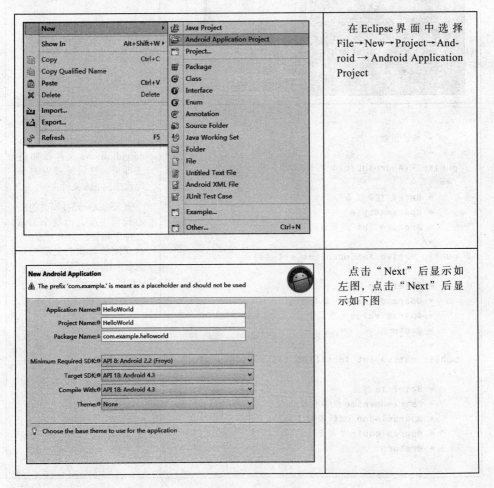

在 Eclipse 界面中选择 File→New→Project→Android→Android Application Project

点击"Next"后显示如左图，点击"Next"后显示如下图

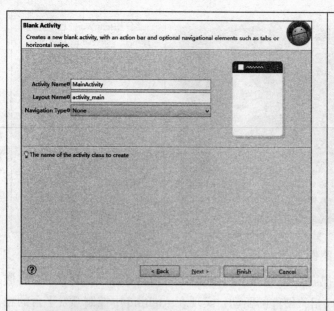	这里可以选择默认，也可以自定义界面名称，如Hello world。至此一个基本的Android应用软件的工程就建立完成了
	创建的工程结构如左图
| ```java
/**
 * 构造函数
 */
public FTAndroidLib()
/**
 * Brief 打开设备
 * @parammstyle
 * @return int 返回设备号
 */
public native int open(int mstyle);
/**
 * Brief  io有关
 * @paramdevname 设备名称
 * @param value  参数1
 * @return
 */
public native int ioctl(int devname,int value);
/**
 * Brief io有关
 * @paramdevname 设备名称
 * @paramledon_off 参数1
 * @paramleddir 参数2
 * @return
 */
``` | 在项目中src目录下新建org.fantai.model包，将FTAndroidLib.java文件添加进去即可，然后将对应的so库添加到libs文件夹下。<br><br>嵌入式Android网关的核心代码主要是由这个Java文件中相关的类来完成的，这样能够为我们上层的开发带来很多方便 |
```

```
public native int ioctl(int devname, int ledon_off,int leddir);
/**
 * Brief 关闭设备
 * @paramdevname
 */
public native void close(int devname);
/**
 * Brief io 读取
 * @paramdevname 设备名称
 * @param buffer  缓存数据
 * @param size  数据大小
 * @return
 */
public native int read(int devname,byte[] buffer,int size);
/**
 * Brief io 发送
 * @paramdevname 设备名称
 * @param buffer  缓存数据
 * @param size 发送数据大小
 */
public native void write(int devname,byte[] buffer,int size);
```

这样，我们就能够尽最大能力来实现硬件层相关的驱动，而不是为公共代码重复大量相关的硬件操作。

5.4 基于 Android 网关的驱动开发

在基于嵌入式 Android 网关的基础上，我们可以用最小的代价来开发相关硬件基础实验，这是作者要首先写个网关的主要目的。

5.4.1 LED 灯控制的 Android 驱动开发

- 实验原理

硬件结构如图 5-18 所示，LED 的地址为 01H，采用一个数据功能 74HC595 来控制，对于 74HC595 从低到高的八位数据线分别代表 LED1、LED2、LED3、LED4、LED5、PWM->蜂鸣器、蜂鸣器、NC。

说明：LED 高电平熄灭，低电平点亮。

- 实验代码

```
privatevoid write2Led(int i) {
    byte[] data = { 0x00, 0x00 };
    data[0] = 0x01;
    data[1] = (byte) ((0x1F << i) | (byte) (Math.pow(2, i - 1) - 1));
    ft.write(IO_HC595, data, 2);
}

public RadioGroup.OnCheckedChangeListener OC_LED = new RadioGroup.
    OnCheckedChangeListener() {

        @Override
        publicvoidonCheckedChanged(RadioGroup group, int checkedId) {
```

```java
// TODO Auto-generated method stub
switch (checkedId) {
case R.id.rb_led_1:
    write2Led(1);
    break;
case R.id.rb_led_2:
    write2Led(2);
    break;
case R.id.rb_led_3:
    write2Led(3);
    break;
case R.id.rb_led_4:
    write2Led(4);
    break;
case R.id.rb_led_5:
    write2Led(5);
    break;
case R.id.rb_led_twinkle:
    new Thread(new Runnable() {
        @Override
        publicvoid run() {
            // TODO Auto-generated method stub
            for (int i = 0; i < 6; i++) {
                try {
                    Thread.sleep(200);
                } catch (InterruptedException e) {
                    // TODO Auto-generated catch block
                    e.printStackTrace();
                }
                write2Led(i);
            }
            for (int j = 0; j < 2; j++) {
                ft.write(IO_HC595, newbyte[] { 0x01, 0x00 }, 2);
                try {
                    Thread.sleep(200);
                } catch (InterruptedException e) {
                    // TODO Auto-generated catch block
                    e.printStackTrace();
                }
                ft.write(IO_HC595, newbyte[] { 0x01, 0x1f }, 2);
                try {
                    Thread.sleep(200);
                } catch (InterruptedException e) {
                    // TODO Auto-generated catch block
                    e.printStackTrace();
                }
            }
        }
    }).start();
    break;
case R.id.rb_led_on:
    ft.write(IO_HC595, newbyte[] { 0x01, 0x00 }, 2);
    break;
case R.id.rb_led_off:
    ft.write(IO_HC595, newbyte[] { 0x01, 0x01f }, 2);
```

```
                    break;
                }
            }
        }
    };
```

- 实验结果

打开应用程序 Basic，进入主菜单界面，点击 IO 设置按钮，将所有选项全都勾上即可，返回退出到主菜单界面，点击 LED 灯按钮，进入控制界面如图 5-18 所示，点击各按钮，可对不同的 LED 进行控制。

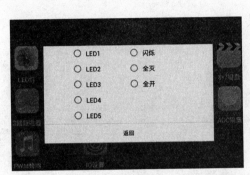 

图 5-18 基于嵌入式网关的 LED 驱动硬件与程序

5.4.2 步进电机实验

- 实验原理

地址：02H，采用一个数据功能 74HC595 来控制，对于 74HC595 从低到高的八位数据线分别代表 A、B、C、D、NC、NC、NC、NC。

- 实验典型代码

```java
private void Write2Motor(boolean isForward) {
    byte[] data = { (byte) 0x02, (byte) 0x00 };
    if (isForward) {
        for (int ny = 0; ny < 4; ny++) {
            switch (ny) {
            case 0:
                data[1] = (byte) 0x03;
                break;
            case 1:
                data[1] = (byte) 0x06;
                break;
            case 2:
                data[1] = (byte) 0x0c;
                break;
            case 3:
                data[1] = (byte) 0x09;
                break;
            default:
                break;
            }
```

```java
                    ft.write(IO_HC595, data, 2);
                    System.out.println("write fan +");
                    try {
                        Thread.sleep(2);
                    } catch (InterruptedException e) {
                        // TODO Auto-generated catch block
                        e.printStackTrace();
                    }
                }
        else
            for (int ny = 3; ny >= 0; ny--) {
                System.out.println("write fan -");
                switch (ny) {
                case 0:
                    data[1] = (byte) 0x03;
                    break;
                case 1:
                    data[1] = (byte) 0x06;
                    break;
                case 2:
                    data[1] = (byte) 0x0c;
                    break;
                case 3:
                    data[1] = (byte) 0x09;
                    break;
                default:
                    break;
                }
                ft.write(IO_HC595, data, 2);
                try {
                    Thread.sleep(2);
                } catch (InterruptedException e) {
                    // TODO Auto-generated catch block
                    e.printStackTrace();
                }
            }
    }
}

private void Dialog_Motor() {
    angle = 0;
    LinearLayout ll = (LinearLayout) getLayoutInflater().inflate(
        R.layout.diag_motor, null);
    AlertDialog.Builder a = new AlertDialog.Builder(MainActivity.this);
    a.setView(ll);
    RadioGroup rgDir = (RadioGroup) ll.findViewById(R.id.rg_motor_dir);
    rgDir.setOnCheckedChangeListener(new RadioGroup.OnCheckedChangeListener() {
        @Override
        public void onCheckedChanged(RadioGroup group, int checkedId) {
            // TODO Auto-generated method stub
            switch (checkedId) {
            case R.id.rb_motor_forward:
                isForward = true;
                break;
            case R.id.rb_motor_back:
                isForward = false;
                break;
```

```java
            }
        }
    });
    RadioGroup rgAngle = (RadioGroup) ll.findViewById(R.id.rg_motor_angle);
    rgAngle.setOnCheckedChangeListener(new RadioGroup.OnCheckedChangeListener() {

        @Override
        public void onCheckedChanged(RadioGroup group, int checkedId) {
            // TODO Auto-generated method stub
            switch (checkedId) {
            case R.id.rb_motor_90:
                angle = 128;
                break;
            case R.id.rb_motor_180:
                angle = 256;
                break;
            case R.id.rb_motor_270:
                angle = 384;
                break;
            case R.id.rb_motor_360:
                angle = 512;
                break;
            }
        }
    });

    Button btnStart = (Button) ll.findViewById(R.id.btn_motor_start);
    btnStart.setOnClickListener(new OnClickListener() {
        @Override
        public void onClick(View v) {
            // TODO Auto-generated method stub
            new Thread(new Runnable() {

                @Override
                public void run() {
                    // TODO Auto-generated method stub
                    for (int i = 0; i < angle; i++) {
                        Write2Motor(isForward);
                        System.out.println("Thread fan:" + i);
                    }
                }
            }).start();
        }
    });
    a.setNegativeButton("返回", new DialogInterface.OnClickListener() {

        @Override
        public void onClick(DialogInterface dialog, int which) {
            // TODO Auto-generated method stub
            dialog.dismiss();
        }
    });
    a.create().show();
}
```

- **实验结果**

打开应用程序 Basic，进入主菜单界面，点击 IO 设置按钮，将所有选项全都勾上即可，返回退出到主菜单界面，点击步进电机按钮，选中对应的旋转方向及角度，点击开始即可对步进电机进行控制。进入控制界面如图 5-19 所示。

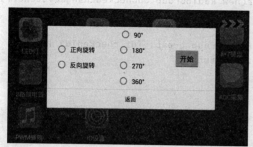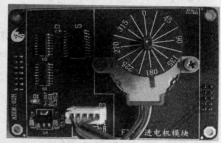

图 5-19 基于嵌入式网关的步骤电机硬件结构与程序

5.4.3 三路继电器实验

- 实验原理

地址：10H，采用一个数据功能 74HC595 来控制，对于 74HC595 从低到高的八位数据线分别代表 KP1、KP2、KP3、NC、NC、NC、NC、NC。

- 实验典型代码

```
* Brief 发送继电器控制
*
* @param i
* 第 i 个继电器
* @paramisOpen
* 是否打开
*/
private void Write2Switch(int i, boolean isOpen) {
    switch (i) {
    case 1:
        if (isOpen)
            dataSwitch[1] = (byte) (dataSwitch[1] | 0xf1);
        else
            dataSwitch[1] = (byte) (dataSwitch[1] & 0xf6);
        break;
    case 2:
        if (isOpen) {
            dataSwitch[1] = (byte) (dataSwitch[1] | 0xf2);
        } else {
            dataSwitch[1] = (byte) (dataSwitch[1] & 0xf5);
        }
        break;
    case 3:
        if (isOpen) {
            dataSwitch[1] = (byte) (dataSwitch[1] | 0xf4);
        } else {
            dataSwitch[1] = (byte) (dataSwitch[1] & 0xf3);
        }
        break;
    }
```

```java
        System.out.println(String.valueOf(dataSwitch[1] & 0xFF));
        ft.write(IO_HC595, dataSwitch, 2);
    }

    private CompoundButton.OnCheckedChangeListener OL_SWITCH = new CompoundButton.
        OnCheckedChangeListener() {

        @Override
        public void onCheckedChanged(CompoundButtonbuttonView,
                boolean isChecked) {
            // TODO Auto-generated method stub
            switch (buttonView.getId()) {
            case R.id.st_switch_one:
                Write2Switch(1, isChecked);
                break;
            case R.id.st_switch_two:
                Write2Switch(2, isChecked);
                break;
            case R.id.st_swtich_three:
                Write2Switch(3, isChecked);
                break;
            }
        }
    };
```

- 实验结果

打开应用程序 Basic，进入主菜单界面，点击 IO 设置按钮，将所有选项全都勾上即可，返回退出到主菜单界面，点击 3 路继电器按钮，点击对应的控制按钮即可控制对应的继电器。进入控制界面如图 5-20 所示。

图 5-20　基于嵌入式网关的继电器硬件结构与程序

通过以上几个相关的实验，我们可以看出在嵌入式 Android 网关的上面，可以很容易地开发出相关硬件的驱动，包括直流电扇、键盘、点阵、ADC 采集、PWM 蜂鸣等实验，只要理解了硬件原理与嵌入式 Android 网关的特点，驱动开发只是一个层面上的技术。

第 6 章　嵌入式文件系统

6.1　概述

　　文件系统是操作系统用于明确存储设备（常见的是磁盘，也有基于 NAND Flash 的固态硬盘）或分区上的文件的方法和数据结构，即在存储设备上组织文件的方法。操作系统中负责管理和存储文件信息的软件机构称为文件管理系统，简称文件系统。文件系统由三部分组成：文件系统的接口，对对象操纵和管理的软件集合，对象及属性。从系统角度来看，文件系统是对文件存储设备的空间进行组织和分配，负责文件存储并对存入的文件进行保护和检索的系统。具体来说，它负责为用户建立文件，存入、读出、修改、转储文件，控制文件的存取，当用户不再使用时撤销文件等。

　　在计算机系统中，文件系统（file system）是命名文件及放置文件的逻辑存储和恢复的系统。DOS、Windows、OS/2 和 Linux 操作系统都有文件系统，在此系统中文件被放置在分等级的（树状）结构中的某一处。文件被放置进目录（Windows 中的文件夹）或子目录，即放置在树状结构中我们希望的位置中。

　　文件系统指定命名文件的规则。这些规则包括文件名的字符数最大量，哪种字符可以使用，以及某些系统中文件名后缀可以有多长。文件系统还包括通过目录结构找到文件的指定路径的格式。图 6-1 是文件系统分区的路径目录。

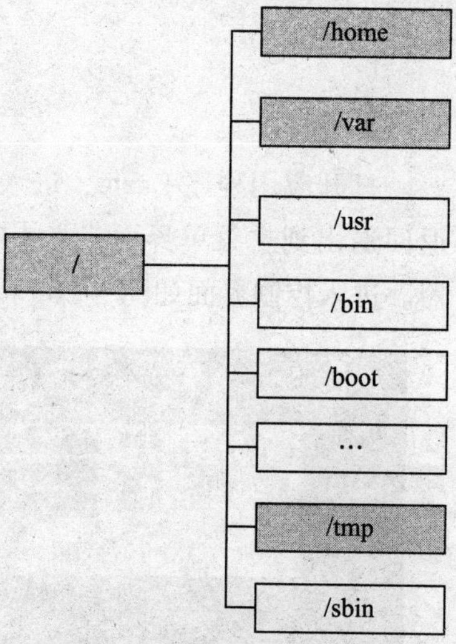

图 6-1　文件系统分区的路径目录

6.1.1　文件存储结构

　　文件系统是操作系统用于明确磁盘或分区上的文件方法和数据结构，即在磁盘上组织文件的方法，也指用于存储文件的磁盘或分区，或文件系统种类。一个分区或磁盘在作为文件系统使用前需要初始化，并将记录数据结构写到磁盘上，这个过程称为建立文件系统。

　　大部分 UNIX 文件系统种类具有类似的通用结构（见图 6-2），仅细节有些变化，其结构如下：

- 数据块：存放文件内容。
- 超级块：它存储有文件系统的相关信息，包括文件系统的类型、inode 的数目、数据块的数目。
- i 节点（inode）：存放文件属性；记录文件的大小、所有者和最近修改时间。

- 目录块。
- 间接块。

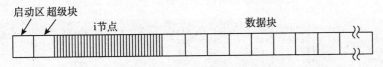

图 6-2　Linux 文件系统结构

分区的第一个部分是启动区，它主要是为计算机开机服务的。Linux 开机启动后，首先载入 MBR，随后 MBR 从某个硬盘的启动区加载程序，该程序负责进一步的操作系统的加载和启动。为了方便管理，即使某个分区中没有安装操作系统，Linux 也会在该分区预留启动区。启动区之后是超级块，随后是多个 inode，它们是实现文件存储的关键。在 Linux 系统中，一个文件可以分成几个数据块存储，就好像是分散在各地的信息一样。为了顺利地收集信息，我们需要一个"雷达"的指引，即该文件对应的 inode。每个文件对应一个 inode。这个 inode 中包含多个指针，指向属于该文件的各个数据块。当操作系统需要读取文件时，只需要对应 inode 的"地图"，收集分散的数据块，就可以读取文件了。

6.1.2　inode 示例

在 Linux 文件管理中，我们知道一个文件除了自身的数据之外，还有一个附属信息，即文件的元数据（metadata）。这个元数据用于记录文件的许多信息，比如文件大小、拥有者、所属的组、修改日期等。元数据并不包含在文件的数据中，而是由操作系统维护。事实上，这个所谓的元数据就包含在 inode 中。

```
[root@iotlab home]# ls -l test.c
-rw-r--r-- 1 root root 71 Feb 11 18:09 test.c
```

inode 是"文件"从抽象到具体的关键。正如上一节中提到的，inode 存储一些指针，这些指针指向存储设备中的一些数据块，文件的内容就存储在这些数据块中。当 Linux 想要打开一个文件时，只需要找到文件对应的 inode，然后沿着指针，将所有的数据块收集起来，就可以在内存中组成一个文件的数据了。如图 6-3 所示为 inode 结构。

在 Linux 文件系统（见图 6-4）中，我们通过解析路径，根据沿途的目录文件来找到某个文件。目录中的条目除了所包含的文件名，还有对应的 inode 编号。当我们输入 $cat/var/test.txt 时，Linux 将在根目录文件中找到 var 这个目录文件的 inode 编号，然后根据 inode 合成 var 的数据。随后，根据 var 中的记录找到 test.txt 的 inode 编号，沿着 inode 中的指针收集数据块，合成 test.txt 的数据。整个过程中我们参考了三个 inode：根目录文件，var 目录文件，test.txt 文件的 inode 编号。如图 6-5

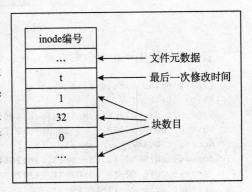

图 6-3　inode 结构

所示。

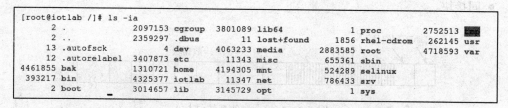

图 6-4　Linux 文件系统结构

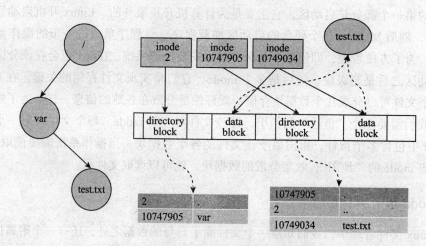

图 6-5　Linux 查找 inode 路径编号的过程

其中文件的 inode 结构如图 6-6 所示。

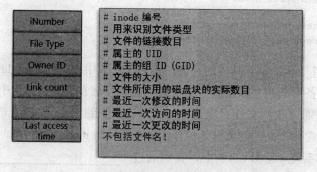

图 6-6　文件的 inode 结构

我们可以使用 stat 命令来查看 test.c 文件的详细信息。

```
[root@iotlab home]# stat test.c
File: `test.c'
Size: 71        Blocks: 8          IO Block: 4096   regular file
Device: 803h/2051d      Inode: 1316919     Links: 1
Access: (0644/-rw-r--r--)  Uid: (    0/    root)   Gid: (    0/    root)
Access: 2016-02-11 18:10:03.034125549 +0800
Modify: 2016-02-11 18:09:31.262127824 +0800
Change: 2016-02-11 18:09:31.264127685 +0800
```

会出现3个类型的时间，分别是 Access、Modify、Change。下面我们就对这3个时间进行详细解释。

- access time：表示我们最后一次访问（仅仅是访问，没有改动）文件的时间。
- modify time：表示我们最后一次修改文件的时间。
- change time：表示我们最后一次对文件属性改变的时间，包括权限、大小、属性等。

6.1.3 Linux 文件类型

Linux 支持多种文件系统，包括 EXT2、EXT3、VFAT、NTFS、ISO9660、JFFS、Romfs 和 NFS 等，为了对各类文件系统进行统一管理，Linux 引入了虚拟文件系统（Virtual File System, VFS），为各类文件系统提供一个统一的操作界面和应用编程接口。图 6-7 为虚拟文件系统功能图。

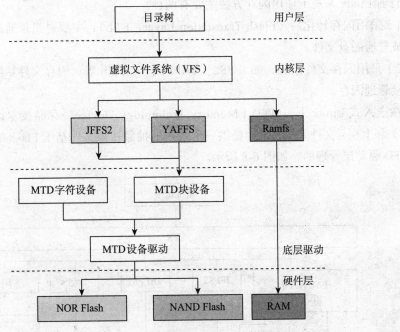

图 6-7　虚拟文件系统（VFS）功能

Linux 启动时，第一个必须挂载的是根文件系统，若系统不能从指定设备上挂载根文件系统，则系统会出错而退出启动。之后可以自动或手动挂载其他文件系统。因此一个系统中可以同时存在不同的文件系统。

6.2　嵌入式根文件系统

嵌入式文件系统指的是嵌入式系统所应用的文件系统。嵌入式文件系统与我们通常所用的文件系统有较大的区别：我们平时所用的文件系统大致都是相同的，但嵌入式文件系统要为嵌入式系统的设计目的服务，不同用途的嵌入式操作系统下的文件系统在许多方面各不相同。

在嵌入式 Linux 应用中，主要的存储设备为 RAM（DRAM，SDRAM）和 ROM（常采用 Flash 存储器），不同的文件系统类型有不同的特点，因而根据存储设备的硬件特性、系统需求等有不同的应用场合。常用的基于存储设备的文件系统类型包括 JFFS2、YAFFS、Cramfs、Romfs、Ramdisk、Ramfs/Tmpfs 等。

6.2.1 基于 Flash 的文件系统

Flash（闪存）作为嵌入式系统的主要存储媒介有其自身的特性。Flash 的写入操作只能把对应位置的 1 修改为 0，而不能把 0 修改为 1（擦除 Flash 就是把对应存储块的内容恢复为 1），因此一般情况下，向 Flash 写入内容时，需要先擦除对应的存储区间，这种擦除是以块（block）为单位进行的。闪存主要有 NOR 和 NAND 两种技术。Flash 存储器的擦写次数是有限的，NAND 闪存还有特殊的硬件接口和读写时序。因此必须针对 Flash 的硬件特性设计符合应用要求的文件系统。

目前 Linux 系统上使用闪存方法主要有两种。

1）采用闪存转化层（Flash Translation Layer，FTL）：主要思想是通过该层将闪存硬件模拟成普通磁盘文件。

2）采用闪存文件系统，如 JFFS2、YAFFS2、UBIFS 等，闪存文件系统管理通过硬件驱动直接管理闪存。

在嵌入式 Linux 下，MTD（Memory Technology Device，存储技术设备）为底层硬件（闪存）和上层（文件系统）之间提供一个统一的抽象接口，即基于 Flash 的文件系统都是基于 MTD 驱动层管理的，如图 6-8 所示。

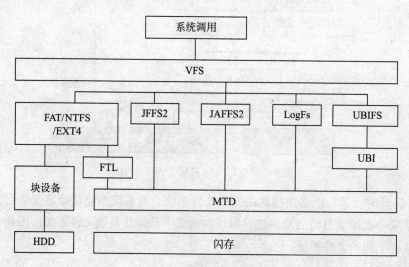

图 6-8 MTD 功能及作用

使用 MTD 驱动程序的主要优点在于，它是专门针对各种非易失性存储器（以闪存为主）而设计的，因而它对 Flash 有更好的支持、管理和基于扇区的擦除、读/写操作接口。一块 Flash 芯片可以划分为多个分区，各分区可以采用不同的文件系统；两块 Flash 芯片也可以合并为一个分区使用，采用一个文件系统。即文件系统是针对于存储器分区而言的，而非存储芯片。

1. JFFS（Journalling Flash File System）

JFFS 文件系统最早是由瑞典 Axis Communications 公司基于 Linux 2.0 的内核为嵌入式系统开发的文件系统。JFFS2 是 RedHat 公司基于 JFFS 开发的闪存文件系统，最初是针对 RedHat 公司的嵌入式产品 eCos 开发的嵌入式文件系统，所以 JFFS2 也可以用在 Linux、μCLinux 中。

JFFS2 即日志闪存文件系统版本 2（Journalling Flash File System v2），主要用于 NOR 型闪存，基于 MTD 驱动层，优点是可读写的，支持数据压缩的，基于散列表的日志型文件系统，提供了崩溃/掉电安全保护，提供"写平衡"支持等。缺点主要是当文件系统已满或接近满时，因为垃圾收集的关系而使 JFFS2 的运行速度大大放慢。目前 JFFS3 正在开发中。JFFSX 不适合用于 NAND 闪存主要是因为 NAND 闪存的容量一般较大，这样导致 JFFSX 为维护日志节点所占用的内存空间迅速增大，另外 JFFSX 文件系统在挂载时需要扫描整个 Flash 的内容，以找出所有的日志节点，建立文件结构，这种拦截方式对于大容量的 NAND 闪存会耗费大量时间。

2. YAFFS（Yet Another Flash File System）

YAFFS/YAFFS2 是专为嵌入式系统使用 NAND 型闪存而设计的一种日志型文件系统。与 JFFS2 相比，它减少了一些功能（例如不支持数据压缩），所以速度更快，挂载时间很短，对内存的占用较小。另外，它还是跨平台的文件系统，除了支持 Linux 和 eCos，还支持 WinCE、pSOS 和 ThreadX 等。YAFFS/YAFFS2 自带 NAND 芯片的驱动，并且为嵌入式系统提供了直接访问文件系统的 API，用户可以不使用 Linux 中的 MTD 与 VFS，直接对文件系统操作。当然，YAFFS 也可与 MTD 驱动程序配合使用。YAFFS 与 YAFFS2 的主要区别在于，前者仅支持小页（512B）NAND 闪存，后者则可支持大页（2KB）NAND 闪存。同时，YAFFS2 在内存空间占用、垃圾回收速度、读/写速度等方面均有大幅提升。

3. Cramfs（Compressed ROM File System）

Cramfs 是 Linux 的创始人 Linus Torvalds 参与开发的一种只读的压缩文件系统。它也基于 MTD 驱动程序。在 Cramfs 文件系统中，每一页（4KB）被单独压缩，可以随机页访问，其压缩比高达 2∶1，为嵌入式系统节省大量的 Flash 存储空间，使系统可通过更低容量的 Flash 存储相同的文件，从而降低系统成本。Cramfs 文件系统以压缩方式存储，在运行时解压缩，所以不支持应用程序以 XIP（eXecute In Place，即片内执行）方式运行，所有的应用程序要求被拷贝到 RAM 里运行，但这并不代表比 Ramfs 需求的 RAM 空间要大一点，因为 Cramfs 是采用分页压缩的方式存放档案，在读取档案时，不会一下子就耗用过多的内存空间，只针对目前实际读取的部分分配内存，尚没有读取的部分不分配内存空间，当我们读取的档案不在内存时，Cramfs 文件系统自动计算压缩后的资料所存的位置，再即时解压缩到 RAM 中。

另外，Cramfs 的速度快、效率高，其只读的特点有利于保护文件系统免受破坏，提高了系统的可靠性。

由于以上特性，Cramfs 在嵌入式系统中应用广泛。但是它的只读属性同时又是它的一大缺陷，使得用户无法对其内容进行扩充。Cramfs 映像通常放在 Flash 中，但是也能放在别的文件系统里，使用 loopback 设备可以把它安装到别的文件系统里。

4. Romfs

传统型的 Romfs 文件系统是一种简单的、紧凑的、只读的文件系统，不支持动态擦写保存，按顺序存放数据，因而支持应用程序以 XIP 方式运行，在系统运行时节省 RAM 空间。μClinux 系统通常采用 Romfs 文件系统。其他文件系统 FAT/FAT32 也可用于实际嵌入式系统的扩展存储器（例如 PDA、Smartphone、数码相机等的 SD 卡），这主要是为了更好地与最流行的 Windows 桌面操作系统相兼容。EXT2 也可以作为嵌入式 Linux 的文件系统，不过将它用于 Flash 闪存会有诸多弊端。

6.2.2 基于 RAM 的文件系统

1. Ramdisk

Ramdisk 是将一部分固定大小的内存当作分区来使用。它并非一个实际的文件系统，而是一种将实际的文件系统装入内存的机制，并且可以作为根文件系统。将一些经常被访问而又不会更改的文件（如只读的根文件系统）通过 Ramdisk 放在内存中，可以明显地提高系统的性能。

在 Linux 的启动阶段，initrd 提供了一套机制，可以将内核映像和根文件系统一起载入内存。

2. Ramfs/Tmpfs

Ramfs 是 Linus Torvalds 开发的一种基于内存的文件系统，其工作于虚拟文件系统（VFS）层，不能格式化，可以创建多个，在创建时可以指定其最大能使用的内存大小（实际上，VFS 本质上可看成一种内存文件系统，它统一了文件在内核中的表示方式，并对磁盘文件系统进行缓冲）。

Ramfs/Tmpfs 文件系统把所有的文件都放在 RAM 中，所以读/写操作发生在 RAM 中。可以用 Ramfs/Tmpfs 来存储一些临时性或经常要修改的数据，如 /tmp 和 /var 目录，这样既避免了对 Flash 存储器的读写损耗，又提高了数据读写速度。Ramfs/Tmpfs 相对于传统的 Ramdisk 的不同之处主要在于不能格式化，文件系统大小可随所含文件内容大小变化。Tmpfs 的一个缺点是当系统重新引导时会丢失所有数据。

3. 网络文件系统（Network File System, NFS）

NFS 是由 Sun 公司开发并发展起来的一项在不同机器、不同操作系统之间通过网络共享文件的技术。在嵌入式 Linux 系统的开发调试阶段，可以利用该技术在主机上建立基于 NFS 的根文件系统，挂载到嵌入式设备，可以很方便地修改根文件系统的内容。

以上讨论的都是基于存储设备的文件系统（memory-based file system），它们都可用作 Linux 的根文件系统。实际上，Linux 还支持逻辑的或伪文件系统（logical or pseudo file system），例如用于获取系统信息的 procfs（proc 文件系统），以及用于维护设备文件的 devfs

（设备文件系统）和 sysfs 在嵌入式领域，Flash 是一种常用的存储介质，由于其特殊的硬件结构，所以普通的文件系统如 EXT2、EXT3 等都不适合在其上使用，于是就出现了专门针对 Flash 的文件系统，那么对于这几个文件系统，我们在开发时要根据实际情况来选择符合硬件特点的文件系统。

6.3 嵌入式文件系统实践

6.3.1 BusyBox 简化嵌入式 Linux 文件系统

BusyBox 最初是由 Bruce Perens 在 1996 年为 Debian GNU/Linux 安装盘编写的。其目标是在一张软盘上创建一个可引导的 GNU/Linux 系统，这可以用作安装盘和急救盘。一张软盘可以保存大约 1.4~1.7MB 的内容，因此这里没有多少空间留给 Linux 内核以及相关的用户应用程序使用。

BusyBox 包含了许多的 UNIX 常用工具，相当于一个工具集合，它揭露了这样一个事实：很多标准 Linux 工具都可以共享很多共同的元素。例如，很多基于文件的工具（比如 grep 和 find）都需要在目录中搜索文件的代码，当这些工具被合并到一个可执行程序中时，它们就可以共享这些相同的元素，这样可以产生更小的可执行程序。实际上，BusyBox 可以将大约 3.5MB 的工具包装成大约 200KB 大小。这就为可引导的磁盘和使用 Linux 的嵌入式设备提供了更多功能。

6.3.2 BusyBox 源码分析

BusyBox 源码算是一个比较庞大的工程，但是该工程从整体上看可分为几个部分来讲述。

1. BusyBox 架构

BusyBox 架构部分为 BusyBox 的运行提供了基本支持，其主要代码在 Applet 下面。Busybox.c 中包含了 BusyBox 的入口 main 函数，在对调用参数处理之时调用 applet.c 中的 run_applet_by_name 函数，该函数将根据 Applet 的名字找到相应的 Applet，再执行 BB_applet->main 指向的函数，然后直接退出。这里 BB_applet->main 所执行的函数就是通过 shell 脚本要执行的命令。在 run_applet_by_name 中，所调用的 find_applet_by_name 用 bsearch 对 applets 进行搜索，并返回 applet。applets 的定义在 include/applets.h 中，是一个常量数组。

2. BusyBox 实用库

BusyBox 的可复用函数都被定义在 libbb 下面的文件中，其他 Applet 通过对这些实用函数的调用实现自己的目标。

3. BusyBox 的 Applet 扩展

BusyBox 本身没有多大的实用价值，更为重要的是 BusyBox 的 Applet 为我们提供了实用功能。BusyBox 的 Applet 按功能被分散在源码的各个目录下面。BusyBox 本身也是一个

Applet，它的定义就在 busybox.c 中，其入口点是 busybox_main。举例说明：对于 cp 命令的实现，cp 被放在 coreutils 下面的 cp.c 中，可以看到该文件中只有一个函数，即 cp_main()，该函数就是 cp 命令的入口地址，而 copy 的最关键性的步骤 DO_COPY 的实现则是通过调用 copy_file() 来实现的。copy_file 这个函数被多个命令使用，比如 mv.cp 等，它被放在 libbb 的 copyfile.c 中。

4. BusyBox 源码中的脚本分析

- applets/busybox.mkll：该脚本通过分析 include/config.h 和 inlcude/applets.h 两个文件来得到被配置的文件的链接。
- applets/install.sh：该脚本根据 busybox.mkll 生成的 busybox.link 建立链接文件。
- 源码目录下的 Makefile：提供了 make menuconfig 对源码进行的配置，生成 .config 文件，编译形成 BusyBox 脚本。

5. 扩展 BusyBox 的功能

请参考 docs/new_applet-HOWTO.txt 文档。

1）在适当的目录编写 Applet 代码。
2）在所在目录的 Makefile.in 文件中增加相应的 Applet 配置。
3）在所在目录的 config.in 文件中增加 Applet 的图形配置。
4）在 include/usage.h 中增加相应的 usage 说明。
5）在 include/applet.h 中增加相应的 Applet，注意必须保证其正确的按字母排序。
6）BusyBox 本身为了简化起见，在很多时候不提供配置，比如你想要改 telnetd 端口，那么我们要做的通常是去修改源代码，然后重新编译成 BusyBox。

6.3.3 基于 S5PV210 内核文件系统移植

嵌入式 Linux 内核启动完成以后，需要执行 init 命令，这是 User Space 里面的第一个进程。init 可以由 sysvinit 提供，也可以由 upstart 提供，当然也可以由 BusyBox 提供。BusyBox 包含了基本系统中所需要的大部分命令，只不过这些命令是重新实现的，尽量兼容于原有 Linux 软件，所以对于命令参数也可能不完全支持。如果将 BusyBox 编译成 static 的话，最小根文件系统只使用 BusyBox 就可以了。

1. 创建 library

进行嵌入式 Linux 开发过程中，第一步通常就是选择交叉编译工具链（toolchain）。toolchain 也许来自开发板提供商，但有时候我们需要自定义某些功能，比如选择某个特定版本的 library，或者让 GCC 的编译针对某一个特定平台进行优化，这时候厂商提供的 toolchain 也许就不能满足我们的需求，就需要自行做成 toolchain。

自定义 toolchain 的部件中有 3 个重要组成部分：library、GCC、GDB。

library 通常有 newlib、eglibc、glibc、uclibc 四种选择，各自对应不同的需求，前面 3 个通常用于有 MMU 的系统，最后一个用于没有 MMU 的系统。传统的 Linux 发行版通常采用 glibc，这是因为 GNU 的 library 大而全。eglibc 针对嵌入式进行优化，并且二进制兼容

glibc，目前的 Debian 和 Ubuntu 已经从 glibc 转移到 eglibc。

编译器的选择几乎就只有 GCC 了，只是选择哪一个版本的问题。linaro 项目针对 ARM 平台优化 kernel、编译工具和部分软件，因此可以采用 linaro 项目优化过的 GCC 从中获得性能的提升。

crosstool-ng 项目就是做这个事情的（http://crosstool-ng.org/）。需要注意的是，crosstool-ng 最好采用开发版本，这样才能支持 linaro 项目中的 GCC 或者 GDB。当然 crosstool-ng 的开发版本需要自行编译，不过只需要执行 configure、make、make install 就可以了。

```
[root@iotlab /]# echo $PATH
/usr/lib64/qt-3.3/bin:/usr/local/arm/4.4.1/bin:/usr/local/git/bin:/usr/local/sbin:/usr/local/bin:/sbin:/bin:/usr/sbin:/usr/bin:/root/bin
[root@iotlab /]# cd /usr/local/arm/4.4.1/
[root@iotlab 4.4.1]# ls  -l
drwxr-xr-x 6 root root 4096 Jan 14 01:50 arm-none-linux-gnueabi
drwxr-xr-x 2 root root 4096 Jan 14 01:50 bin
drwxr-xr-x 3 root root 4096 Jan 14 01:50 lib
drwxr-xr-x 4 root root 4096 Jan 14 01:50 libexec
drwxr-xr-x 3 root root 4096 Jan 14 01:50 share
```

2. 创建根文件系统目录结构

创建根文件系统必要的相关目录，后面均以 rootfs 目录为嵌入式系统根目录的起点。

```
#!/bin/sh
echo "-------Create rootfsdirectons start…--------"
mkdir/rootfs
cd/rootfs
echo "--------Create root, dev…----------"
mkdir root dev etc boot tmp var sys proc lib mnt home usr
mkdir etc/init.d etc/rc.d etc/sysconfig
mkdir usr/sbinusr/bin usr/lib usr/modules
echo "make node in dev/console dev/null"
sudo mknod -m 600 dev/console c 5 1
sudo mknod -m 600 dev/null    c 1 3
mkdir mnt/etc mnt/jffs2 mnt/yaffsmnt/data mnt/temp
mkdir var/lib var/lock var/run var/tmp
chmod 1777 tmp
chmod 1777 var/tmp
echo "-------make direction done---------"
```

在 /rootfs 中的 etc 目录下创建必要的系统配置文件：

```
group
host.conf
localtime
mdev.conf
passwd
profile
init.d/rcS
rc.d/init.d/netd
```

3. 编译 BusyBox

到 BusyBox 官方网站（http://www.busybox.net）下载最新版的 BusyBox 源码，如图 6-9

所示，本书用的是 1.24.1 版本，首先是配置 BusyBox，配置步骤如表 6-1 所示。

```
[root@iotlab busybox-1.17.2]# ls
applets         e2fsprogs   LICENSE          networking   TEST_config_nommu
arch            editors     loginutils       printutils   TEST_config_noprintf
archival        examples    mailutils        procps       TEST_config_rh9
AUTHORS         findutils   Makefile         README       testsuite
Config.in       include     Makefile.custom  runit        TODO
console-tools   init        Makefile.flags   scripts      TODO_unicode
coreutils       INSTALL     Makefile.help    selinux      util-linux
debianutils     libbb       miscutils        shell
docs            libpwdgrp   modutils         sysklogd
```

图 6-9 BusyBox 源码

表 6-1 配置 BusyBox 的步骤

<table>
<tr><td>[root@iotlab busybox-1.17.2]# ll .config
ls: cannot access .config: No such file or directory</td><td>1）在未编译前没有配置文件 .config</td></tr>
<tr><td>[root@iotlab busybox-1.17.2]# make menuconfig
HOSTCC scripts/basic/fixdep
HOSTCC scripts/basic/split-include
HOSTCC scripts/basic/docproc</td><td>2）字符界面下的图形界面</td></tr>
<tr><td>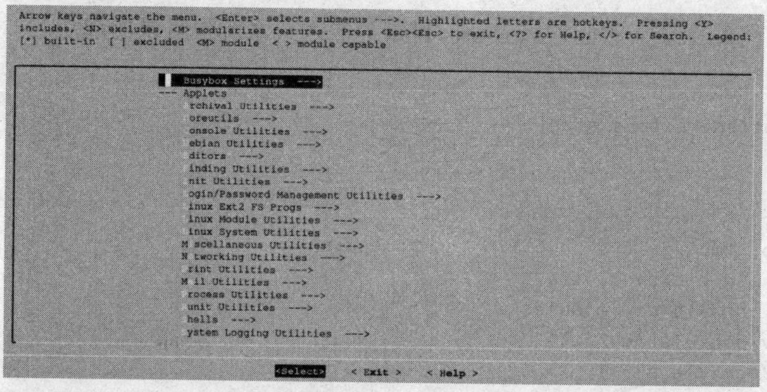
</td><td>3）配置图形界面</td></tr>
<tr><td>Cross Compiler prefix
Please enter a string value. Use the <TAB> key to move from the input field to the buttons below it.
arm-linux-
< Ok > < Help ></td><td>4）依次进入 Busybox Settings → Build Options → Cross Compiler prefix (NEW)，设置为编译器的前缀 arm-linux-</td></tr>
<tr><td>[root@iotlab busybox-1.17.2]# make all install CONFIG_PREFIX=/rootfs</td><td>5）编译并把生成的结果放到 /rootfs 目录下</td></tr>
<tr><td>[root@iotlab busybox-1.17.2]# ll /rootfs/
total 56
drwxr-xr-x 2 root root 4096 Mar 13 13:07 bin
drwxr-xr-x 2 root root 4096 Mar 13 11:39 boot
drwxr-xr-x 2 root root 4096 Mar 13 11:40 dev
drwxr-xr-x 5 root root 4096 Mar 13 11:40 etc
drwxr-xr-x 2 root root 4096 Mar 13 11:39 home
drwxr-xr-x 2 root root 4096 Mar 13 11:39 lib
lrwxrwxrwx 1 root root 11 Mar 13 13:07 linuxrc -> bin/busybox
drwxr-xr-x 7 root root 4096 Mar 13 11:41 mnt</td><td>6）bin sbin 都是链接到 BusyBox 的 lib 下</td></tr>
</table>

`drwxr-xr-x 2 root root 4096 Mar 13 11:39 proc`
`drwxr-xr-x 2 root root 4096 Mar 13 11:39 root`
`drwxr-xr-x 2 root root 4096 Mar 13 13:07 sbin`
`drwxr-xr-x 2 root root 4096 Mar 13 11:39 sys`
`drwxrwxrwt 2 root root 4096 Mar 13 11:39 tmp`
`drwxr-xr-x 6 root root 4096 Mar 13 11:40 usr`
`drwxr-xr-x 6 root root 4096 Mar 13 11:41 var`
	6）bin sbin 都是链接到 Busy-Box 的 lib 下

4. 完善根文件系统

（1）构建 lib 目录

在移植内核时，我们用到的交叉编译工具（arm-linux）的 libc 库目录里（/usr/local/arm/4.4.1/arm-none-linux-gnueabi/libc）有根文件系统需要用到的加载器和动态库文件。

1）加载器 ld-2.10.1.so。

2）目标文件。

3）静态库文件。

4）动态库文件。

5）libtool 库文件。

6）gconv 目录。

```
[root@iotlab /]# cp /usr/local/arm/4.4.1/arm-none-linux-gnueabi/libc/lib/*so* /
    rootfs/lib
[root@iotlab/]#cp /usr/local/arm/4.4.1/arm-none-linux-gnueabi/libc/usr/lib/*so* /
    rootfs/usr/lib/
```

（2）构建 etc 目录

etc 目录下的内容取决于要运行的程序，根据需要创建自己的相关文件。

1）inittab 文件。

```
[root@iotlab /]# cd /rootfs/etc/
[root@iotlab etc]# less inittab
::sysinit:/etc/ini..d/rcS
::sysinit:/etc/profile
console::sysinit:-/bin/sh
```

inittab 文件中每个登记项的结构都是一样的，共分为以冒号":"分隔的 4 个字段。具体如下：

```
identifier : run_level : action : process.
```

其中，各字段及其相关说明如下：

- identifier：登记项标识符，最多为 4 个字符。用于唯一地标识 /etc/inittab 文件中的每一个登记项。
- run_level：系统运行级，即执行登记项的 init 级别，用于指定相应的登记项适用于哪一个运行级，即在哪一个运行级中被处理。如果该字段为空，那么相应的登记项将适用于所有的运行级。在该字段中，可以同时指定一个或多个运行级，其中各运行级分别以数字 0、1、2、3、4、5、6 或字母 a、b、c 表示，且无需对其进行分隔。

- action：动作关键字。用于指定 init(M) 命令或进程对相应进程（在"process"字段定义）所实施的动作，包括如下具体动作。
  - ◆ boot：只有在引导过程中才执行该进程，但不等待该进程结束，当该进程死亡时，也不重新启动该进程。
  - ◆ bootwait：只有在引导过程中才执行该进程，并等待进程的结束，当该进程死亡时，也不重新启动该进程。实际上，只有在系统被引导后，并从单用户方式进入多用户方式时，这些登记项才被处理；如果系统的默认运行级设置为 2（即多用户方式），那么这些登记项在系统引导后将马上被处理。
  - ◆ initdefault：指定系统的默认运行级。系统启动时，init 将首先查找该登记项。如果存在 init，将据此决定系统最初要进入的运行级。具体来说，init 将指定登记项"run_level"字段中的最大数字（即最高运行级）为当前系统的默认运行级；如果该字段为空，那么将其解释为"0123456"，并以"6"作为默认运行级。如果不存在该登记项，那么 init 将要求用户在系统启动时指定一个最初的运行级。
  - ◆ off：如果相应的进程正在运行，那么就发出一个警告信号，等待 20 秒后再通过杀死信号强行终止该进程。如果相应的进程并不存在，那么就忽略该登记项。
  - ◆ once：启动相应的进程，但不等待该进程结束便继续处理 /etc/inittab 文件中的下一个登记项；当该进程死亡时，init 也不重新启动该进程。注意，在从一个运行级进入另一个运行级时，如果相应的进程仍然在运行，那么 init 就不重新启动该进程。
  - ◆ ondemand：与"respawn"的功能完全相同，但只用于运行级为 a、b 或 c 的登记项。
  - ◆ powerfail：只在 init 接收到电源失败信号时执行相应的进程，但不等待该进程结束。
  - ◆ powerwait：只在 init 接收到电源失败信号时执行相应的进程，并在继续对 /etc/inittab 文件进行任何处理前等待该进程结束。
  - ◆ respawn：如果相应的进程还不存在，那么 init 就启动该进程，同时不等待该进程的结束就继续扫描 /etc/inittab 文件；当该进程死亡时，init 将重新启动该进程。如果相应的进程已经存在，那么 init 将忽略该登记项并继续扫描 /etc/inittab 文件。
  - ◆ sysinit：只有在启动或重新启动系统并首先进入单用户时，init 才执行这些登记项。而在系统从运行级 1~6 进入单用户方式时，init 并不执行这些登记项。"action"字段为"sysinit"的登记项在"run_level"字段不指定任何运行级。
  - ◆ wait：启动进程并等待其结束，然后再处理 /etc/inittab 文件中的下一个登记项。
- process：所要执行的 shell 命令，任何合法的 shell 语法均适用于该字段。

2）rcS 文件。

```
[root@iotlab init.d]# less rcS
mount -a
mkdir /dev/pts
mount -t devptsdevpts /dev/pts
echo /sbin/mdev> /proc/sys/kernel/hotplug
mdev -s
```

```
[root@iotlab init.d]# chmod +x rcS
```

3）fstab 文件。

```
[root@iotlab etc]# less fstab
proc     /proc      proc      defaults      0 0
sysfs    /sys       sysfs     defaults      0 0
tmpfs    /dev       tmpfs     defaults      0 0
tmpfs    /tmptmpfs            defaults      0 0
```

在 fstab 文件中有 6 个域，分别为 <file system>、<mount point>、<type>、<options>、<dump>、<pass>。每个部分的含义是：
- <file system>：这里用来指定你要挂载的文件系统的设备名称或块信息，也可以是远程文件系统。
- <mount point>：挂载点，也就是自己找一个或创建一个 dir（目录），把文件系统 <file system> 挂到这个目录上，然后就可以从这个目录中访问挂载的文件系统。
- <type>：这里用来指定文件系统的类型。下面的文件系统都是目前 Linux 所能支持的，如 adfs、befs、cifs、ext3、ext2、ext、iso9660、kafs、minix、msdos、vfat、umsdos、proc、reiserfs、swap、squashfs、nfs、hpfs、ncpfs、ntfs、affs、ufs。
- <options>：这里用来填写设置选项，各个选项用逗号隔开。
- <dump>：此处为 1 的话，表示要将整个 <file system> 里的内容备份；为 0 的话，表示不备份。
- <pass>：这里用来指定如何使用 fsck 来检查硬盘。如果这里填 0，则不检查；挂载点为"/"的（即根分区），必须在这里填写 1，其他的都不能填写 1。

4）profile 文件。

```
[root@iotlab etc]# less profile
/bin/hostname iotlab
HOSTNAME='/bin/hostname'
PS1='[\h\w]\$'
export PS1 HOSTNAME
```

这个文件主要是设置系统环境变量。

```
[root@iotlab etc]# chmod +x profile
```

5. 配置网络文件系统

NFS 是 Network File System 的缩写，即网络文件系统。NFS 的基本原则是"容许不同的客户端及服务器端通过一组 RPC 分享相同的文件系统"，它是独立于操作系统，容许不同硬件及操作系统的系统共同进行文件的分享。NFS 在文件传送或信息传送过程中依赖于 RPC 协议。

RPC 即远程过程调用（Remote Procedure Call），它是能使客户端执行其他系统中程序的一种机制。NFS 本身没有提供信息传输的协议和功能，但 NFS 却能让我们通过网络进行资料的分享，这是因为 NFS 使用了其他传输协议。而这些传输协议用到这个 RPC 功能。可以说 NFS 本身就是使用 RPC 的一个程序，或者说 NFS 也是一个 RPC 服务器端。

所以只要用到 NFS 的地方都要启动 RPC 服务，不论是 NFS 服务器端或者 NFS 客户端。这样服务器端和客户端才能通过 RPC 来实现 PROGRAM PORT 的对应。可以这么理解 RPC 和 NFS 的关系：NFS 是一个文件系统，而 RPC 负责信息的传输。服务器端的设置步骤如下。

（1）服务器端的安装

```
[root@iotlab /]# yum install nfs-utils
Loaded plugins: product-id, refresh-packagekit, security, subscription-manager
This system is not registered to Red Hat Subscription Management. You can use
    subscription-manager to register.
Setting up Reinstall Process
Resolving Dependencies
--> Running transaction check
--> Package nfs-utils.x86_64 1:1.2.3-39.el6 will be reinstalled
--> Finished Dependency Resolution
Dependencies Resolved

================================================================================
 Package            Arch           Version              Repository       Size
================================================================================
Reinstalling:
 nfs-utils          x86_64         1:1.2.3-39.el6       local            320 k

Transaction Summary
================================================================================
Reinstall       1 Package(s)
Total download size: 320 k
Installed size: 978 k
Is this ok [y/N]: y
Downloading Packages:
Running rpm_check_debug
Running Transaction Test
Transaction Test Succeeded
Running Transaction
  Installing:1:nfs-utils-1.2.3-39.el6.x86_64          1/1
  Verifying:1:nfs-utils-1.2.3-39.el6.x86_64           1/1

Installed:
  nfs-utils.x86_64 1:1.2.3-39.el6

Complete!
```

（2）NFS 服务器的配置

NFS 服务器的配置相对比较简单，只需要在相应的配置文件中进行设置，然后启动 NFS 服务器即可。NFS 的常用目录如下：

- /etc/exports：NFS 服务的主要配置文件。
- /usr/sbin/exportfs：NFS 服务的管理命令。
- /usr/sbin/showmount：客户端的查看命令。
- /var/lib/nfs/etab：记录 NFS 分享的目录的完整权限设定值。
- /var/lib/nfs/xtab：记录曾经登录过的客户端信息。

NFS 服务器的配置文件为 /etc/exports，这个文件是 NFS 的主要配置文件，不过系统并没有默认值，所以这个文件不一定会存在，可能要使用 vim 手动建立，然后在文件里面写入配置内容。

/etc/exports 文件内容格式如下：

<输出目录> [客户端1 选项（访问权限，用户映射，其他）] [客户端2 选项（访问权限，用户映射，其他）]

1）输出目录：输出目录是指 NFS 系统中需要共享给客户机使用的目录。
2）客户端：客户端是指网络中可以访问这个 NFS 输出目录的计算机。
客户端常用的指定方式：
- 指定 IP 地址的主机：192.168.0.200。
- 指定子网中的所有主机：192.168.0.0/24，192.168.0.0/255.255.255.0。
- 指定域名的主机：david.bsmart.cn。
- 指定域中的所有主机：*.bsmart.cn。
- 所有主机：*。

3）选项：选项用来设置输出目录的访问权限、用户映射等。
- NFS 主要有 3 类选项：
  - 访问权限选项。
  - 设置输出目录只读：ro。
  - 设置输出目录读写：rw。
- 用户映射选项：
  - all_squash：将远程访问的所有普通用户及所属组都映射为匿名用户或用户组（nfsnobody）。
  - no_all_squash：与 all_squash 取反（默认设置）。
  - root_squash：将 root 用户及所属组都映射为匿名用户或用户组（默认设置）。
  - no_root_squash：与 rootsquash 取反。
  - anonuid=xxx：将远程访问的所有用户都映射为匿名用户，并指定该用户为本地用户（UID=xxx）。
  - anongid=xxx：将远程访问的所有用户组都映射为匿名用户组账户，并指定该匿名用户组账户为本地用户组账户（GID=xxx）。
- 其他选项：
  - secure：限制客户端只能从小于 1024 的 TCP/IP 端口连接 NFS 服务器（默认设置）。
  - insecure：允许客户端从大于 1024 的 TCP/IP 端口连接服务器。
  - sync：将数据同步写入内存缓冲区与磁盘中，效率低，但可以保证数据的一致性。
  - async：将数据先保存在内存缓冲区中，必要时才写入磁盘。
  - wdelay：检查是否有相关的写操作，如果有则将这些写操作一起执行，这样可以提高效率（默认设置）。
  - no_wdelay：若有写操作则立即执行，应与 sync 配合使用。
  - subtree：若输出目录是一个子目录，则 NFS 服务器将检查其父目录的权限（默认设置）。
  - no_subtree：即使输出目录是一个子目录，NFS 服务器也不检查其父目录的权限，这样可以提高效率。

配置方式如下所示。

```
[root@iotlab etc]# less exports
/rootfs 192.168.1.*(rw,sync,no_root_squash).
```

（3）NFS 服务器的启动与停止、查询 NFS 服务器状态

在对 exports 文件进行了正确的配置后，就可以启动 NFS 服务器了。

```
[root@iotlab etc]# service  nfs start
Starting NFS services:  [  OK  ]
Starting NFS quotas: [  OK  ]
Starting NFS mountd: [  OK  ]
Starting NFS daemon: [  OK  ]
Starting RPC idmapd: [  OK  ]
[root@iotlab etc]# service nfs status
rpc.svcgssd is stopped
rpc.mountd (pid 45252) is running...
nfsd (pid 45267 45266 45265 45264 45263 45262 45261 45260) is running...
rpc.rquotad (pid 45248) is running...
[root@iotlab etc]#
Shutting down NFS services:  [  OK  ]
Shutting down RPC idmapd: [  OK  ]
```

（4）设置 U-Boot 中关于 NFS 的参数

在前面的 U-Boot 移植中，我们曾接触过 U-Boot 的环境变量，我们现在要通过修改 U-Boot 的一些环境变量来让内核挂载 NFS。修改 serverip：

```
[iotlab]# set  serverip  192.168.1.241    // 设置 nfs 服务器的 IP；
[iotlab]# set  ipaddr    192.168.1.141    // 设置目标机的 IP；
```

接下来要修改 bootargs，修改 U-Boot 启动参数：

```
[iotlab]# set env bootargs noinitrd root=/dev/nfsnfsroot=192.168.1.241:/rootfs,tcp=
    192.168.1.141:192.168.1.241:192.168.1.1:255.255.255.0::eth0:off  init=/linuxrc
    console=ttySAC0,115200
[iotlab]# save
[iotlab]# nand  read  0x20007fc0  0x100000  0x500000
[iotlab]# bootm  0x20007fc0
```

6. 构建 YAFFS 文件系统

YAFFS 文件系统是专门为 NAND Flash 设计的文件系统，其与 JFFS/JFFS2 文件系统有些类似，不同之处是 JFFS/JFFS2 文件系统是专门为 NOR Flash 的应用场合设计的，而 NOR Flash 和 NAND Flash 本质上有较大的区别（如坏块、备用区、容量各方面），尽管 JFFS/JFFS2 文件系统也能用于 NAND Flash，但对于 NAND Flash 来说，通常不是最优方案（性能较低，启动速度稍慢）。而 YAFFS 利用 NAND Flash 提供的每个页面 16 字节或 64 字节的 Spare 区（OOB 备用区）空间来存放 ECC 和文件系统的组织信息，能够实现错误检测和坏块处理。这样的设计充分考虑了 NAND Flash 以页面为存取单元的特点，将文件组织成固定大小的数据段，这能够提高文件系统的加载速度。

（1）配置内核支持 YAFFS 系统

```
[root@iotlab pub]# tar zxvf yaffs2-4e188b0.tar.gz  -C /iotlab/
[root@iotlab iotlab]# cd yaffs2-4e188b0
```

```
[root@iotlabyaffs2-4e188b0]# ls          // 解压后的目录及文件
devextras.h         mtdemulyaffs_ecc.c   yaffs_mtdif2.c       yaffs_nand.h
    yaffs_qsort.h
direct              patches              yaffs_ecc.h          yaffs_mtdif2.h
    yaffs_packedtags1.c                  yaffs_tagscompat.c
Kconfig             patch-ker.sh         yaffs_fs.c           yaffs_mtdif.c
    yaffs_packedtags1.h                  yaffs_tagscompat.h
Makefileutilsyaffs_guts.c                yaffs_mtdif.h        yaffs_packedtags2.c
    yaffs_tagsvalidity.c
Makefile.kernel     yaffs_checkptrw.c    yaffs_guts.h         yaffs_nand.c
    yaffs_packedtags2.h                  yaffs_tagsvalidity.h
moduleconfig.h      yaffs_checkptrw.h    yaffsinterface.h     yaffs_nandemul2k.h
    yaffs_qsort.c   yportenv.h
[root@iotlab yaffs2-4e188b0]# ./patch-ker.sh c m /iotlab/linux-3.0.8/
Updating /iotlab/linux-3.0.8//fs/Kconfig
Updating /iotlab/linux-3.0.8//fs/Makefile
[root@iotlab yaffs2]# pwd
/iotlab/linux-3.0.8/fs/yaffs2
[root@iotlab yaffs2]# ls
Kconfigyaffs_bitmap.h            yaffs_guts.h         yaffs_nand.h
    yaffs_tagscompat.c           yaffs_vfs.c
Makefileyaffs_checkptrw.c        yaffs_linux.h        yaffs_packedtags1.c
    yaffs_tagscompat.h           yaffs_yaffs1.c
yaffs_allocator.c                yaffs_checkptrw.h    yaffs_mtdif.c
    yaffs_packedtags1.h          yaffs_tagsmarshall.c yaffs_yaffs1.h
yaffs_allocator.h                yaffs_ecc.c          yaffs_mtdif.h
    yaffs_packedtags2.c          yaffs_tagsmarshall.h yaffs_yaffs2.c
yaffs_attribs.c                  yaffs_ecc.h          yaffs_nameval.c
    yaffs_packedtags2.h          yaffs_trace.h        yaffs_yaffs2.h
yaffs_attribs.h                  yaffs_getblockinfo.h yaffs_nameval.h
    yaffs_summary.c              yaffs_verify.c       yportenv.h
yaffs_bitmap.c                   yaffs_guts.c         yaffs_nand.c
    yaffs_summary.h              yaffs_verify.h
[root@iotlab linux-3.0.8]# make menuconfig        // 对 Linux 内核加载 yaffs 的相关配置
```

配置内核支持 YAFFS 步骤如表 6-2 所示。

表 6-2 配置内核支持 YAFFS 步骤

配置界面	说明

[*] Networking support --->
    Device Drivers --->
    File systems --->
    Kernel hacking --->
	1）主界面下选择 File systems

Pseudo filesystems ---> **[*] Miscellaneous filesystems --->** [*] Network File Systems --->	2）在主界面下选择 Miscellaneous filesystems
<M> yaffs2 file system support -*- 512 byte / page devices [ ] Use older-style on-NAND data format with pageStatus byte (NEW) [ ] Lets yaffs do its own ECC (NEW) -*- 2048 byte (or larger) / page devices [*] Autoselect yaffs2 format (NEW) [ ] Disable yaffs from doing ECC on tags by default (NEW) [ ] Force chunk erase check (NEW) [ ] Empty lost and found on boot (NEW) [ ] Disable yaffs2 block refreshing (NEW) [ ] Disable yaffs2 background processing (NEW) [ ] Disable yaffs2 bad block marking (NEW) [*] Enable yaffs2 xattr support (NEW)	3）在主界面下选择 yaffs2 file system support

	（续）
`[root@iotlab linux-3.0.8]# make zImage`	4）重新编译内核，让新内核支持 yaffs2

（2）制作 mkyaffs2image 工具

```
[root@iotlab utils]# pwd              //存放 mkyaffszimage 工具的路径
/var/ftp/pub/yaffs2-4e188b0/utils
[root@iotlab utils]# ls -l
-rw-rw-r-- 1 root root  2181 Jun 18  2014 Makefile
-rw-rw-r-- 1 root root 13930 Jun 18  2014 mkyaffs2image.c
-rw-rw-r-- 1 root root 13969 Jun 18  2014 mkyaffsimage.c
-rw-rw-r-- 1 root root   844 Jun 18  2014 yutilsenv.h

[root@iotlab utils]# vi mkyaffs2image.c         //修改 mkyaffszimage.c 配置
// Adjust these to match your NAND LAYOUT:
#define chunkSize 4096
#define spareSize 218
#define pagesPerBlock 218

[root@iotlab direct]# pwd
/var/ftp/pub/yaffs2-4e188b0/direct
[root@iotlab direct]# ls
handle_common.sh     u-boot              yaffscfg.h         yaffs_flashif.h
yaffs_hweight.c      yaffs_nandemul2k.h  ydirectenv.h
README.txt           wince-common        yaffs_error.c      yaffsfs.c
yaffs_hweight.h      yaffs_osglue.h      yportenv.h
test-framework       yaffs_attribs.c     yaffs_flashif2.h   yaffsfs.h
yaffs_list.h         yaffs_qsort.c

[root@iotlab direct]# vi yportenv.h    //修改 yportenv.h 头文件，加入对 yaffs 的支持
#define CONFIG_YAFFS_DEFINES_TYPES

[root@iotlab yaffs2-4e188b0]# cd utils/
[root@iotlab utils]# make              //编译

[root@iotlab utils]# cp mkyaffs2image /usr/bin/

[root@iotlab /]# mkyaffs2image /rootfs system.yaffs2

[root@iotlab /]# ll system.yaffs2  -lh
-rw------- 1 root root 9.9M Mar 13 18:48 system.yaffs2
```

按照手册的方法把 system.yaffs2 文件烧写到实验平台。

第 7 章 嵌入式驱动开发

7.1 概述

驱动程序全称为"设备驱动程序"(Device Driver),是一种可以使计算机和设备通信的特殊程序,可以说相当于硬件的接口,操作系统只能通过这个接口控制硬件设备的工作,假如某设备的驱动程序未能正确安装,便不能正常工作。

任何一个计算机系统的运转都是系统中软硬件共同协作的结果,没有硬件的软件是空中楼阁,而没有软件的硬件则是一堆电子元件。硬件是底层基础,是所有软件得以运行的平台,代码最终会落实为硬件上的组合逻辑与时序逻辑。软件则实现了具体应用,它按照各种不同的业务需求而设计,完成用户的最终需求。硬件是固定的,软件则很灵活,可以适应各种复杂多变的应用。可以说计算机系统软件和硬件互相成就了对方。但是,软件和硬件之间同样存在着悖论,那就是软件与硬件不应该互相渗入对方的领地。为尽可能快速完成设计,应用工程师不想也不必关心硬件,同样硬件工程师也很难有足够的时间来关心软件。也就是说,应用工程师需要看到一个没有硬件的、纯粹的软件世界,硬件必须被透明地呈现给他,那么谁来实现硬件对应用的"隐形"呢?这个任务就落在了驱动工程师的肩上。

对设备驱动最通俗的解释就是:驱使硬件设备行动。驱动与底层硬件直接打交道,按照硬件设备的具体工作方式,读写设备的寄存器,完成设备的轮询、中断处理、DMA 通信,进行物理内存向虚拟内存的映射等,最终让通信设备能收发数据,让显示设备能显示文字,让存储设备能记录数据。因此,设备驱动充当了硬件和软件之间的纽带,它使得应用只需要调用系统软件的应用编程接口(API)就可以让硬件完成要求的工作。

7.1.1 嵌入式 Linux 的内核空间与用户空间

现今的操作系统通常把内核和应用程序分成两个层次,即内核态和用户态。驱动是在内核空间中运行,而应用则是在用户空间中运行。

事实上,操作系统的作用就是让程序合理地操作硬件设备,防止对资源未经授权的访问。目前,每种处理器都能实现这种功能,嵌入式处理器也不例外,人们选择的方法是给 CPU 划分不同的操作模式,不同的模式有不同的作用,某些操作不能在较低级实现,这就好像一个用户想要修改一个所有权不属于自己的文件,显然这种操作在非管理员状态下是不能完成的,必须拥有管理员身份才可以。

内核态和用户态是硬件上的习惯说法,两个状态分别对应处理器两个不同的操作模式,比如,ARM 中用户态对应 usr 模式(低级),而内核态对应 svc 模式(高级)。内核态可以控制内存映射方式、特殊状态寄存器、中断和 DMA 等，而用户态不可以。

内核空间和用户空间是软件上的习惯说法，两个空间分别引用不同的地址映射。换句话说，程序代码使用不同的地址空间。可见，想直接通过指针把用户空间的数据地址传递给内核是不可能的，必须要经过一步地址转换将用户态地址转换成内核态的地址。嵌入式 Linux 通过系统调用和硬件中断完成从用户空间到内核空间的控制转移。同时，嵌入式 Linux 提供了一系列函数完成不同空间地址间的转换，如 get_user、put_user、copy_from_use、copy_to_use 等。这些函数自己检查访问权限，使用时很方便。

7.1.2 嵌入式 Linux 的设备管理

Linux 能够被广大用户接受，不仅仅是因为它的开源性，它对市场上几乎所有的设备都有良好的支持也是重要原因之一。Linux 下编写和安装驱动都是有一定规则的，Linux 下驱动程序仅仅是为相应的设备编写的几个基本函数，然后向 VFS 注册就可以成功安装。当用户程序需要使用某个设备时，应该通过访问该设备对应的文件节点（inode），利用 VFS 调用该设备对应的各个操作函数来实现对设备的操作，这种管理方式称为设备文件管理方式。

1. 设备管理

设备管理即输入输出系统，这是操作系统的重要组成部分。相比于进程管理、内存管理和文件管理，设备管理稍显复杂。主要原因是多种多样的输入输出设备同时存在，这就给指定一个通用的解决方法带来极大的难度。输入输出系统的基本功能是给用户提供一个简单、统一的系统调用接口：一种是与设备有关的，就是驱动程序，它直接与设备进行通信，并提供给上层接口；另一种是设备无关的，这部分根据用户的程序输出请求，通过设备驱动程序接口实现与设备的通信。

Linux 内核与设备之间的数据传输有两种方式。有的设备只能按字节进行传输，当一个字节传输完成后，CPU 将不断查询设备状态，等待下一字节传输，这种方法称为轮询方式。另一种是中断方式，CPU 可以做其他工作，当设备发送中断请求时，才进行数据传输，这种方法相对来讲效率高，但是传输时间长。当有大量的数据需要传输时，如果设备支持 DMA（Direct Memory Access，直接内存访问），这将大为减轻 CPU 的负担。对于支持 DMA 的设备，内核只需要向设备发送数据的地址、数据数量等，设备就会直接访问内存进行数据传输。

2. 设备文件

尽管设备的种类繁多，为了便于使用，下层必须提供一个统一的设备接口，在 Linux 系统中，硬件设备也是被当作文件来处理的，只是这种文件比较特殊，叫作设备文件，对设备文件的 I/O 操作会调用相对应的设备驱动程序来操作硬件设备。换句话说，只要有了对应的设备驱动程序，对设备文件的操作就是对硬件设备的操作，通常把这些设备文件存放在文件系统的 /dev 目录下，如图 7-1 所示。

```
[root@rhel65 ~]# cd /dev/
[root@rhel65 dev]# ls -l
total 0
crw-rw----  1 root video   10, 175 Mar 20 23:03 agpgart
crw-rw----  1 root root    10,  56 Mar 20 23:03 autofs
drwxr-xr-x  2 root root       620 Mar 20 23:03 block
drwxr-xr-x  2 root root        80 Mar 20 23:03 bsg
drwxr-xr-x  3 root root        60 Mar 20 23:03 bus
lrwxrwxrwx  1 root root         3 Mar 20 23:03 cdrom -> sr0
lrwxrwxrwx  1 root root         3 Mar 20 23:03 cdrw -> sr0
drwxr-xr-x  2 root root      2900 Mar 20 23:04 char
crw-------  1 root root     5,  1 Mar 20 23:03 console
lrwxrwxrwx  1 root root        11 Mar 20 23:03 core -> /proc/kcore
```

图 7-1 设备文件

由图 7-1 可见，设备文件除了拥有标准文件的所有者、用户组、创建日期等属性外，还标明了设备类型、主设备号和次设备号。Linux 系统是通过主、次设备号来联系驱动程序和设备节点的，系统依据主设备号标识驱动程序，所以设备的主设备号是唯一的。

在 Linux 操作系统下，设备文件主要有 3 种类型：字符设备、块设备和网络设备。

- 字符设备：通常字符设备都是顺序写入和读取的，当对字符设备发出读/写请求时，实际的硬件 I/O 将会紧接着执行操作，这样使得字符设备的 I/O 操作很快。
- 块设备：块设备主要是面向大量数据传输或慢速设备而设计的，可以节省 CPU 的等待时间，当对块设备进行读/写操作时，先要开辟一段内存缓冲区，当用户进程对设备的请求能够满足需求时，就返回请求的数据，如果不能，还需要调用请求函数来进行实际的 I/O 操作。从表面上看，好像块设备和字符设备的主要区别就是是否开辟缓冲区、是否支持 seek（定位）操作，实际上它们的主要区别是系统管理方式，块设备的管理方式是为了优化存储，而字符设备的管理方式是为了优化操作。所以在嵌入式 Linux 系统中，某些设备既是字符设备驱动程序，又是块设备驱动程序。
- 网络设备：网络设备在嵌入式 Linux 系统中比较特殊，它不像字符设备或者是块设备那样，可以通过对应的设备节点访问，内核也不是通过 read()、write() 等系统调用访问网络设备。

3. 设备的注册

对于 Linux 2.4 版本之前的内核，系统利用设备类型和设备的主、次设备号管理设备。在引入了 devfs 设备文件系统之后，传统的管理方式并没有被摒弃。从 Linux 2.4 开始，传统方式与 devfs 管理方式并存，同时发挥作用。传统的主、次设备号管理机制中，以字符设备为例，全局数组 chardevs[ ] 起主要作用。Linux 通过 chardevs[ ] 组织 256 个 device_struct 结构，其主要功能是记录相关设备的名称和对应设备的操作函数 file_operations。在操作设备之前，先用 register_chrdev() 进行注册，注册过程就是将设备对应的操作函数（file_operations）接口挂到系统中指定的结构上。注册成功后，应用程序就可以像操作文件一样操作设备了，当设备使用完成后，可以用 unregister_chredv() 函数进行注销。

7.1.3 嵌入式 Linux 的驱动程序

通过以上内容，我们现在知道驱动程序在整个嵌入式 Linux 系统中所起的作用了，图 7-2 更加直观地表达了驱动程序的地位和功能。

可见驱动程序是连接硬件设备和设备文件的纽带，是操作系统内核和硬件设备之间的接口，设备驱动程序为应用程序屏蔽了硬件的细节，使应用程序可以像操作普通文件一样操作硬件设备。

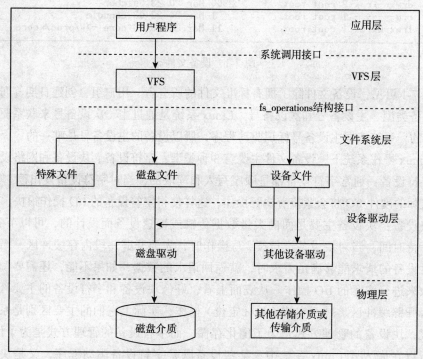

图 7-2 驱动程序在系统中的地位

1. 嵌入式 Linux 驱动程序的开发流程

建立嵌入式 Linux 驱动开发平台，移植和编写驱动程序往往是任务最重的工作。驱动程序的开发周期一般较长，对产品的面世时间有重要的影响，驱动程序质量的好坏直接关系到系统工作效能和稳定性，对项目的成败起着关键作用。图 7-3 为驱动开发的整个流程。

Linux 设备驱动的学习是一项浩大繁琐的工程，包含以下重点、难点。

- 编写 Linux 设备驱动要求工程师有非常好的硬件基础，懂得 SRAM、Flash、SDRAM、磁盘的读写方式，UART、I2C、USB 等设备的接口及轮询、中断、DMA 的原理，PCI 总线的工作方式，CPU 的内存管理单元（MMU）等。
- 编写 Linux 设备驱动要求工程师有非常好的 C 语言基础，

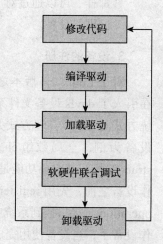

图 7-3 Linux 驱动开发流程

能灵活地运用 C 语言的结构体、指针、函数指针及内存动态申请与释放等。
- 编写 Linux 设备驱动要求工程师有一定的 Linux 内核基础，并不要求工程师对内核的组成有深入的研究，但至少要明白驱动与内核的接口，尤其是块设备、字符设备、网络设备、Flash 设备、串口设备等。内核定义的驱动架构本身是非常复杂的。
- 编写 Linux 设备驱动要求工程师有非常好的多任务并发控制和同步的基础，因为在驱动中会大量使用自旋锁、互斥、信号量、等待队列等并发与同步机制。

上述经验的获取并非朝夕之事，因此要求我们有足够的学习恒心和毅力，当然更多的是阅读大量的相关书籍来提升自己。

2. 嵌入式 Linux 驱动程序结构

嵌入式 Linux 设备驱动程序大致可以分为 3 个部分：

1）自动配置和初始化：检测硬件设备能否正常工作，进行状态初始化操作。

2）中断服务：在嵌入式 Linux 中，中断信号由嵌入式 Linux 接收，然后选择相应的中断服务程序，因为驱动程序支持同一类型的若干子设备，所以为了保证唯一标识请求服务的设备，调用中断服务程序时需要多个参数。

3）I/O 端口请求：这部分需要进行系统调用才能完成，系统从用户态变为内核态后进行各种 I/O 操作。

3. 嵌入式 Linux 驱动程序调试

在驱动程序的开发过程中，编译调试阶段将会花费大量的时间，因为编写驱动程序不仅要有 Linux 系统和内核的知识，还需要有一定的硬件知识，对于驱动程序首先是内核的支持。图 7-4 是内核对驱动接口。

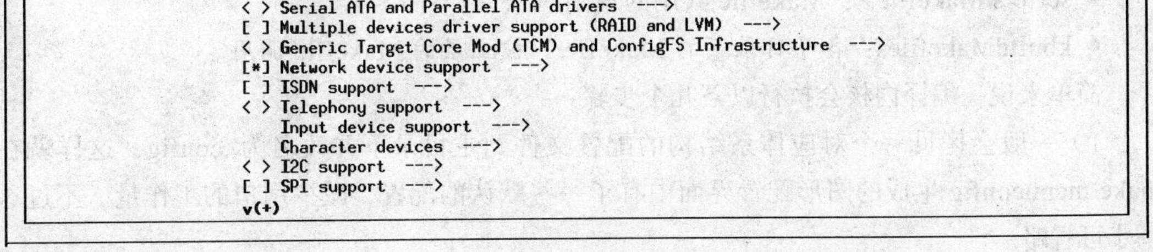

图 7-4 内核驱动接口

在调试驱动程序时，利用 printk 跟踪是一个比较有效的方法，它可以实现从内核向 Linux 控制台的格式化输出，在进程的终端上下文中调用，用法与 printf 类似。不同的是，printk 有分组输出，在终端启动前无法调用 early_printk()。在 /include/linux/kernel.h 中，为 printk 定义了 8 个级别，如表 7-1 所示，其中重要性由上至下依次降低。

表 7-1 printk 的 8 个级别

等 级	类 型	说 明
0	KERN_MEMRG	紧急情况
1	KERN_ALERT	需要立即被注意到的
2	KERN_CRIT	临界情况
3	KERN_ERR	错误
4	KERN_WARNING	警告
5	KERN_NOTICE	普通的
6	KERN_INFO	非正式的
7	KERN_DEBUG	一般的调试信息

在调试过程中可以使用分级技术迅速找到最重要的 bug，可能使用如下方式：

```
printk(KERN_INFO   "HELLO\n");
printk(KERN_DEBUG  "warning\n");
print ( "no level\n");
```

没有利用输出级别定义 printk() 调用时，系统采用默认的级别作为输出，在 kernel/printk.c 中默认级别被定义为 KERN_WARNING。

4．用户驱动加载到内核

在编写驱动程序时，可以把用户驱动加载到内核中，与 Linux 自身的驱动一起编译进内核。这是在编写驱动时最后要做的事情。

对于内核来说，Makefile 文件是关键，它可以在整个系统目录下感知驱动的存在，在 Documentation/kbuild 的 makefile.txt 文件中对其描述如下：

Makefiles 有 5 部分。

- Makefile：总 Makefile，控制内核的编译。
- .config：内核配置文件，配置内核时生成，如 make menuconfig 后。
- arch/$(ARCH)/Makefile：对应体系结构的 Makefile。
- scripts/Makefile.*：Makefile 共用的规则。
- kbuildMakefiles：各子目录下的 Makefile，被上层的 Makefile 调用。

简单来说，编译内核会执行以下几个步骤：

1）一般会拷贝一个对应体系结构的配置文件到主目录下并改名为 .config，这样就在 make menuconfig 生成的图形配置界面中有了一些默认的配置，减少用户的工作量。不过这一步可省略。

2）执行 make menuconfig 命令，配置内核系统。

①由总 Makefile 决定编译的体系结构（ARCH）和编译工具（CROSS_COMPILE），并知道需要进入内核根目录下的哪些目录进行编译。

②由 arch/$(ARCH)/Makefile 决定 arch/$(ARCH) 下还有哪些目录和文件需要编译。

③知道了需要编译的目录后，递归地进入这些目录下，读取每一个 Kconfig 的信息，生

④在图形配置界面中选项为 [*]、[M] 或者 []。

⑤保存并退出配置，会根据配置生成一份新的配置文件 .config，同时生成 include/config/auto.conf（这是 .config 的去注释版）。文件里面保存着 CONFIG_XXXX 等变量应该取 y 还是取 m 的信息。

3）执行 make 命令，对系统进行编译。

根据 Makefile 包含的目录和配置文件的要求，进入各子目录进行编译，最后会在各子目录下生成一个 .o 或者 .a 文件，然后执行总 Makefile 指定的连接脚本 arch/$(ARCH)/kernel/vmlinux.lds 生成 vmlinux，并通过压缩编程 bzImage 或者按要求在对应的子目录下编译成模块。

生成配置文件的具体流程如下。

①在总 Makefile 中，根据以下语句进入需要编译的目录。

```
# Objects we will link into vmlinux / subdirs we need to visit
init-y      := init/
drivers-y   := drivers/ sound/ firmware/
net-y       := net/
libs-y      := lib/
core-y      := usr/
endif # KBUILD_EXTMOD
core-y      += kernel/ mm/ fs/ ipc/ security/ crypto/ block/
```

以上说明根目录下的 init、driver、sound、firmware、net、lib、usr 等，在编译时都会读取各目录下的 Makefile 并进行编译。

②总 Makefile 中包含的目录是不够的，内核需要根据对应的 CPU 架构，决定还需要将哪些子目录编译进内核。

在总 Makefile 中有一条语句：

```
include $(srctree)/arch/$(SRCARCH)/Makefile
// 在这里，定义 SRCARCH = arm
```

可以看出，Makefile->arch/$(SRCARCH)/Makefile.arch/$(SRCARCH)/Makefile 中指定 arch/$(SRCARCH) 路径下的哪些子目录需要被编译。

在 arch/arm/Makefile 下：

```
head-y := arch/arm/kernel/head$(MMUEXT).o arch/arm/kernel/init_task.o
# If we have a machine-specific directory, then include it in the build.
core-y     += arch/arm/kernel/ arch/arm/mm/ arch/arm/common/
core-y     += $(machdirs) $(platdirs)
core-$(CONFIG_FPE_NWFPE)   += arch/arm/nwfpe/
core-$(CONFIG_FPE_FASTFPE) += $(FASTFPE_OBJ)
core-$(CONFIG_VFP)         += arch/arm/vfp/
drivers-$(CONFIG_OPROFILE) += arch/arm/oprofile/
libs-y := arch/arm/lib/ $(libs-y)
```

上面看到，指定需要进入 arch/arm/kernel/、arch/arm/mm/、arch/arm/common/ 等目录编译，core-y、core-$(CONFIG_FPE_NWFPE) 中，y 表示编译成模块，m 表示编译进内核（上面没有，因为默认情况下 ARM 全部编译进内核），根据用户在 make menuconfig 中的设置，

生成的值赋给了 CONFIG_OPROFILE。

③设置 make menuconfig 后的配置信息。

这是由各子目录下的 Kconfig 文件提供的选项，由用户选择并配置，如 arch/arm/Kconfig。所有配置项都是根据 arch/$(ARCH)/Kconfig 文件通过 Kconfig 的语法 source 读取各个包含的子目录 Kconfig 来生成一个配置系统。每个 Makefile 目录下都有一个对应的 Kconfig 文件，用于生成配置界面以决定内核如何配置，配置后会确定一个 CONFIG_XXX 的值（如上面的 CONFIG_OPROFILE），决定是编译进内核还是编译成模块或者不编译。

如在 arch/arm/Kconfig 下：

```
source "arch/arm/mach-clps711x/Kconfig"
source "arch/arm/mach-ep93xx/Kconfig"
source "arch/arm/mach-footbridge/Kconfig"
source "arch/arm/mach-integrator/Kconfig"
source "arch/arm/mach-iop32x/Kconfig"
source "arch/arm/mach-iop33x/Kconfig"
```

这些就用来指定需要读取某些目录下的 Kconfig 文件来生成一个使用 make menuconfig 时的配置系统。

总结 Kconfig 的作用：
- 在 make menuconfig 下可以配置选项。
- 在 .config 中确定 CONFIG_XXX 的值。

④只是读取以上两个 Makefile 还是不够，内核还会一层一层地读取包含的子目录里面的 Makefile 和 Kconfig。

内核的编译并不是一个 Makefile 就能实现的，需要通过根目录下的总 Makefile 来包含全部子 Makefile（不管是根目录下的子目录还是 /arch/arm 中的子目录）。而 Kconfig 为用户提供一个交互界面来选择如何配置并生成配置选项。对于一般的内核编译，我们都是通过 make menuconfig 进入图形配置界面的，接下来我们将实现将一个选项加入图形配置界面中，步骤如表 7-2 所示。

表 7-2　将一个选项加入图形配置界面的步骤

`[root@iotlab iotlab]# cd linux-3.0.8/drivers/` `[root@iotlab drivers]# mkdir test1`	到内核指定的目录

`[root@iotlab test1]# cat test1.c`
`void foo()`
`{`
`    ;`
`}`
	创建一个 test1.c 文件

`[root@iotlab test1]# cat Makefile` `obj-$(CONFIG_TEST1) += test1.o`	CONFIG_TEST1 决定 test1 是编译进内核还是编译成模块。这就是通过同一目录下的 Kconfig 在配置界面中生成选项，由用户在 make menuconfig 中选择

(续)

`[root@iotlab test1]# cat Kconfig`
`menu "test1 driver here"`
`config TEST1`
`bool "xiaoyang test1 driver"`
`help`
`This is test1`
`endmenu`
	Kconfig 的目的就是在图形配置的 driver 下多了一个配置选项，用户配置后将 CONFIG_TEST1 的值存放在 .config 中

但是，以上几步还不能达到目的，因为虽然在总 Makefile 中已经包含了目录 driver，但是 driver 目录的 Makefile 中并没有包含 test 目录。因此还需要在 driver/Makefile 中添加对 test1 的支持：

`obj-$(CONFIG_TEST1) += test1`

虽然 Makefile 中已经包含了，但这样还是不行。因为当需要配置 ARM 时，ARM 结构下的 Kconfig 并没有包含 test 的 Kconfig。这样的话就不会出现在图形配置界面中，因此在 drives/Kconfig 中添加：

`source "drivers/test1/Kconfig"`

─────────── Device Drivers ─────────── the menu. <Enter> selects submenus --->. Highlighted le les, <M> modularizes features. Press <Esc><Esc> to exit. :cluded <M> module < > module capable ─────────── ^(-) ─────────── 　[*] Multifunction device drivers ---> 　[ ] Voltage and Current Regulator Support ---> 　< > Multimedia support ---> 　　　Graphics support ---> 　< > Sound card support ---> 　[ ] HID Devices ---> 　[ ] USB support ---> 　< > MMC/SD/SDIO card support ---> 　< > Sony MemoryStick card support (EXPERIMENTAL) ---> 　[ ] LED Support ---> 　[ ] Near Field Communication (NFC) devices ---> 　[ ] Accessibility support ---> 　[ ] Real Time Clock ---> 　[ ] DMA Engine support ---> 　[ ] Auxiliary Display support ---> 　< > Userspace I/O drivers ---> 　[ ] Staging drivers ---> 　　　test1 driver here --->	在 make menuconfig 中对 test1 进行包含操作
─────────── test1 driver here ─────────── the menu. <Enter> selects submenus --->. Highl les, <M> modularizes features. Press <Esc><Esc> :cluded <M> module < > module capable 　[ ] xiaoyang test1 driver (NEW)	选中此选项

`[root@iotlab linux-3.0.8]# make M=drivers/test1/ modules`
`  Building modules, stage 2.`
`  MODPOST 0 modules`
	如果只想单独编译一个模块，可以使用命令

上面是在内核目录下进行的操作，但有时在编写驱动时，我们并不可能在内核目录下编写，但编译时却要依赖内核中的规则和 Makefile，所以就有了以下方法，同时这也是编写驱动时 Makefile 的一般格式。

指定内核 Makefile 并单独编译：

```
make -C /root/linux-2.6.29 M=`pwd` module
make -C /root/linux-2.6.29 M=`pwd` module clean
//-C 指定内核 Makefile 的路径，可以使用相对路径
//-M 指定要编译的文件的路径，同样使用相对路径
```

```
// 编译生成的模块可以指定存放的目录
make -C /root/linux-2.6.29 M=`pwd` modules_install INSTALL_MOD_PATH=/nfsroot
```

7.1.4 嵌入式 Linux 驱动程序的加载方式

在完成了嵌入式 Linux 驱动程序的编写、测试工作后，下一步就是将编写好的驱动程序加载到内核中，通常有以下两种方法。

1. 驱动程序直接编译进内核

采用这种方式编译的驱动程序在内核启动时就已经在内存中，运行时不需要再自己加载驱动，可以保留专用的存储空间，如图 7-5 所示。

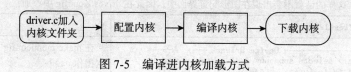

图 7-5 编译进内核加载方式

2. 驱动程序的模块加载

采用模块加载方式的驱动程序将会以模块形式存储在文件系统里，需要时动态载入内核即可。这样使得驱动程序按需加载，不用时节省内存，并且驱动程序相对安全，升级灵活，授权方便，如图 7-6 所示。

模块加载方式的实现还需要借助两个重要的函数，即 init_module() 和 cleanup_module()，这两个函数分别实现驱动程序模块方式的加载和卸载功能，源代码在 /usr/src/linux/kernel/module.c 中。在 Linux 2.4 版本后，采用了新的方法来命名这两个函数，用 example_init() 代替 init_module 函数，用 example_cleanup() 代替 cleanup_module() 函数。

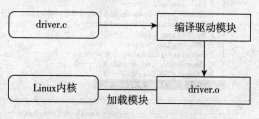

图 7-6 模块方式加载到内核

在程序的最后用下面两行代码进行声明：

```
module_init(example_init())
module_exit(example_cleanup())
```

7.1.5 无操作系统时的设备驱动

不是任何一个计算机系统都一定要运行操作系统，在很多情况下，操作系统不必存在。对于功能单一、控制并不复杂的系统，如 ASIC 内部、公交车的刷卡机、电冰箱等，并不需要多任务调度、文件系统、内存管道等复杂功能，用单任务架构完全可以良好地支持它们的工作，一个无限循环中夹杂对设备中断的检测或者对设备的轮询是这种系统中软件的典型架构，代码如下：

```
int main( int argc, char* argv[ ] )
```

```
        {
         while ( 1 )
    {
if ( serialInt == 1)
/* 有串口中断 */
{
ProcessSerialInt( ); /* 处理串口中断 */
serialIint = 0; /* 中断标志变量清 0 */
}
if ( keyInt == 1)  /* 有按键中断 */
{
ProcessSerialInt( ); /* 处理串口中断 */
serialIint = 0; /* 中断标志变量清 0 */

        }
status = CheckXXX( );
switch ( status)
{
……
}
……
}
    }
```

在这样的系统中不存在操作系统，但是设备驱动无论如何都必须存在，在一般情况下，每一种设备驱动都会定义为一个软件模块，包含 .h 文件和 .c 文件，前者定义该设备驱动的数据结构并声明外部函数，后者进行驱动的具体实现。

```
/*********************
*serial.h
*********************/
extern  void  SerialInit( viod );
extern  void  SerialSend( const char buf*,int count );
extern  void  SerialRecv( char buf*,int count);

/*********************
*serial.c
*********************/
/* 初始化串口 */
void SerialInt( void )
{
……
}
/* 串口发送 */
void SerialSend( const char buf*,int count )
{
……
}
/* 串口接收 */
void SerialRecv( char buf*,int count )
{
……
}
/* 串口中断处理函数 */
void SerialIsr( void )
```

```
{
......
serialInt = 1;
}
```

其他模块想要使用这个设备的时候，只需要包含设备驱动的头文件serial.h，然后调用其中的外部接口函数，如要从串口发送"Hello World"字符串，使用语句SerialSend（"Hello World"）就可以了。

因此，在没有操作系统的情况下，设备驱动的接口被直接提交给应用工程师，应用软件没有跨越任何层次就直接访问设备驱动的接口。驱动包含的接口函数也与硬件的功能直接吻合，没有任何附加功能。如图7-7所示。

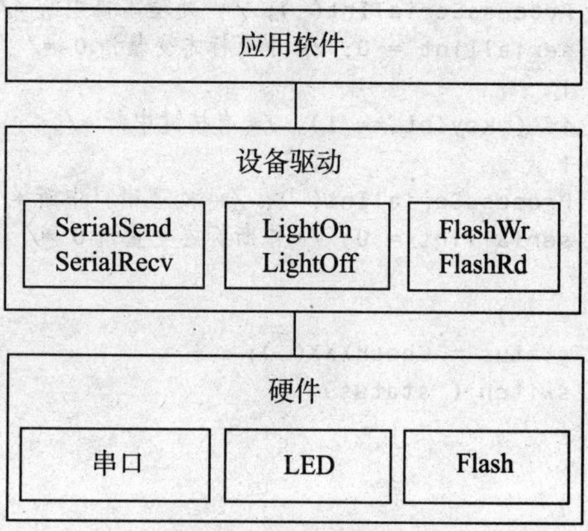

7.1.6 有操作系统时的设备驱动

图7-7 无操作系统时硬件、驱动和应用软件的关系

在没有操作系统时，驱动直接运行在硬件上，不与任何操作系统关联，当系统中包含操作系统时，设备驱动会如何呢？

首先，无操作系统时设备驱动的硬件操作还是必不可少的，没有这一部分，驱动不可能与硬件打交道。

其次，还需要将驱动融入内核，为了实现这种融合，必须在所有设备的驱动中设计面向操作系统内核的接口，这样的接口由操作系统规定，对一类设备而言结构一致，独立于具体设备。

因此当系统中存在操作系统的时候，驱动变成了连接硬件和内核的桥梁，如图7-8所示。

操作系统的存在造成设备驱动附加更多的代码和功能，把单一的驱使硬件设备行动变成了操作系统内与硬件交互的模块，它对

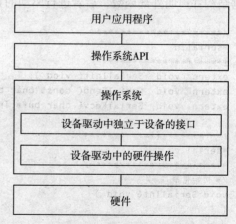

图7-8 硬件、驱动、操作系统和应用软件的关系

外呈现为操作系统的API，不再给应用工程师直接提供接口。

有了操作系统后驱动反而变得复杂，那么要操作系统干什么？

首先，一个复杂的软件系统要处理多个并发的任务，没有操作系统想完成多任务并发是很困难的。

其次，操作系统提供内存管理机制。一个典型的例子是，对于多数含MMU的处理器来说，Windows、Linux等操作系统可以让每个进程都可以独立地访问4GB的内存空间。

上述优点好像并没有体现在设备驱动身上，操作系统的存在给设备驱动究竟带来了什么

实质性好处?

简而言之,操作系统通过给驱动制造麻烦来达到给上层应用提供便利的目的,当驱动都按照操作系统给出的独立于设备的接口设计时,应用程序将可使用统一的系统调用接口来访问各种设备。

7.1.7 内核模块化编程

内核模块是 Linux 内核向外部提供的一个接口,其全称为动态可加载内核模块(Loadable Kernel Module,LKM),简称为模块。Linux 内核之所以提供模块机制,是因为它本身是一个单内核(monolithic kernel)。单内核的最大优点是效率高,因为所有的内容都集成在一起,但其缺点是可扩展性和可维护性相对较差,模块机制就是为了弥补这一缺陷。

模块是具有独立功能的程序,它可以被单独编译,但不能独立运行。它在运行时被链接到内核,作为内核的一部分在内核空间运行,这与运行在用户空间的进程是不同的。模块通常由一组函数和数据结构组成,用来实现一种文件系统、一个驱动程序或其他内核上层的功能。模块和内核都在内核空间运行,模块编程在一定意义上说就是内核编程。因为内核版本的每次变化,导致其中的某些函数名也会相应地发生变化,因此模块编程与内核版本密切相关,以下例子是针对 Linux 2.6 内核编写的模块。

Linux 内核的版本:

```
[root@iotlab /]# uname -a
Linux iotlab 2.6.32-431.el6.x86_64 #1 SMP Sun Nov 10 22:19:54 EST 2013 x86_64 x86_64
    x86_64 GNU/Linux
```

Linux 内核的源代码位置:

```
[root@iotlab /]# cd /iotlab/linux-3.0.8/
[root@iotlab linux-3.0.8]# ls
arch crypto fs Kbuild MAINTAINERS modules.order REPORTING-BUGS sound    virtblock
    Documentation include KconfigMakefile
Module.symvers samples System.map   vmlinux
COPYING drivers init kernel mm netscripts tools vmlinux.oCREDITS firmware ipclib
    modules.builtin  README ecurityusr
```

下面我们用一个例子来具体说明内核编程的方法与技巧,还是从程序员的起步程序 hello world 开始,具体操作如下。

1. hello.c 的源程序

```
[root@iotlab test]# cat  hello.c
#include <linux/init.h>
#include <linux/module.h>
#include <linux/kernel.h>
MODULE_LICENSE("GPL");
extern int hello_data;
static int hello_init(void)
{
printk(KERN_ERR "hello,kernel!,this is hello module\n");
```

```
    printk(KERN_ERR "hello_data:%d\n",++hello_data);
        return 0;
}
    static void hello_exit(void)
{
printk(KERN_ERR "hello_data:%d\n",--hello_data);
printk(KERN_ERR "Leave hello module!\n");
}
module_init(hello_init);
module_exit(hello_exit);
    MODULE_AUTHOR("Xiao Yang Liu");
MODULE_DESCRIPTION("This is hello module");
MODULE_ALIAS("A simple example");
```

2. hello_h.c 的源程序

```
[root@iotlab test]# cat  hello_h.c
#include <linux/init.h>
#include <linux/module.h>
#include <linux/kernel.h>
static unsigned int hello_data=100;
EXPORT_SYMBOL(hello_data);
    static int hello_h_init(void)
{
    hello_data+=5;
printk(KERN_ERR "hello_data:%d\nhello kernel,this is hello_h module\n",hello_data);
        return 0;
}
    static void hello_h_exit(void)
{
    hello_data-=5;
printk(KERN_ERR "hello_data:%d\nleave hello_h module\n",hello_data);
}
module_init(hello_h_init);
module_exit(hello_h_exit);
MODULE_LICENSE("GPL");
MODULE_AUTHOR("Xiao Yang Liu");
```

在以上两个 .c 文件中，我们在 hello_h.c 中定义了一个静态变量 hello_data，初始值为 100，并把它导出了，在 hello.c 中使用了该变量。在后面我们会看到，这样给出例子是为了说明模块依赖。

3. Makefile 文件

```
[root@iotlab test]# cat Makefile
obj-m +=hello.o
obj-m +=hello_h.o
kernel_path=/iotlab/linux-3.0.8
all:
make -C $(kernel_path) M=$(pwd) modules
clean:
make -C $(kernel_path) M=$(pwd) clean
```

4. 编译

```
[root@iotlab test]# make
make -C /iotlab/linux-3.0.8   M=/test modules
make[1]: Entering directory `/iotlab/linux-3.0.8'
  CC [M]  /test/hello.o
  CC [M]  /test/hello_h.o
  Building modules, stage 2.
  MODPOST 2 modules
  CC      /test/hello.mod.o
  LD [M]  /test/hello.ko
  CC      /test/hello_h.mod.o
  LD [M]  /test/hello_h.ko
make[1]: Leaving directory `/iotlab/linux-3.0.8'
```

5. 编译后的结果

```
[root@iotlab test]# ls  -l
-rw-r--r-- 1 root root   626 Apr 24 12:53 hello.c
-rw-r--r-- 1 root root   583 Apr 24 12:54 hello_h.c
-rw-r--r-- 1 root root 20371 Apr 24 12:57 hello_h.ko
-rw-r--r-- 1 root root   444 Apr 24 12:57 hello_h.mod.c
-rw-r--r-- 1 root root 13056 Apr 24 12:57 hello_h.mod.o
-rw-r--r-- 1 root root  8360 Apr 24 12:57 hello_h.o
-rw-r--r-- 1 root root 20146 Apr 24 12:57 hello.ko
-rw-r--r-- 1 root root   451 Apr 24 12:57 hello.mod.c
-rw-r--r-- 1 root root 13056 Apr 24 12:57 hello.mod.o
-rw-r--r-- 1 root root  8120 Apr 24 12:57 hello.o
-rw-r--r-- 1 root root   171 Apr 24 09:55 Makefile
-rw-r--r-- 1 root root    46 Apr 24 12:57 modules.order
-rw-r--r-- 1 root root    46 Apr 24 12:57 Module.symvers
```

在 2.4 版本内核中，生成的是 .o 文件。而 2.6 版本内核对内核模块的管理进行了一些扩展，生成的是 .ko 文件。.o 文件也就是 object 文件，.ko 文件是 kernel object 文件，与 .o 的区别在于多了一些段，比如 .modinfo。.modinfo 段是由 kernel source 里的 modpost 工具生成的，包括 MODULE_AUTHOR、MODULE_DESCRIPTION、MODULE_LICENSE、device ID table 以及模块依赖关系等。depmod 工具根据 .modinfo 段生成 modules.dep、modules.*map 等文件，以便 modprobe 更方便地加载模块。

6. 查看文件属性

```
[root@iotlab test]# file  hello.ko
hello.ko: ELF 32-bit LSB relocatable, ARM, version 1 (SYSV), not stripped

[root@iotlab test]# file  hello_h.o
hello_h.o: ELF 32-bit LSB relocatable, ARM, version 1 (SYSV), not stripped
```

file 命令的输出表明模块文件是可重定位的，这是用户空间程序设计中一个熟悉的术语。从 .ko 文件的函数引用的地址可以看出其是指向代码中的相对地址，因此可以在内存的任意偏移地址加载，当然，在映像加载到内存中时，映像的地址要由动态链接器 ld.so 进行适当的修改。内核模块同样如此。其中的地址也是相对的，而不是绝对的。

7. 利用 nm 命令查看

nm 命令主要用来列出某些文件中的符号，即一些函数和全局变量等。

```
[root@iotlab test]# nm hello.ko
00000000 t $a
00000000 r $d
00000000 r $d
00000000 r $d
00000010 N $d
0000005c r $d
00000000 d $d
00000000 r .LC0
00000014 r .LC1
0000002c r .LC2
         U __aeabi_unwind_cpp_pr0
         U __aeabi_unwind_cpp_pr1
00000000 r __mod_alias25
00000038 r __mod_author23
00000017 r __mod_description24
0000004d r __mod_license5
0000006c r __mod_vermagic5
0000005c r __module_depends
00000000 D __this_module
00000000 T cleanup_module
         U hello_data
00000000 t hello_exit
00000034 t hello_init
00000034 T init_module
         U printk
```

U 代表未解决的引用，可见都为内核代码中的导出函数，D 表示符号位于数据段，T 表示符号位于代码段。内核提供了一个所有导出函数的列表。该列表给出了所有导出函数的内存地址和对应的函数名，可以通过 proc 文件系统访问，即文件 /proc/kallsyms。

8. 了解系统二进制文件中可以打印的字符

```
[root@iotlab test]# cat /proc/kallsyms | grep vprintk
ffffffff81072b30 T vprintk
ffffffff810fe8e0 T trace_array_vprintk
ffffffff810feab0 T trace_vprintk
ffffffff81101fa0 T __ftrace_vprintk
ffffffff81833630 r __ksymtab_vprintk
ffffffff81842290 r __ksymtab_trace_vprintk
ffffffff81842360 r __ksymtab___ftrace_vprintk
ffffffff81849218 r __kcrctab_vprintk
ffffffff81850848 r __kcrctab_trace_vprintk
ffffffff818508b0 r __kcrctab___ftrace_vprintk
ffffffff81855294 r __kstrtab_vprintk
ffffffff81857db5 r __kstrtab_trace_vprintk
ffffffff81857f7d r __kstrtab___ftrace_vprintk
```

还有一些额外的信息来源直接存储在二进制模块文件中，并且指定了模块用途的文本描述。这些可以使用 modutils 中的 modinfo 工具查询。它们可以存储电子邮件地址、进行功能简短描述、进行配置参数描述、指定支持的设备、指定模块按何种许可证分发等。我们查看一下上面的 hello.ko 文件：

```
[root@iotlab test]# /sbin/modinfo  hello.ko
filename:         hello.ko
alias:            A simple example
description:      This is hello module
author:           Xiao Yang Liu
license:          GPL
depends:          hello_h
vermagic:         3.0.8 preempt mod_unload ARMv7
```

这些额外的信息是如何合并到二进制模块文件中的呢？在所有使用 ELF 格式的二进制文件中，有各种各样的单元将二进制数据组织到不同类别中，这些在技术上称为段。为允许在模块中添加信息，内核引入了一个名为 .modinfo 的段。

通常，模块的装载发起于用户空间，由用户或自动化脚本启动。在处理模块时，具有更大的灵活性并提高透明度，内核自身也能够请求加载模块。由于在用户空间完成这些比在内核空间容易得多，内核将该工作委托给一个辅助进程 kmod。要注意，kmod 并不是一个永久性的守护进程，内核会按需启动它。

当内核请求没有相关数据结构信息时，内核试图使用 request_module 函数加载对应的模块，该函数使用 kmod 机制启动 modprobe 工具，modprobe 插入相应的模块。换句话说，内核依赖于用户空间中的一个应用程序使用内核函数来添加模块，如图 7-9 所示。在内核源代码中很多不同地方调用了 request_module。借助该函数，内核试图通过在没有用户介入的情况下自动加载代码，使得尽可能透明地访问那些委托给模块的功能。

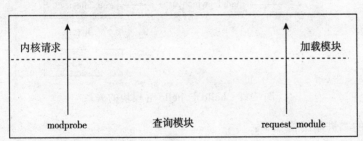

图 7-9　内核加载模块机制

9. 依赖关系和引用

如果模块 B 使用了模块 A 提供的函数，那么模块 A 和模块 B 之间就存在关系。为正确管理这些依赖关系，内核需要引入另一个数据结构。

```
/* modules using other modules */
struct module_use
    {
    struct list_head list;
    struct module *module_which_uses;
    };
```

依赖关系的网络通过 module_use 和 module 数据结构的 modules_which_use_me 成员共

同建立起来。对每个使用了模块 A 中函数的模块 B，都会创建一个 module_use 的新实例。该实例将添加到模块 A 的 modules_which_use_me 链表中。module_which_uses 指向模块 B 的 module 实例。根据这些信息，内核很容易计算出使用特定模块的其他内核模块。

我们回到前面的两个 hello 内核代码，hello.c 中用了一个外部变量 hello_data，这个变量来自 hello_h.c，为 hello_h.c 的全局静态导出变量。所以 hello 模块依赖 hello_h 模块。正常操作是先插入模块 hello_h，然后插入 hello 模块；先移除 hello 模块，再移除 hello_h。在嵌入式开发平台上，我们用 insmod 命令对模块进行加载，如图 7-10 所示。

```
[root@localhost hello_h]# insmod hello_h.ko
hello_data:105
hello kernel,this is hello_h module
[root@localhost hello_h]# insmod ../hello.ko
hello,kernel!,this is hello module
hello_data:106
[root@localhost hello_h]# rmmod hello
hello_data:105
Leave hello module!
[root@localhost hello_h]# rmmod hello_h
hello_data:100
leave hello_h module
```

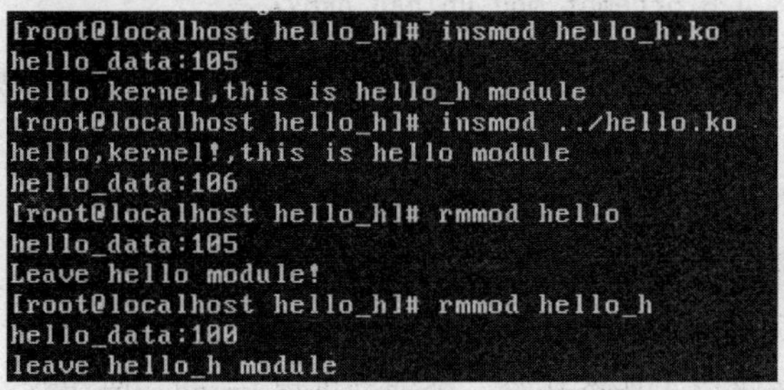

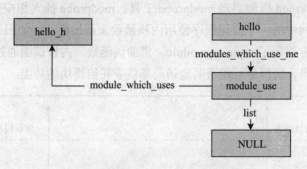

图 7-10　运行结果

可以看到上面的操作顺序是不能改变的，其依赖关系如图 7-11 所示。

图 7-11　hello 与 hello_h 模块的关系

模块文件的二进制结构如下：

```
[root@iotlab test]# readelf -S hello.ko
There are 32 section headers, starting at offset 0x37e0:
Section Headers:
[Nr] Name              Type          Addr     Off    Size   ES  Flg Lk  Inf Al
[0]                    NULL          00000000 000000 000000 00       0   0   0
[1] .text              PROGBITS      00000000 000034 00006c 00  AX   0   0   4
[2] .rel.text          REL           00000000 003ce0 000080 08       30  1   4
[3] .ARM.extab         PROGBITS      00000000 0000a0 00000c 00   A   0   0   4
[4] .ARM.exidx         ARM_EXIDX     00000000 0000ac 000010 00  AL   1   0   4
[5] .rel.ARM.exidx     REL           00000000 003d60 000028 08       30  4   4
[6] .modinfo           PROGBITS      00000000 0000bc 000098 00   A   0   0   4
[7] .rodata.str1.4     PROGBITS      00000000 000154 000054 01 AMS   0   0   4
[8] .data              PROGBITS      00000000 0001a8 000000 00  WA   0   0   1
[9] .gnu.linkonce.thi PROGBITS       00000000 0001a8 000138 00  WA   0   0   4
[10] .rel.gnu.linkonce REL           00000000 003d88 000010 08       30  9   4
[11] .note.gnu.build-i NOTE          00000000 0002e0 000024 00   A   0   0   4
```

```
  [12] .bss              NOBITS          00000000 000304 000000 00  WA  0   0  1
  [13] .debug_abbrev     PROGBITS        00000000 000304 000397 00      0   0  1
  [14] .debug_info       PROGBITS        00000000 00069b 001b98 00      0   0  1
  [15] .rel.debug_info   REL             00000000 003d98 000cd0 08     30  14  4
  [16] .debug_line       PROGBITS        00000000 002233 0002ec 00      0   0  1
  [17] .rel.debug_line   REL             00000000 004a68 000008 08     30  16  4
  [18] .debug_frame      PROGBITS        00000000 002520 000048 00      0   0  4
  [19] .rel.debug_frame  REL             00000000 004a70 000020 08     30  18  4
  [20] .debug_loc        PROGBITS        00000000 002568 00003e 00      0   0  1
  [21] .debug_aranges    PROGBITS        00000000 0025a6 000020 00      0   0  1
  [22] .rel.debug_arange REL             00000000 004a90 000010 08     30  21  4
  [23] .debug_str        PROGBITS        00000000 0025c6 00103b 01  MS  0   0  1
  [24] .comment          PROGBITS        00000000 003601 000054 00      0   0  1
  [25] .note.GNU-stack   PROGBITS        00000000 003655 000000 00      0   0  1
  [26] .ARM.attributes   ARM_ATTRIBUTES  00000000 003655 00002d 00      0   0  1
  [27] .debug_pubnames   PROGBITS        00000000 003682 000024 00      0   0  1
  [28] .rel.debug_pubnam REL             00000000 004aa0 000008 08     30  27  4
  [29] .shstrtab         STRTAB          00000000 0036a6 000138 00      0   0  1
  [30] .symtab           SYMTAB          00000000 004aa8 000300 10     31  41  4
  [31] .strtab           STRTAB          00000000 004da8 00010a 00      0   0  1
Key to Flags:
  W (write), A (alloc), X (execute), M (merge), S (strings)
  I (info), L (link order), G (group), x (unknown)
  O (extra OS processing required) o (OS specific), p (processor specific)
```

模块使用 ELF 二进制文件结构，其中包含了几个额外的段，普通的程序或库中是不会出现这些信息的。

从以上步骤可以看出生成模块需要执行 3 个步骤。

1）首先将模块源代码中的所有 C 文件都编译为 .o 目标文件。

2）在为所有模块产生目标文件后，内核可以分析它们，找到附加信息（如模块依赖关系）并保存在一个独立的文件中，编译为一个二进制文件。

3）将前述两个步骤产生的二进制文件连接起来，生成最终的模块。

10. 初始化和清理函数

模块的初始化函数和清理函数保存在 .gnu.linkonce.module 段的 module 实例中，该实例位于上述为每个模块自动生成的附加文件中。对于上面的 hello.c 文件编译生成的 hello.mod.c：

```
[root@iotlab test]# cat hello.mod.c
#include <linux/module.h>
#include <linux/vermagic.h>
#include <linux/compiler.h>
MODULE_INFO(vermagic, VERMAGIC_STRING);
struct module __this_module
__attribute__((section(".gnu.linkonce.this_module"))) = {
 .name = KBUILD_MODNAME,
 .init = init_module,
  #ifdef CONFIG_MODULE_UNLOAD
 .exit = cleanup_module,
  #endif
 .arch = MODULE_ARCH_INIT,
 };
  static const char __module_depends[]
```

```
    __used
    __attribute__((section(".modinfo"))) =
    "depends=hello_h";
```

KBUILD_MODNAME 包含了模块的名称，只有将代码编译为模块时才定义。

11. 导出符号

内核为导出符号提供了两个宏：EXPORT_SYMBOL 和 EXPORT_SYMBOL_GPL。在 hello_h.c 中用到了 EXPORT_SYMBOL，我们看看内核是怎么定义的。例如，在 <module.h> 中：

```
/* Mark the CRC weak since genksyms apparently decides not to * generate a checksums
    for some symbols */

#define __CRC_SYMBOL(sym, sec)                            \
extern void *__crc_##sym __attribute__((weak));           \
static const unsigned long __kcrctab_##sym                \
__used                                                    \
__attribute__((section("__kcrctab" sec), unused))         \
= (unsigned long) &__crc_##sym;
    #else
    #define __CRC_SYMBOL(sym, sec)
    #endif


/* For every exported symbol, place a struct in the __ksymtab section */

#define __EXPORT_SYMBOL(sym, sec)                         \
extern typeof(sym) sym;                                   \
__CRC_SYMBOL(sym, sec)                                    \
static const char __kstrtab_##sym[]                       \
__attribute__((section("__ksymtab_strings"), aligned(1))) \
= MODULE_SYMBOL_PREFIX #sym;                              \
static const struct kernel_symbol __ksymtab_##sym         \
__used                                                    \
__attribute__((section("__ksymtab" sec), unused))         \
= { (unsigned long)&sym, __kstrtab_##sym }

#define EXPORT_SYMBOL(sym)                                \
__EXPORT_SYMBOL(sym, "")

#define EXPORT_SYMBOL_GPL(sym)                            \
__EXPORT_SYMBOL(sym, "_gpl")

#define EXPORT_SYMBOL_GPL_FUTURE(sym)                     \
__EXPORT_SYMBOL(sym, "_gpl_future")
```

12. 版本控制信息

.modinfo 段中总是会存储某些必不可少的版本控制信息，而无论内核的版本控制特性是否启用。这使得可以从各种内核配置中区分出特别影响整个内核源代码的那些配置，这些可能需要一个单独的模块集合。我们看看上面 hello 模块生成的 hello.mod.c 文件中的版本控制信息。

```
[root@iotlab test]# cat hello.mod.c
#include <linux/module.h>
#include <linux/vermagic.h>
#include <linux/compiler.h>
MODULE_INFO(vermagic, VERMAGIC_STRING);
```

VERMAGIC_STRING 是一个字符串,表示内核配置的关键特性,在内核源码中定义为:

```
#define VERMAGIC_STRING
    UTS_RELEASE ""
    MODULE_VERMAGIC_SMP MODULE_VERMAGIC_PREEMPT
    MODULE_VERMAGIC_MODULE_UNLOAD MODULE_VERMAGIC_MODVERSIONS
    MODULE_ARCH_VERMAGIC
```

13. 模块的插入和卸载

模块的装载和卸载在内核中用两个系统调用实现:sys_init_module 和 sys_delete_module,定义在 <kernel/module.c> 中的两个函数的实现比较复杂,有兴趣的读者可以自行查阅。

7.2 嵌入式驱动开发实践

通过以上的介绍,我们得知 Linux 系统已经为用户提供了相当多的接口(API)来满足用户对硬件驱动的要求及实现。我们以字符设备为例来说明驱动开发过程并了解在开发驱动时所要掌握的知识。

7.2.1 嵌入式字符设备的驱动程序结构

字符设备驱动程序是最基本、最常用的嵌入式驱动程序,它的功能很强大,几乎可以描述不涉及挂载文件系统的所有设备。驱动程序中完成的主要工作是初始化、添加和删除 cdev 结构体、申请和释放设备号,以及填充 file_operations 结构体中的操作函数,并实现 file_operations 结构体中的 read()、write()、ioctl() 等重要函数,如图 7-12 所示。

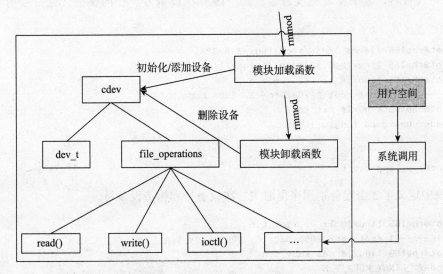

图 7-12 cdev 结构体、file_operations 和用户空间调用驱动关系

在 Linux 内核中使用 cdev 结构体来描述字符设备，通过其成员 dev_t 来定义设备号（分为主、次设备号）以确定字符设备的唯一性，通过其成员 file_operations 来定义字符设备驱动提供给 VFS 的接口函数，如常见的 open()、read()、write() 等。

在 Linux 字符设备驱动中，模块加载函数通过 register_chrdev_region() 或 alloc_chrdev_region() 来静态或者动态获取设备号，通过 cdev_init() 建立 cdev 与 file_operations 之间的连接，通过 cdev_add() 向系统添加一个 cdev 以完成注册。模块卸载函数通过 cdev_del() 来注销 cdev，通过 unregister_chrdev_region() 来释放设备号。用户空间访问该设备的程序通过 Linux 系统调用如 open()、read()、write() 来调用 file_operations，定义字符设备驱动提供给 VFS 的接口函数。

7.2.2 设备号的申请和字符设备的注册

一个字符设备或块设备都有一个主设备号和一个次设备号。主设备号用来标识与设备文件相连的驱动程序，用来反映设备类型。次设备号被驱动程序用来辨别操作的是哪个设备，用来区分同类型的设备。

在 Linux 下，一切设备皆文件，所有的设备都能在 /dev 目录下找到相应的文件，这些文件除了名字不一样以外，每个设备文件都有不一样的设备号。

```
[root@rhel65 dev]# ll tty*
crw--w---- 1 root tty      4, 10 Mar 27 19:28 tty10
crw--w---- 1 root tty      4, 11 Mar 27 19:28 tty11
crw--w---- 1 root tty      4, 12 Mar 27 19:28 tty12
crw--w---- 1 root tty      4, 13 Mar 27 19:28 tty13
crw--w---- 1 root tty      4, 14 Mar 27 19:28 tty14
crw--w---- 1 root tty      4, 15 Mar 27 19:28 tty15
crw--w---- 1 root tty      4, 16 Mar 27 19:28 tty16
crw--w---- 1 root tty      4, 17 Mar 27 19:28 tty17
crw--w---- 1 root tty      4, 18 Mar 27 19:28 tty18
crw--w---- 1 root tty      4, 19 Mar 27 19:28 tty19
```

tty 是设备名，其中 4 是主设备号，10~19 是次设备号。在内核中，设备号用 dev_t 类型表示。

```
[root@rhel65 /]# cd /usr/src/linux-2.6.32/
[root@rhel65 linux-2.6.32]# cd include/linux/
[root@rhel65 linux]# ls -l coda.h
-rw-r--r-- 1 root root 17708 Dec  3  2009 coda.h
[root@rhel65 linux]# cat coda.h
typedef unsigned long u_long;
……

typedef u_long dev_t;
```

内核中定义了 3 个宏分别用来提取主、次设备号和构造设备号。

```
[root@rhel65 linux]# ls -l kdev_t.h
-rw-r--r-- 1 root root 2098 Dec  3  2009 kdev_t.h
[root@rhel65 linux]# cat kdev_t.h
#ifndef _LINUX_KDEV_T_H
```

```
#define _LINUX_KDEV_T_H
#ifdef __KERNEL__
#define MINORBITS        20
#define MINORMASK        ((1U << MINORBITS) - 1)
#define MAJOR(dev)       ((unsigned int) ((dev) >> MINORBITS))
#define MINOR(dev)       ((unsigned int) ((dev) & MINORMASK))
#define MKDEV(ma,mi)     (((ma) << MINORBITS) | (mi))
```

MAJOR 用于提取主设备号，MINOR 用于提取次设备号，MKDEV 用于构造设备号，mknod 是帮助我们在 /dev 目录下手工把设备与驱动连接的纽带。

设备号的申请是采用 register_chrdev_region() 函数进行的。方法如下：

`intregister_chrdev_region(dev_t from, unsigned count, const char *name)`

指定设备号从 from 开始，申请 count 个设备号，当设备成功申请后在 /proc/devices 中的名字为 name，成功后返回 0，失败返回错误码。

上面的申请函数需要我们自己定义设备号，我们需要知道哪些设备号是已经被人占用的，这样才不会与原来的系统产生冲突导致申请失败。所以可以在文档 Documentation/devices.txt 中查看哪些设备号已经被使用了。

```
[root@rhel65 Documentation]# cat devices.txt
 60-63  char       LOCAL/EXPERIMENTAL USE
120-127 char       LOCAL/EXPERIMENTAL USE
240-254 char       LOCAL/EXPERIMENTAL USE
```

当然，如果不想手动指定设备号，也可以使用动态分配设备号函数。

`int alloc_chrdev_region(dev_t *dev, unsigned baseminor, unsigned count, const char *name)`

动态申请从次设备号 baseminor 开始的 count 个设备号，并通过 dev 指针把分配到的设备号返回给调用函数者。

无论我们在驱动中使用上面哪种方式申请设备号，在模块卸载时都要释放设备号，方法如下：

`void unregister_chrdev_region(dev_t from, unsigned count)`

7.2.3 字符设备驱动程序重要的数据结构

在我们注册了设备之后，内核此时只知道有新的设备要加入，还不能对设备进行操作，原因是设备还没有与文件系统发生关联，file_operations（其数据结构如图 7-13 所示）是一个函数指针的集合，用于存放我们定义的用于操作设备的函数的指针，如果不定义，它默认为 NULL。

```
[root@rhel65 linux-2.6.32]# cd include/linux/
[root@rhel65 linux]# ls -l  fs.h
-rw-r--r-- 1 root root 86499 Dec  3  2009 fs.h
[root@rhel65 linux]#cat   fs.h
```

```
struct file_operations {
        struct module *owner;
        loff_t (*llseek) (struct file *, loff_t, int);
        ssize_t (*read) (struct file *, char __user *, size_t, loff_t *);
        ssize_t (*write) (struct file *, const char __user *, size_t, loff_t *);
        ssize_t (*aio_read) (struct kiocb *, const struct iovec *, unsigned long, loff_t);
        ssize_t (*aio_write) (struct kiocb *, const struct iovec *, unsigned long, loff_t);
        int (*readdir) (struct file *, void *, filldir_t);
        unsigned int (*poll) (struct file *, struct poll_table_struct *);
        int (*ioctl) (struct inode *, struct file *, unsigned int, unsigned long);
        long (*unlocked_ioctl) (struct file *, unsigned int, unsigned long);
        long (*compat_ioctl) (struct file *, unsigned int, unsigned long);
        int (*mmap) (struct file *, struct vm_area_struct *);
        int (*open) (struct inode *, struct file *);
        int (*flush) (struct file *, fl_owner_t id);
        int (*release) (struct inode *, struct file *);
        int (*fsync) (struct file *, struct dentry *, int datasync);
        int (*aio_fsync) (struct kiocb *, int datasync);
        int (*fasync) (int, struct file *, int);
        int (*lock) (struct file *, int, struct file_lock *);
        ssize_t (*sendpage) (struct file *, struct page *, int, size_t, loff_t *, int);
        unsigned long (*get_unmapped_area)(struct file *, unsigned long, unsigned long, unsigned long, unsigned long);
        int (*check_flags)(int);
        int (*flock) (struct file *, int, struct file_lock *);
        ssize_t (*splice_write)(struct pipe_inode_info *, struct file *, loff_t *, size_t, unsigned int);
        ssize_t (*splice_read)(struct file *, loff_t *, struct pipe_inode_info *, size_t, unsigned int);
        int (*setlease)(struct file *, long, struct file_lock **);
};
```

图 7-13 file_operations 的数据结构

上面的函数很多都与系统编程的函数相似，因为这里的函数是与系统编程的函数对应的，如在应用层调用函数 open 来操作设备文件，内核就会调用文件操作结构体中的成员 open 来进行相应的操作。

我们平常用到的字符设备驱动程序重要的数据结构有：open、read、write、release、owner、llseekioctl。

比如，我们需要自定义的结构如下：

```
struct file_operations ***_ops={
.owner   =   THIS_MODULE,
.llseek  =   ***_llseek,
.read    =   ***_read,
.write   =   ***_write,
.ioctl   =   ***_ioctl,
.open    =   ***_open,
.release =   ***_release,
……
};
```

函数功能解释如下。

- int (*open) (struct inode *, struct file *)：在操作设备前必须先调用 open 函数打开文件，可以进行一些需要的初始化操作。当然，如果不实现这个函数的话，驱动会默认设备的打开操作永远成功。打开成功时 open 返回 0。
- int (*release) (struct inode *, struct file *)：当设备文件被关闭时内核会调用这个操作，当然这也可以不实现，函数默认为 NULL，关闭设备永远成功。
- ssize_t (*read) (struct file *, char __user *, size_t, loff_t *)：与用户层的 read 对应，即 ssize_t read(int fd, void *buf, size_t count)，从设备中读取数据，当用户层调用函数 read 时，对应的内核驱动就会调用这个函数。

参数说明如下。

- ◆ struct file：file 结构体，现在暂时不用，可以先不传参。
- ◆ char __user：看到 __user 就知道这是用户态的指针，可以通过这个指针向用户态传递数据，对应用户层的 read 函数的第二个参数 void *buf。
- ◆ size_t：其实这只是 unsigned int，对应用户层的 read 函数的第三个参数。
- ◆ loff_t：用于存放文件的偏移量，回想一下系统编程时读写文件的操作都会使偏移量往后移。
- size_t (*write) (struct file *, const char __user *, size_t, loff_t *)：与用户层的 write 对应。
- ssize_t write(int fd, const void *buf, size_t count)：向设备写入数据，当用户层调用函数 write 时，对应的内核驱动就会调用这个函数。

结构体 struct file 代表一个打开的文件描述符，系统中每一个打开的文件在内核中都有一个关联的 struct file。它由内核在打开时创建，并传递给在文件上操作的任何函数，直到最后关闭。当文件的所有实例都关闭之后，内核释放这个数据结构。

```
//重要成员
const struct file_operations    *f_op;      //该操作是定义文件关联的，内核在执行
                                              open 时对这个指针赋值
off_t   f_pos;                              //该文件读写位置
void            *private_data;              //该成员是系统调用时保存状态信息非常有用的资源
```

结构体 struct inode 用来记录文件的物理信息。它和代表打开的 file 结构是不同的。一个文件可以对应多个 file 结构，但只有一个 inode 结构。inode 一般作为 file_operations 结构中函数的参数传递过来。

inode 译成中文就是索引节点。每个存储设备（如硬盘、软盘、U 盘等）或存储设备的分区被格式化为文件系统后，应该有两部分：一部分是 inode；另一部分是 Block。Block 是用来存储数据用的。而 inode 用来存储这些数据的信息，这些信息包括文件大小、属主、归属的用户组、读写权限等。inode 为每个文件进行信息索引，所以就有了 inode 的数值。操作系统根据指令，能通过 inode 值最快地找到相对应的文件。

```
dev_t i_rdev;               //对表示设备文件的 inode 结构，该字段包含了真正的设备编号
struct cdev *i_cdev;        //是表示字符设备的内核的内部结构。当 inode 指向一个字符设备文件时，
                              该字段包含了指向 struct cdev 结构的指针
//我们也可以使用下面两个宏从 inode 中获得主设备号和次设备号
unsigned int iminor(struct inode *inode);
unsigned int imajor(struct inode *inode);
```

7.2.4 字符设备驱动程序设计

在 Linux 的世界中一切皆文件，所有的硬件设备操作到应用层都会被抽象成文件操作。我们知道应用层要访问硬件设备，必定要调用硬件对应的驱动程序。Linux 内核中有那么多驱动程序，应用层怎么才能精确地调用到底层的驱动程序呢？

我们以字符设备为例，来看看应用程序是如何与底层驱动程序关联起来的。以下是必须要了解的知识。

1）在 Linux 文件系统中，每个文件都用一个 struct inode 结构体来描述，结构体里面记录了这个文件的所有信息，如文件类型、访问权限。

2）在 Linux 操作系统中，每个驱动程序在应用层 /dev 目录下都会有一个设备文件与之对应。

3）在 Linux 操作系统中，每个驱动程序都有一个设备号。

4）在 Linux 操作系统中，每打开一次文件，Linux 操作系统在 VFS 层都会分配一个 struct file 结构体来描述打开的文件。

通常，我们认为 struct inode 描述的是文件的静态信息，即这些信息很少会改变。而 struct file 描述的是动态信息，即在对文件操作的时候，struct file 里面的信息经常会发生改变。典型的是 struct file 结构体里面的 f_ops（记录当前文件的位移量），每次读写一个普通文件时 f_ops 的值都会发生改变，如图 7-14 所示。

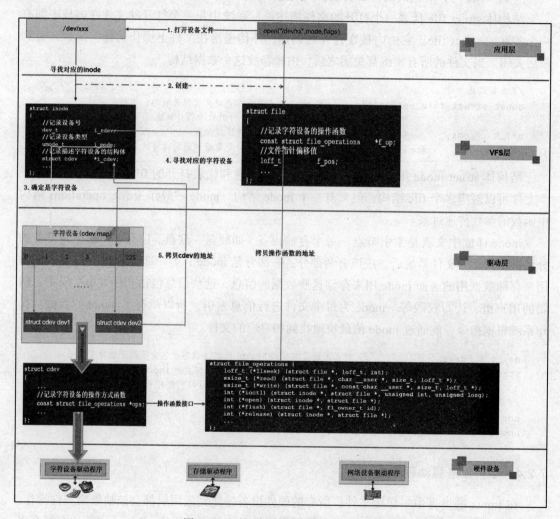

图 7-14　上层应用访问底层驱动程序

在图 7-14 中，我们可以看出，如果想访问底层设备，就必须打开对应的设备文件，也就是在这个打开的过程中，Linux 内核将应用层与对应的驱动程序关联起来。

1）当 open 函数打开设备文件时，根据设备文件对应的 struct inode 结构体描述和信息，可以知道接下来要操作的设备类型，还会分配一个 struct file 结构体。

2）根据 struct inode 结构体记录的设备号，可以找到对应的驱动程序。以字符设备为例，在 Linux 操作系统中每个字符设备下有一个 struct cdev 结构体，此结构体描述了字符设备所有的信息，其中最重要的一项是字符设备的操作函数接口。

3）找到 struct cdev 结构体后，Linux 内核就会将 struct cdev 结构体所在的内存空间首地址记录在 struct inode 结构体的 i_cdev 成员中，将 struct cdev 结构体记录的函数操作接口地址记录在 struct file 结构体的 f_ops 成员中。

4）任务完成，VFS 层会给应用层返回一个文件描述符（fd），这个 fd 是与 struct file 结构体对应的。接下来上层的应用程序就可以通过 fd 来找到 struct file，之后再由 struct file 找到操作字符设备的函数接口。

通过以上的理论知道，编写字符设备驱动的步骤如图 7-15 所示。

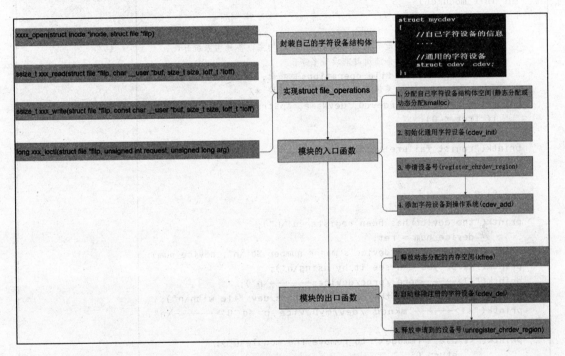

图 7-15　字符设备驱动的步骤

下面我们通过案例来加以说明。

`[root@iotlab test1]# cat devDrv.c`
`#include "linux/kernel.h"`
`#include "linux/module.h"`
`#include "linux/fs.h"`
`#include "linux/init.h"`
`#include "linux/types.h"`
`#include "linux/errno.h"`
`#include "linux/uaccess.h"`
`#include "linux/kdev_t.h"`
`#define MAX_SIZE 1024`
`    static int my_open(struct inode *inode, struct file *file);`
`    static int my_release(struct inode *inode, struct file *file);`
	devDrv.c 源代码

```c
    static ssize_t my_read(struct file *file, char __user *user,
        size_t t, loff_t *f);
    static ssize_t my_write(struct file *file, const char __user *user,
        size_t t, loff_t *f);
      static char message[MAX_SIZE] = "--------congratulatio
         ns--------!";
    static int device_num = 0;// 设备号
    static int counter = 0;      // 计数用
    static int mutex = 0;        // 互斥用
    static char* devName = "myDevice";// 设备名
      struct file_operations pStruct =
    { open:my_open, release:my_release, read:my_read, write:my_
         write, };
    /* 注册模块 */
    int init_module()
    {
        int ret;
        /* 函数中第一个参数是告诉系统新注册的设备的主设备号由系统分配,
         * 第二个参数是新设备注册时的设备名字,
         * 第三个参数是指向 file_operations 的指针,
         * 当设备号为 0 时，系统可以用设备号创建模块 */
        ret = register_chrdev(0, devName, &pStruct);
        if (ret < 0)
        {
    printk("regist failure!\n");
            return -1;
        }
        else
        {
    printk("the device has been registered!\n");
            device_num = ret;
    printk("<1>the virtual device's major number %d.\n", device_num);
    printk("<1>Or you can see it by using\n");
    printk("<1>------more /proc/devices--------\n");
    printk("<1>To talk to the driver,create a dev file with\n");
    printk("<1>------'mknod /dev/myDevice c %d 0'--------\n",
        device_num);
    printk("<1>Use \"rmmode\" to remove the module\n");
            return 0;
        }
    }
    /* 注销模块，函数名很特殊 */
    void cleanup_module()
    {
    unregister_chrdev(device_num, devName);
    printk("unregister it success!\n");
    }
      static int my_open(struct inode *inode, struct file *file)
    {
        if (mutex)
            return -EBUSY;
        mutex = 1;// 上锁
    printk("<1>main   device : %d\n", MAJOR(inode->i_rdev));
    printk("<1>slave  device : %d\n", MINOR(inode->i_rdev));
    printk("<1>%d times to call the device\n", ++counter);
```

``	
try_module_get(THIS_MODULE);	
return 0;	
}	
/* 每次使用完后会释放 */	
static int my_release(struct inode *inode, struct file *file)	
{	
printk("Device released!\n");	
module_put(THIS_MODULE);	
mutex = 0;// 开锁	
return 0;	
}	
static ssize_t my_read(struct file *file, char __user *user,	
size_t t, loff_t *f)	
{	
if(copy_to_user(user,message,sizeof(message)))	
{	
return -EFAULT;	
}	
return sizeof(message);	
}	
static ssize_t my_write(struct file *file, const char __user	
*user, size_t t, loff_t *f)	
{	
if(copy_from_user(message,user,sizeof(message)))	
{	
return -EFAULT;	
}	
return sizeof(message);	
}	
[root@iotlab test1]# cat Makefile	Makefile 文件
ifeq ($(KERNELRELEASE),)	
KERNELDIR ?= /iotlab/linux-3.0.8	
PWD := $(shell pwd)	
modules:	
$(MAKE) -C $(KERNELDIR) M=$(PWD) modules	
modules_install:	
$(MAKE) -C $(KERNELDIR) M=$(PWD) modules_install	
clean:	
rm -rf *.o *~ core .depend .*.cmd *.ko *.mod.c .tmp_	
versions *.order *.symvers	
.PHONY: modules modules_install clean	
else	
# called from kernel build system: just declare what our	
modules are	
obj-m := devDrv.o	
endif	
[root@iotlab test1]# make	编译驱动程序
make -C /iotlab/linux-3.0.8 M=/test1 modules	
make[1]: Entering directory `/iotlab/linux-3.0.8'	
CC [M] /test1/devDrv.o	
Building modules, stage 2.	
MODPOST 1 modules	
CC /test1/devDrv.mod.o	

`    LD [M]  /test1/devDrv.ko` `make[1]: Leaving directory \`/iotlab/linux-3.0.8'`	

`[root@iotlab test1]# ls -l`
`-rw-r--r-- 1 root root  2690 Apr 24 15:25 devDrv.c`
`-rw-r--r-- 1 root root 59527 Apr 24 15:34 devDrv.ko`
`-rw-r--r-- 1 root root   444 Apr 24 15:34 devDrv.mod.c`
`-rw-r--r-- 1 root root 13056 Apr 24 15:34 devDrv.mod.o`
`-rw-r--r-- 1 root root 47588 Apr 24 15:34 devDrv.o`
`-rw-r--r-- 1 root root   773 Apr 24 15:30 Makefile`
`-rw-r--r-- 1 root root    24 Apr 24 15:34 modules.order`
`-rw-r--r-- 1 root root     0 Apr 24 15:34 Module.symvers`
	编译后的结果
| ```c
[root@iotlab test1]# cat test.c
#include <sys/types.h>
#include <sys/stat.h>
#include <stdlib.h>
#include <string.h>
#include <stdio.h>
#include <fcntl.h>
#include <unistd.h>
#define MAX_SIZE 1024

int main(void)
{
    int fd;
    char buf[MAX_SIZE];
    char get[MAX_SIZE];
    char devName[20], dir[50] = "/dev/";
    system("ls /dev/");
    printf("Please input the device's name you wanna to use :");
    gets(devName);
strcat(dir, devName);
    fd = open(dir, O_RDWR | O_NONBLOCK);
    if (fd != -1)
    {
        read(fd, buf, sizeof(buf));
        printf("The device was inited with a string : %s\n", buf);

        printf("Please input a string  :\n");
        gets(get);
        write(fd, get, sizeof(get));

        read(fd, buf, sizeof(buf));
        system("dmesg");
        printf("\nThe string in the device now is : %s\n", buf);
        close(fd);
        return 0;
    }
    else
    {
        printf("Device open failed\n");
        return -1;
    }
}
``` | 应用层的测试程序 |
```

`[root@iotlab test1]# arm-linux-gcc test.c -o a8test`	应用层编译

7.3 嵌入式驱动开发案例

7.3.1 LED 的驱动

　　发光二极管是半导体二极管的一种，可以把电能转化成光能，常简写为 LED（Light Emitting Diode）。发光二极管与普通二极管一样也具有单向导电性，当给发光二极管加上正向电压（大于 LED 的正向压降）时就会发光，当给发光二极管加上负向电压时就不会发光。发光二极管的发光与通过的工作电流成正比。一般情况下，LED 的正向工作电流在 10mA 左右，若电流过大时会损坏 LED，因此在使用时必须串联限流电阻以控制通过管子的电流，限流电阻 R 可用如下公式计算：

$$R=(E-UF)/IF$$

公式中 E 为电源电压，UF 为 LED 的正向压降，IF 为 LED 的一般工作电流。普通发光二极管的正向饱和电压为 1.4～2.1V，正向工作电流为 5～20mA。LED 广泛用于各种电子电路、家电、仪表等设备中作为电源或电平指示。

　　LED 是单片机或嵌入式驱动中最基础的知识，我们有必要在此学习如何在嵌入式 Linux 中驱动 LED。

　　在我们的硬件环境中有关 LED 的原理如图 7-16 所示。

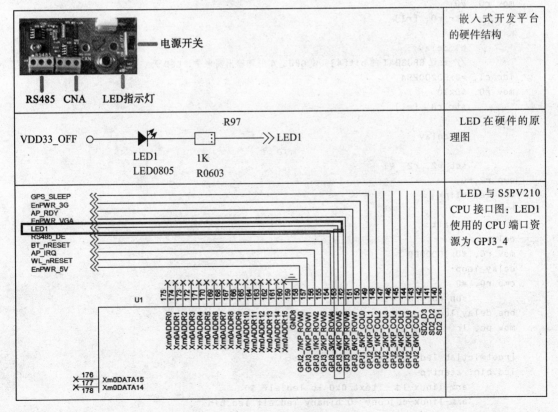

图 7-16　LED 硬件原理图

7.3.2 LED 驱动程序

1. 用汇编实现驱动程序

由原理图可知，点亮开发平台中的 LED 需如下两个步骤。

第一步：设置寄存器 GPJ3CON，使 GPJ3_4 引脚为输出功能。

第二步：往寄存器 GPJ3DAT 写 0，使 GPJ3_4 引脚输出低电平，LED 会亮；相反，往寄存器 GPJ3DAT 写 1，使 GPJ3_4 引脚输出高电平，LED 会灭。

```
[root@iotlab led_s]# ls -l
-rw-r--r-- 1 root root  324 May  8 01:47 Makefile
-rw-r--r-- 1 root root 2150 May  8 01:47 mkv210_image.c
-rw-r--r-- 1 root root  636 May  8 01:47 start.S
-rw-r--r-- 1 root root   72 May  8 01:47 write2sd

[root@iotlabled_s]# cat start.S
.globl _start
_start:
        // 设置 GPJ3CON 的 bit[16:19]，配置 GPJ3_4 引脚为输出功能
ldr r1, =0xE02002A0
ldr r0, =0x00010000
        str r0, [r1]
mov r2, #0x1000
led_blink:
        // 设置 GPJ3DAT 的 bit[4]，使 GPJ3_4 引脚输出低电平，LED 亮
ldr r1, =0xE02002A4
mov r0, #0
        str r0, [r1]
        // 延时
        bl delay
        // 设置 GPJ3DAT 的 bit[4]，使 GPJ3_4 引脚输出高电平，LED 灭
ldr r1, =0xE0200284
mov r0, #0x10
        str r0, [r1]
        // 延时
        bl delay

        sub r2, r2, #1
cmp r2,#0
bne led_blink
halt:
        b halt
delay:
mov r0, #0x1000000
delay_loop:
cmp r0, #0
        sub r0, r0, #1
bne delay_loop
mov pc, lr

[root@iotlab led_s]# cat Makefile
led.bin: start.o
        arm-linux-ld -Ttext 0x0 -o led.elf $^
        arm-linux-objcopy -O binary led.elf led.bin
```

```
        arm-linux-objdump -D led.elf > led_elf.dis
        gcc mkv210_image.c -o mkv210
        ./mkv210 led.bin 210.bin
%.o : %.S
        arm-linux-gcc -o $@ $< -c
%.o : %.c
        arm-linux-gcc -o $@ $< -c
clean:
        rm *.o *.elf *.bin *.dis mkv210 -f
```

- Makefile 的原理如下：

第一步，执行"arm-linux-gcc -o $@ $< -c"命令，将当前目录下的汇编文件和 C 文件编译成 .o 文件。

第二步，执行"arm-linux-ld -Ttext 0x0 -o led.elf $^"，将所有 .o 文件链接成 ELF 文件，-Ttext 0x0 表示程序的运行地址是 0x0。由于目前编写的代码是位置无关代码，所以程序能在任何一个地址上运行。

第三步，执行"arm-linux-objcopy -O binary led.elf led.bin"，将 ELF 文件抽取为可在开发板上运行的 bin 文件。

第四步，执行"arm-linux-objdump -D led.elf > led_elf.dis"，将 ELF 文件反汇编后保存在 dis 文件中，调试程序时可能会用到。

第五步，mkv210 处理 led.bin 文件。mkv210 由 mkv210_image.c 编译而来，具体解释请看 mkv210_image.c 相关讲解。

从三星公司提供的 S5PV210 文档《S5PV210_iROM_ApplicationNote_Preliminary_20091126.pdf》以及芯片手册《S5PV210_UM_REV1.1.pdf》得知，S5PV210 启动时会先运行内部 IROM 中的固化代码进行一些必要的初始化，执行完后硬件会自动读取 NAND Flash 或 SD 卡等启动设备的前 16KB 的数据到 IRAM 中，这 16KB 数据中的前 16B 中保存了一个称为校验和的值，拷贝数据时 S5PV210 会统计出待运行的 bin 文件中含 "1" 的个数，然后与校验和做比较，如果相等则继续运行程序，否则停止运行。因此所有在 S5PV210 上运行的 bin 文件都必须具有一个 16B 的头部，该头部中需包含校验和信息，mkv210_image.c 的作用就是为原始的 bin 文件添加头部。

- mkv210_image.c 的核心工作如下：

第一步，分配 16KB 的 buffer。

第二步，将 led.bin 读到 buffer 的第 16B 开始的地方。

第三步，计算校验和，并将校验和保存在 buffer 第 8~11B 中。

第四步，将 16KB 的 buffer 拷贝到 210.bin 中。

| 16B 头部 | led.bin |

16KB 的 buffer 即 210.bin。

```
[root@iotlab led_s]# cat mkv210_image.c
/* 在 BL0 阶段，IROM 内固化的代码读取 NAND Flash 或 SD 卡前 16KB 的内容,
 * 并比对前 16 字节中的校验和是否正确，正确则继续，错误则停止。
 */
```

```c
#include <stdio.h>
#include <string.h>
#include <stdlib.h>
#define BUFSIZE          (16*1024)
#define IMG_SIZE         (16*1024)
#define SPL_HEADER_SIZE  16
#define SPL_HEADER       "S5PC110 HEADER  "
int main (int argc, char *argv[])
{
        FILE        *fp;
        char        *Buf, *a;
        int         BufLen;
        int         nbytes, fileLen;
        unsigned int checksum, count;
        int         i;
        // 1. 3个参数
        if (argc != 3)
        {
                printf("Usage: mkbll <source file><destination file>\n");
                return -1;
        }
        // 2. 分配16KB的buffer
BufLen = BUFSIZE;
Buf = (char *)malloc(BufLen);
        if (!Buf)
        {
                printf("Alloc buffer failed!\n");
                return -1;
        }
memset(Buf, 0x00, BufLen);
        // 3. 读源bin到buffer
        // 3.1 打开源bin
        fp = fopen(argv[1], "rb");
        if( fp == NULL)
        {
                printf("source file open error\n");
                free(Buf);
                return -1;
        }

        // 3.2 获取源bin长度
fseek(fp, 0L, SEEK_END);
fileLen = ftell(fp);
fseek(fp, 0L, SEEK_SET);

        // 3.3 源bin长度不得超过16KB~16B
        count = (fileLen< (IMG_SIZE - SPL_HEADER_SIZE))
                ? fileLen : (IMG_SIZE - SPL_HEADER_SIZE);
        // 3.4 buffer[0~15]存放"S5PC110 HEADER  "
memcpy(&Buf[0], SPL_HEADER, SPL_HEADER_SIZE);

        // 3.5 读源bin到buffer[16]
nbytes = fread(Buf + SPL_HEADER_SIZE, 1, count, fp);
        if ( nbytes != count )
        {
                printf("source file read error\n");
```

```c
                free(Buf);
                fclose(fp);
                return -1;
        }
        fclose(fp);

        // 4. 计算校验和

        // 4.1 从第16字节开始统计buffer中共有几个1
        a = Buf + SPL_HEADER_SIZE;
        for(i = 0, checksum = 0; i < IMG_SIZE - SPL_HEADER_SIZE; i++)
                checksum += (0x000000FF) & *a++;

        // 4.2 将校验和保存在buffer[8~15]
        a = Buf + 8;
        *( (unsigned int *)a ) = checksum;

        // 5. 拷贝buffer中的内容到目的bin

        // 5.1 打开目的bin
        fp = fopen(argv[2], "wb");
        if (fp == NULL)
        {
                printf("destination file open error\n");
                free(Buf);
                return -1;
        }
        // 5.2 将16KB的buffer拷贝到目的bin中

        a = Buf;
        nbytes  = fwrite( a, 1, BufLen, fp);
        if ( nbytes != BufLen )
        {
                printf("destination file write error\n");
                free(Buf);
                fclose(fp);
                return -1;
        }
        free(Buf);
        fclose(fp);
        return 0;
}
```

```
[root@iotlab led_s]# make
arm-linux-gcc -o start.o start.S -c
arm-linux-ld -Ttext 0x0 -o led.elf start.o
arm-linux-objcopy -O binary led.elf led.bin
arm-linux-objdump -D led.elf > led_elf.dis
gcc mkv210_image.c -o mkv210
./mkv210 led.bin 210.bin

[root@iotlab led_s]# ls -l
-rw-r--r-- 1 root root 16384 May  8 01:59 210.bin
-rwxr-xr-x 1 root root    96 May  8 01:59 led.bin
-rwxr-xr-x 1 root root 33654 May  8 01:59 led.elf
-rw-r--r-- 1 root root  1393 May  8 01:59 led_elf.dis
```

```
-rw-r--r-- 1 root root    324 May  8 01:47 Makefile
-rwxr-xr-x 1 root root   8490 May  8 01:59 mkv210
-rw-r--r-- 1 root root   2150 May  8 01:47 mkv210_image.c
-rw-r--r-- 1 root root    794 May  8 01:59 start.o
-rw-r--r-- 1 root root    636 May  8 01:47 start.S
-rw-r--r-- 1 root root     72 May  8 01:47 write2sd
```

执行 make 后会生成 210.bin 文件，执行 ./write2sd 后 210.bin 文件会被烧写到 SD 卡的扇区 1 中。SD 卡的起始扇区为 0，一个扇区的大小为 512B，SD 卡启动时，IROM 里的固化代码是从扇区 1 开始拷贝代码的。

```
[root@iotlab led_s]# cat write2sd
#!/bin/sh
sudo dd iflag=dsync oflag=dsync if=210.bin of=/dev/sdb seek=1
[root@iotlab led_s]# chmod 755 write2sd
[root@iotlab led_s]# ./write2sd
32+0 records in
32+0 records out
16384 bytes (16 kB) copied, 0.002519 s, 6.5 MB/s
```

将 SD 卡插入嵌入式硬件平台的 USB 接口中，选择 SD 卡启动，然后上电，可以看到以下现象：LED 正常闪烁。这说明我们的第一个汇编程序点亮 LED 已经成功。

2. 用 C 语言实现驱动程序

与代码 led_s 相比，在代码 led_c 中，start.S 多了两点不一样的地方：首先，手动关闭了看门狗，只需往寄存器 WTCON 写入 0 即可；其次，调用了 C 函数实现延时的功能，以测试 IROM 中的固化代码是否设置了栈。

```
[root@iotlab led_c]# ls -l
-rw-r--r-- 1 root root     84 May  8 02:18 delay.c
-rw-r--r-- 1 root root    359 May  8 02:18 Makefile
-rw-r--r-- 1 root root   2150 May  8 02:18 mkv210_image.c
-rw-r--r-- 1 root root    658 May  8 02:18 start.S
-rw-r--r-- 1 root root     72 May  8 02:18 write2sd

[root@iotlab led_c]# cat start.S
.globl _start
_start:
// 关闭看门狗
    ldr     r0, =0xE2700000
    mov     r1, #0
    str     r1, [r0]
 // 设置 GPJ3CON 的 bit[16:19]，配置 GPJ3_4 引脚为输出功能
    ldr r1, =0xE02002A0
    ldr r0, =0x00010000
    str r0, [r1]
    mov r2, #0x1000
led_blink:
// 设置 GPJ3DAT 的 bit[4]，使 GPJ3_4 引脚输出低电平，LED 亮
    ldr r1, =0xE02002A4
    mov r0, #0
    str r0, [r1]
// 延时
```

```
        mov r0, #0x100000
              bl delay
// 设置 GPJ3DAT 的 bit[4]，使 GPJ3_4 引脚输出高电平，LED 灭
        ldr r1, =0xE02002A4
        mov r0, #0x10
              str r0, [r1]
// 延时
        mov r0, #0x100000
              bl delay
              sub r2, r2, #1
        cmp r2, #0
        bne led_blink
        halt:
              b halt
```

汇编调用 C 函数时，如果参数个数不超过 4 个，使用 R0～R3 这 4 个寄存器来传递参数；如果参数个数超过 4 个，剩余的参数通过栈来传递，delay() 只有 1 个参数，所以用 R0 来传递。另外，使用 volatile 是为了避免编译器自动帮我们优化掉这段代码造成无法延时。

```
[root@iotlab led_c]# cat delay.c
void delay(int r0)
{
    volatile int count = r0;
    while (count--)
        ;
}

[root@iotlab led_c]# make
arm-linux-gcc -g -nostdlib -c -o start.o start.S -c
arm-linux-gcc -g -nostdlib -c -o delay.o delay.c -c
arm-linux-ld -Ttext 0x0 -o led_wtd.elf start.o delay.o
arm-linux-objcopy -O binary led_wtd.elf led_wtd.bin
arm-linux-objdump -D led_wtd.elf > led_wtd_elf.dis
gcc mkv210_image.c -o mkv210
./mkv210 led_wtd.bin 210.bin

[root@iotlab led_c]# ll
-rw-r--r-- 1 root root 16384 May  8 02:30 210.bin
-rw-r--r-- 1 root root    84 May  8 02:18 delay.c
-rw-r--r-- 1 root root  2260 May  8 02:30 delay.o
-rwxr-xr-x 1 root root   168 May  8 02:30 led_wtd.bin
-rwxr-xr-x 1 root root 35091 May  8 02:30 led_wtd.elf
-rw-r--r-- 1 root root  9359 May  8 02:30 led_wtd_elf.dis
-rw-r--r-- 1 root root   391 May  8 02:30 Makefile
-rwxr-xr-x 1 root root  8490 May  8 02:30 mkv210
-rw-r--r-- 1 root root  2150 May  8 02:18 mkv210_image.c
-rw-r--r-- 1 root root  1504 May  8 02:30 start.o
-rw-r--r-- 1 root root   658 May  8 02:18 start.S
-rw-r--r-- 1 root root    72 May  8 02:18 write2sd
```

7.3.3 ADC 转换驱动

1.ADC 转换

ADC 是 Analog to Digital Converter 的简称，即模－数转换器。它是将模拟信号转换成

数字信号的电路总称。A/D 转换的作用是将时间连续、幅值也连续的模拟量转换为时间离散、幅值也离散的数字信号，因此 A/D 转换一般要经过取样、保持、量化及编码 4 个过程。常用的 A/D 转换方法有逐次逼近法、双积分法、电压频率转换法。S5PV210 的 ADC 可支持 10 位和 12 位采样数位，它支持 10 路输入，然后将输入的模拟信号转换为 10 位或者 12 位的二进制数字信号。在 5MHz 的时钟下，最大转换速率是 1MSPS。ADC 转换电路如图 7-17 所示。

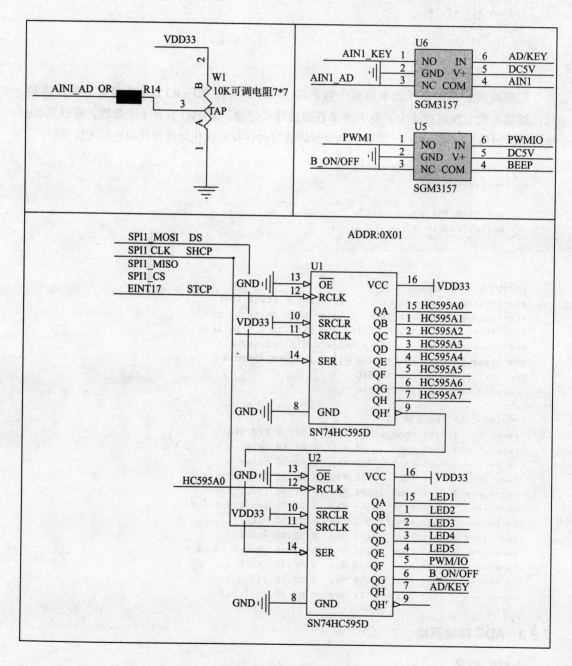

图 7-17　ADC 转换电路图

2. ADC 转换驱动程序

```
[root@iotlab adc]# ls -l
drw-r--r-- 2 root root 4096 May  8 02:34 BL1
drw-r--r-- 4 root root 4096 May  8 02:34 BL2
-rw-r--r-- 1 root root   84 May  8 02:34 Makefile
-rw-r--r-- 1 root root  148 May  8 02:34 write2sd

[root@iotlab adc]# ls -l BL1
-rw------- 1 ftp ftp   363 May  8 02:34 Makefile
-rw------- 1 ftp ftp  5565 May  8 02:34 memory.S
-rw------- 1 ftp ftp  2150 May  8 02:34 mkv210_image.c
-rw------- 1 ftp ftp   819 May  8 02:34 mmc_relocate.c
-rw------- 1 ftp ftp 28513 May  8 02:34 s5pv210.h
-rw------- 1 ftp ftp   169 May  8 02:34 sdram.lds
-rw------- 1 ftp ftp   247 May  8 02:34 start.S

[root@iotlab adc]# ls -l BL2
-rw------- 1 ftp ftp  1314 May  8 02:34 adc.c
-rw------- 1 ftp ftp  2386 May  8 02:34 clock.c
-rw------- 1 ftp ftp  1686 May  8 02:34 HC595.c
drwx------ 2 ftp ftp  4096 May  8 02:34 include
drwx------ 2 ftp ftp  4096 May  8 02:34 lib
-rw------- 1 ftp ftp   675 May  8 02:34 main.c
-rw------- 1 ftp ftp   730 May  8 02:34 Makefile
-rw------- 1 ftp ftp   135 May  8 02:34 sdram.lds
-rw------- 1 ftp ftp   182 May  8 02:34 start.S
-rw------- 1 ftp ftp  2823 May  8 02:34 uart.c

[root@iotlab BL2]# cat main.c
#include "stdio.h"
#define POS     50
#define RADIUS  20
void uart_init(void);
void adc_test(void);
// 延时函数
void delay(unsigned long count)
{
        volatile unsigned long i = count;
        while (i--)
                ;
}
int main(void)
{
char buf[2]={0x01,0x00};
// key/ad1 on/of pwm1/io led5     led4 led3 led2 led1
//   0   0    0    0       0    0    0    0
// 初始化 HC595
FT210_hc595A_dev_init();
// 配置 AD 采集电位器数据
FT210_hc595A_write(buf,2);
// 初始化串口
uart_init();
        // 测试 ADC
        printf("\r\n###############adc test##############\r\n");
```

```
        while(1)
        {
                printf("adc1 = %d\r\n",read_adc(1));
                delay(0x100000);
        }
        return 0;
}
```

main() 函数很简单,首先会调用 FT210_hc595A_dev_init() 来初始化 74HC595,然后调用 FT210_hc595A_write(buf,2) 配置 74HC595,使 ADC1 和可调电位器引脚连接。随后调用了 read_adc 函数来测试 adc,read_adc 的定义位于 adc.c 文件中。

```
[root@iotlab BL2]# cat adc.c
#include "stdio.h"
#define  ADCTS_PRSCVL              65
#define  ADCTS_BASE                0xE1700000
#define  TSADCCON0         ( *((volatile unsigned long *)(ADCTS_BASE+0x0)) )
#define  TSCON0            ( *((volatile unsigned long *)(ADCTS_BASE+0x4)) )
#define  TSDLY0            ( *((volatile unsigned long *)(ADCTS_BASE+0x8)) )
#define  TSDATX0           ( *((volatile unsigned long *)(ADCTS_BASE+0xc)) )
#define  TSDATY0 ( *((volatile unsigned long *)(ADCTS_BASE+0x10)) )
#define  TSPENSTAT0        ( *((volatile unsigned long *)(ADCTS_BASE+0x14)) )
#define  CLRINTADC0        ( *((volatile unsigned long *)(ADCTS_BASE+0x18)) )
#define  ADCMUX            ( *((volatile unsigned long *)(ADCTS_BASE+0x1c)) )
#define  CLRINTPEN0        ( *((volatile unsigned long *)(ADCTS_BASE+0x20)) )
// 使用查询方式读取 A/D 转换值
int read_adc(int ch)
{
// 使能预分频功能,设置 A/D 转换器的时钟 = PCLK/(65+1)
        TSADCCON0 = (1<<16)|(1 << 14) | (65 << 6);
// 清除位 [2],设为普通转换模式,禁止 read start
        TSADCCON0 &= ~((1<<2)|(1<<1));
        // 选择通道
        ADCMUX = ch;
// 设置位 [0] 为 1,启动 A/D 转换
TSADCCON0 |= (1 << 0);
// 当 A/D 转换真正开始时,位 [0] 会自动清 0
while (TSADCCON0 & (1 << 0));
// 检测位 [15],当它为 1 时表示转换结束
while (!(TSADCCON0 &  (1 << 15)) );
// 读取数据
return (TSDATX0 & 0xfff);
}
```

通过一个 while 循环不断地读取通道 1 经过 ADC 转换的值,其核心函数是 read_adc,它主要包括 5 个步骤。

第一步,设置时钟。相关代码如下:

```
TSADCCON0 = (1<<16)|(1 << 14) | (65 << 6);
```

首先使用 12 位 ADC,然后使能分频,最后设置分频系数为 66。

第二步,选择通道。代码如下,设置寄存器 ADCMUX,选择通道 ch。

```
ADCMUX = ch;
```

第三步，启动转换。代码如下：

```
TSADCCON0 |= (1 << 0);
while (TSADCCON0 & (1 << 0));
```

首先设置寄存器 TSADCCON0 的 bit[0]，启动 A/D 转换，然后读 bit[0] 以确定转换已经启动。

第四步，检查转换是否完成。代码如下：

```
while (!(TSADCCON0 &  (1 << 15)) );
```

读寄存器 TsdACCON0 的 bit[15]，当它为 1 时表示转换结束。

第五步，读数据，代码如下：

```
return (TsdATX0 & 0xfff);
```

由于我们使用的是 12 位的模式，所以只读寄存器 TsdATX0 的前 12 位。

```
[root@iotlab adc]# make
make -C ./BL1
make[1]: Entering directory `/var/ftp/pub/adc/BL1'
arm-linux-gcc  -g -nostdlib -c -o  start.o start.S -c
arm-linux-gcc  -g -nostdlib -c -o  memory.o memory.S -c
arm-linux-gcc  -g -nostdlib -c -o  mmc_relocate.o mmc_relocate.c -c
arm-linux-ld -Tsdram.lds -o sdram.elf start.o memory.o mmc_relocate.o
arm-linux-objcopy -O binary sdram.elf sdram.bin
arm-linux-objdump -D sdram.elf >sdram_elf.dis
gcc mkv210_image.c -o mkv210
./mkv210 sdram.bin BL1.bin
make[1]: Leaving directory `/var/ftp/pub/adc/BL1'
make -C ./BL2
make[1]: Entering directory `/var/ftp/pub/adc/BL2'
arm-linux-gcc -nostdinc -I/var/ftp/pub/adc/BL2/include    -Wall -O2 -fno-builtin  -g
    -nostdlib -c -o  start.o start.S
arm-linux-gcc -nostdinc -I/var/ftp/pub/adc/BL2/include    -Wall -O2 -fno-builtin  -g
    -nostdlib -c -o main.o main.c
arm-linux-gcc -nostdinc -I/var/ftp/pub/adc/BL2/include    -Wall -O2 -fno-builtin  -g
    -nostdlib -c -o HC595.o HC595.c
arm-linux-gcc -nostdinc -I/var/ftp/pub/adc/BL2/include    -Wall -O2 -fno-builtin  -g
    -nostdlib -c -o uart.o uart.c
arm-linux-gcc -nostdinc -I/var/ftp/pub/adc/BL2/include    -Wall -O2 -fno-builtin  -g
    -nostdlib -c -o adc.o adc.c
arm-linux-gcc -nostdinc -I/var/ftp/pub/adc/BL2/include    -Wall -O2 -fno-builtin  -g
    -nostdlib -c -o clock.o clock.c
arm-linux-ld -Tsdram.lds -o BL2.elf start.o main.o HC595.o uart.o adc.o clock.o
    lib/libc.a
arm-linux-objcopy -O binary -S BL2.elf BL2.bin
arm-linux-objdump -D BL2.elf > BL2.dis
```

运行程序后在串口终端上会不断输出数字，数字的范围是 0～4095，这是因为我们使用的是 12 位的 ADC。通过调节可变电阻可以改变 ADC 转换值，程序运行后效果如图 7-18 所示。

图 7-18 ADC 程序运行效果

7.4 嵌入式 Qt 驱动开发案例

7.4.1 Qt Creator 简介

Qt Creator 是跨平台的 Qt IDE，Qt Creator 是 Qt 被 Nokia 收购后推出的一款新的轻量级集成开发环境（IDE）。此 IDE 能够跨平台运行，支持的系统包括 Linux（32 位及 64 位）、Mac OS X 以及 Windows。Qt Creator 的设计目标是使开发人员能够利用 Qt 这个应用程序框架更加快速和轻易地完成开发任务，我们主要使用 Qt Creator 这个软件开发工具开发嵌入式网关的 Linux 驱动与应用相关程序。

7.4.2 Qt Creator 的安装和搭建

Qt Creator 的安装和搭建步骤如下所示。

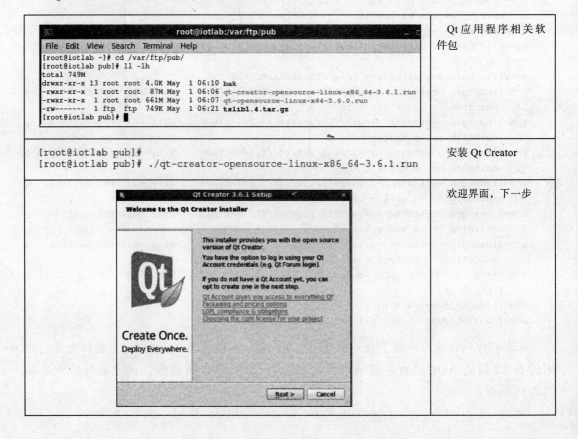

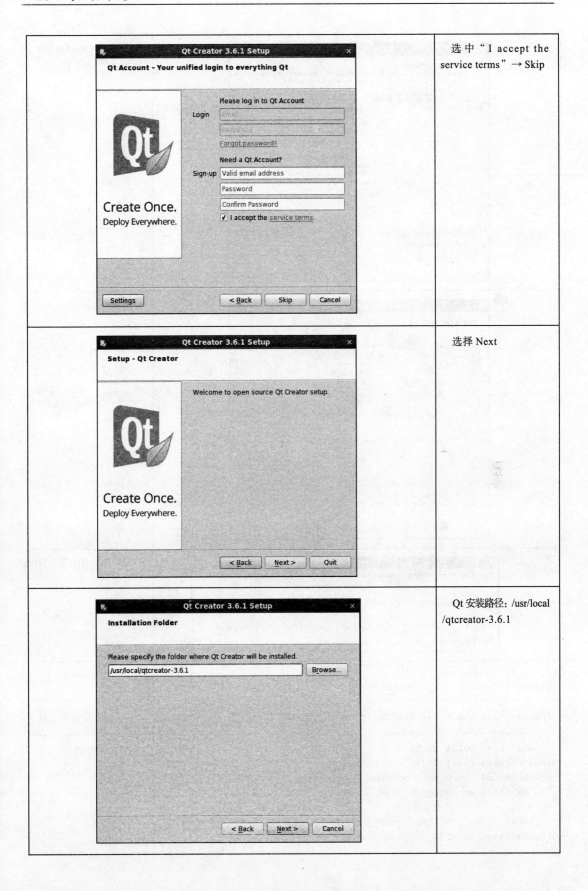

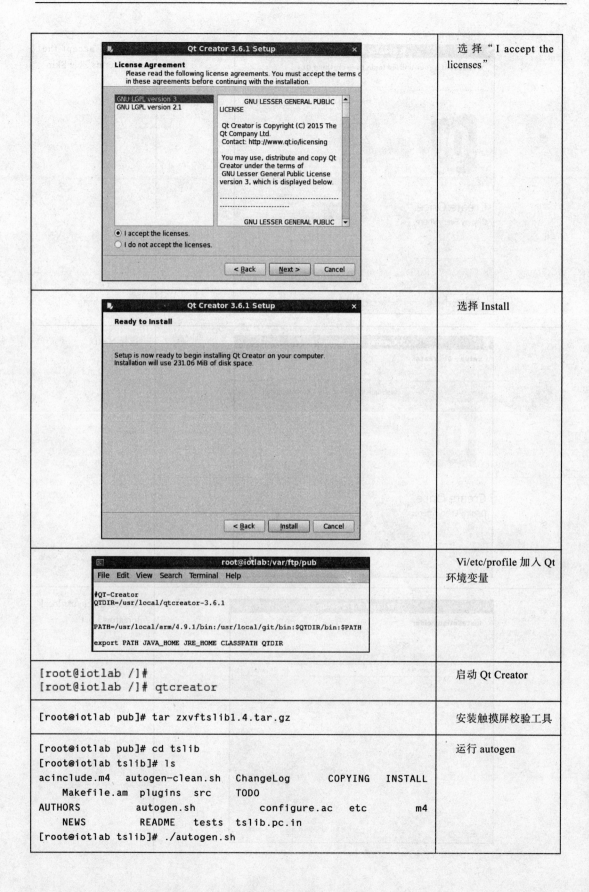

`[root@iotlab tslib]# ./configure --prefix=/usr/local/tslib --host=arm-linux ac_cv_func_malloc_0_nonnull=yes`	运行 configure
`[root@iotlab tslib]# make&& make install`	编译并安装
`[root@iotlab pub] #cd /Qter` `[root@iotlab Qter] # tar xvzf qt-everywhere-opensource-src-4.7.3.tar.gz`	编译 X11 平台的 Qt-4.7.3
`[root@iotlab Qter]#./configure`	配置系统
`root@iotlab Qter]#make`	编译
`[root@iotlab Qter] #make install`	安装

安装过程需要 3 至 4 小时，其中不能有任何错误。正确安装后，进行下面的测试。

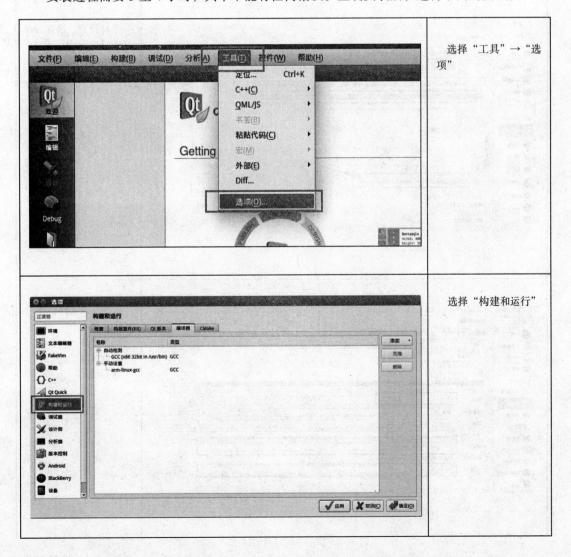

	选择"工具"→"选项"
	选择"构建和运行"

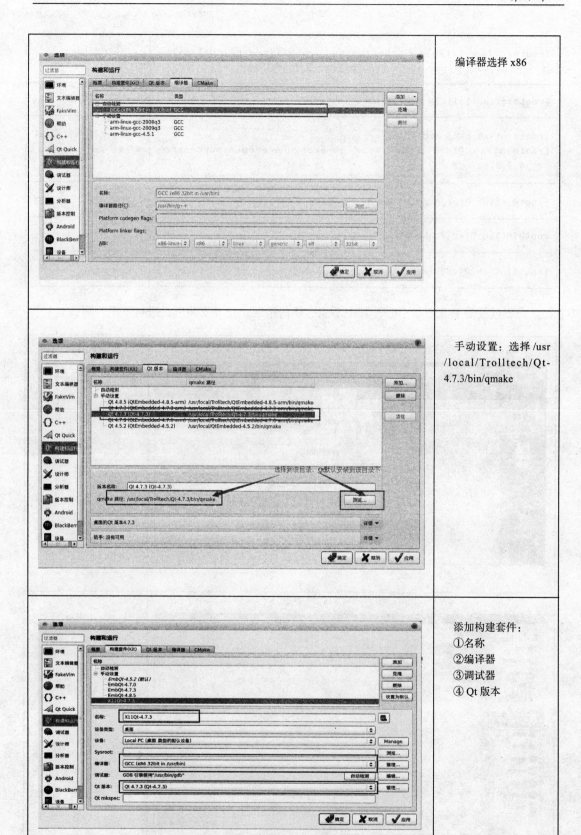

7.4.3 驱动程序分析

1. 综合控制测试程序

在硬件平台中,我们采用的 74HC595 是硅结构的 CMOS 器件,如图 7-19 所示,兼容低电压 TTL 电路,遵守 JEDEC 标准。74HC595 具有 8 位移位寄存器、一个存储器、三态输出功能。移位寄存器和存储器采用不同的时钟。数据在 SHCP(移位寄存器时钟输入)的上升沿输入到移位寄存器中,在 STCP(存储器时钟输入)的上升沿输入到存储器中。如果两个时钟连在一起,则移位寄存器总是比存储器早一个脉冲。移位寄存器有一个串行移位输入(DS)、一个串行输出(Q7)以及一个异步的低电平复位。存储器有一个并行 8 位的,具备三态的总线输出,当使能 OE 时(为低电平),存储器的数据输出到总线。

74HC595 控制线为 GPB7->SPIDAT、GPB4->SPISCLK、GPH2(1)->SPILCK。

在编写底层驱动的时候,各模块的 74HC595 第一个数据位为地址选择功能,从第二个数据位开始才是数据功能,可以实现控制、切换采集,无特殊说明,高电平有效。

74HC595 的硬件结构如图 7-19 所示。

图 7-19 74HC595 硬件结构

测试程序基本采用 Qt4 与 C 语言方式实现系统启动,如图 7-20 所示。

图 7-20 驱动软件启动界面

2. 核心代码程序

```
#include <QMessageBox>
#include <QFile>
#include <QDebug>
#include <QTimer>
#include <QLabel>
#include <sys/types.h>
#include <sys/stat.h>
#include <fcntl.h>
#include <linux/input.h>
#include <QMessageBox>
#include <termios.h>
#include <unistd.h>
```

```
#include <stdio.h>
void TestBasic::on_HC595_CkBox_clicked(bool clicked)
{
    if(clicked){
        HC595_fd=open("/dev/hc595A",O_RDWR);
        if(HC595_fd<=0)
        {
QMessageBox::warning(0,trUtf8(" 提示 "),trUtf8(" 接口 ")+trUtf8(" 未打开 "));
            return ;
        }
        HC595_CkBox->setText("ContorlChoose-ON");
        Hc595_Label->setPixmap(QPixmap(":/images/Button/on.png"));
        HC595Choose->setVisible(true);
    }else{
        ::close(HC595_fd);
        HC595_CkBox->setText("ContorlChoose-OFF");
        Hc595_Label->setPixmap(QPixmap(":/images/Button/off.png"));
        HC595Choose->setVisible(false);
stackedWidget->setVisible(false);
    }
}
```

7.4.4 LED 蜂鸣器控制驱动案例

发光二极管（LED）是电子专业学生常见的一种电子设备，其简单的工作原理能让读者理解其实现过程，并充分掌握驱动的开发过程。本案例的目的其一是通过嵌入式 Linux 网关的使用掌握一种控制 LED 灯的方式，其二是掌握嵌入式 Linux 网关中应用程序调用底层设备所使用的库函数的方法，其三是掌握嵌入式 Linux 网关 Qt Creator 的使用。

1. 硬件结构

嵌入式系统硬件完全是建立在读者能够自己设计并组装的水平之上，使读者能积极地参与嵌入式开发与应用实践。本书所采用的硬件结构如图 7-2 所示为：测试控制板上共 5 个 LED（LED5～LED1）；地址 01H 采用一个 74HC595 来控制，74HC595 从低到高的八位数据线功能表如下所示：

LED1	LED2	LED3	LED4	LED5	PWM-> 蜂鸣器	蜂鸣器	NC

说明：LED 高电平熄灭，低电平点亮。

图 7-21 LED 控制驱动硬件结构与原理图

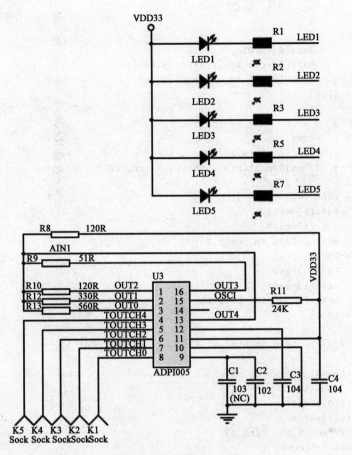

图 7-21 （续）

2. 操作指导

1）首先打开设备选择的按钮，使其处于打开状态，图标会变为绿色。

2）在控制 595 设备时，下面就不需要重复打开控制，只需要在对应的设备选择中选择想控制的设备即可。

3）选择 LED_Beep 则可控制 LED 的测试板。

4）有 4 种操作模式，分别为：

①单独打开 1 到 5 个 LED，可单独进行打开与关闭。

②流水灯显示，循环显示，在其显示过程中勿对其进行其他操作。

③闪烁显示，全部闪烁 5 次，在其显示过程中勿对其进行其他操作。

④ Beep 操作，对蜂鸣器单独进行开关蜂鸣测试。

3. 实验典型代码

```
if(allToolBtn.at(btn)->text() == trUtf8("流水灯")){
LedFlag=0123;
        for( int i=0;i<5;i++)
            {
            for(int j=0;j<6;j++)
```

```cpp
                {
LedLamp=0x00;
                Data[0]=0x01;
                Data[1]=LedLamp|((0xff<<j)&0x1f);
                write(HC595_fd, Data,2);
usleep(100* 1000);
                }
            }
        Data[1]=0xff;
        write(HC595_fd, Data,2);
    } else if(allToolBtn.at(btn)->text() == trUtf8(" 闪烁 ")){
LedFlag=0101;
        for (int i=0;i<4;i++){
            Data[0]=0x01;
            Data[1]=0x00;
            write(HC595_fd, Data,2);
usleep(600* 1000);
            Data[0]=0x01;
            Data[1]=0xff;
            write(HC595_fd, Data,2);
usleep(600* 1000);
        }
    }else if(allToolBtn.at(btn)->text() == trUtf8("LED1")){
LedFlag=1;
        if(Led==1){
            Led-=1;
        Data[0]=0x01;
        Data[1]=0xfe;
        write(HC595_fd, Data,2);
        }else if(Led==0){
            Led+=1;
        Data[0]=0x01;
        Data[1]=0xff;
        write(HC595_fd, Data,2);
        }
    }else if(allToolBtn.at(btn)->text() == trUtf8("LED2")){
LedFlag=2;
        if(Led==1){
            Led-=1;
        Data[0]=0x01;
        Data[1]=0xfd;
        write(HC595_fd, Data,2);
        }else if(Led==0){
            Led+=1;
        Data[0]=0x01;
        Data[1]=0xff;
        write(HC595_fd, Data,2);
        }
    }else if(allToolBtn.at(btn)->text() == trUtf8("LED3")){
LedFlag=3;
        if(Led==1){
            Led-=1;
        Data[0]=0x01;
        Data[1]=0xfb;
        write(HC595_fd, Data,2);
```

```
        }else if(Led==0){
            Led+=1;
        Data[0]=0x01;
        Data[1]=0xff;
        write(HC595_fd, Data,2);
        }
    }else if(allToolBtn.at(btn)->text() == trUtf8("LED4")){
LedFlag=4;
        if(Led==1){
            Led-=1;
        Data[0]=0x01;
        Data[1]=0xf7;
        write(HC595_fd, Data,2);
        }else if(Led==0){
            Led+=1;
        Data[0]=0x01;
        Data[1]=0xff;
        write(HC595_fd, Data,2);
        }
        write(HC595_fd, Data,2);
    }else if(allToolBtn.at(btn)->text() == trUtf8("LED5")){
LedFlag=5;
        if(Led==1){
            Led-=1;
        Data[0]=0x01;
        Data[1]=0xef;
        write(HC595_fd, Data,2);
        }else if(Led==0){
            Led+=1;
        Data[0]=0x01;
        Data[1]=0xff;
        write(HC595_fd, Data,2);
        }
        write(HC595_fd, Data,2);
    }
```

4. 软件控制界面

编译通过后，软件测试界面如图 7-22 所示，通过界面能形象地理解嵌入式项目对应用需要的功能。

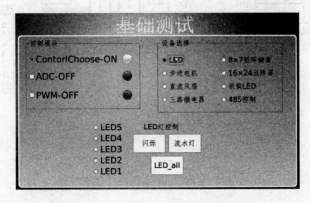

图 7-22　LED 蜂鸣器软件界面运行图

7.4.5 步进电机控制驱动案例

步进电机是工业控制系统中动力输出部分，是整个运动系统中最为关键的元器件。在嵌入式系统中，理解与掌握步进电机的控制方法涉及整个工业系统的重要组成部分。步进电机是一种将电脉冲信号转换成角位移或线位移的机电元件。步进电机的输入量是脉冲序列，输出量则为相应的增量位移或步进运动。在正常运动情况下，它每转一周具有固定的步数；做连续步进运动时，其旋转转速与输入脉冲的频率保持严格的对应关系，不受电压波动和负载变化的影响。由于步进电动机能直接接受数字量的控制，所以特别适宜采用微机进行控制。

1. 硬件结构

步进电机硬件结构如图 7-23 所示。

地址 02H 采用一个 74HC595 来控制，74HC595 从低到高的八位数据线功能如下所示：

| A | B | C | D | NC | NC | NC | NC |

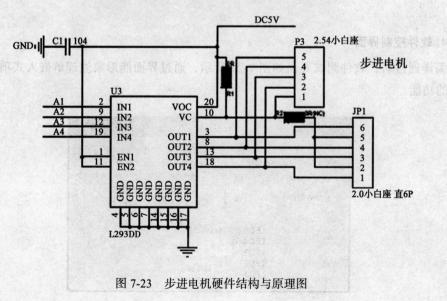

图 7-23 步进电机硬件结构与原理图

2. 操作指导

1）选择步进电机，则可控制步进电机的测试板。

2）有 2 种转动方向和 4 个角度。

默认选择正转状态，可转动圆盘至 90°、180°、270° 和 360°。选择反转状态时，可转动圆盘至 90°、180°、270° 和 360°。选择好角度并转动到选择的角度之后，显示在 LCD 上。

3. 实验典型代码

```
void TestBasic::ForWard()
{
    for(int j=0;j<4;j++)
        {
        switch(j)
            {case 0:Data[1]=0x03;break;
             case 1:Data[1]=0x06;break;
             case 2:Data[1]=0x0c;break;
             case 3:Data[1]=0x09;break;
             default:break;
            }
        write(HC595_fd, Data,2);
usleep(20);
        }
}
void TestBasic::Reversal()
{
    for(int j=0;j<4;j++)
        {
        switch(j)
            {case 0:Data[1]=0x09;break;
             case 1:Data[1]=0x0c;break;
             case 2:Data[1]=0x06;break;
             case 3:Data[1]=0x03;break;
             default:break;
            }
        write(HC595_fd, Data,2);
usleep(20);
        }
}
void TestBasic::on_StepperCkBox_clicked(bool checked)
{
    if(checked){
StepperCkBox->setText(trUtf8(" 正转 "));
        }else {
StepperCkBox->setText(trUtf8(" 反转 "));
    }
}
void TestBasic::on_dial_valueChanged(int value)
{
    if(StepperCkBox->isChecked()==true){
        if(value==1){
lcdNumber->display(90);
            Data[0]=0x02;
```

```
            for(int i=0;i<128;i++)
                {
                    ForWard();
                }
        }else if(value==2){
lcdNumber->display(180);
            Data[0]=0x02;
            for(int i=0;i<256;i++)
                {
                    ForWard();
                }
        }else if(value==3){
lcdNumber->display(270);
            Data[0]=0x02;
            for(int i=0;i<384;i++)
                {
                    ForWard();
                }
        }else if(value==4){
lcdNumber->display(360);
            Data[0]=0x02;
            for(int i=0;i<512;i++)
                {
                    ForWard();
                }
        }
    }else if(StepperCkBox->isChecked()==false){
        if(value==1){
lcdNumber->display(90);
            Data[0]=0x02;
            for(int i=0;i<128;i++)
                {
                    Reversal();
                }
        }else if(value==2){
lcdNumber->display(180);
            Data[0]=0x02;
            for(int i=0;i<256;i++)
                {
                    Reversal();
                }
        }else if(value==3){
lcdNumber->display(270);
            Data[0]=0x02;
            for(int i=0;i<384;i++)
                {
                    Reversal();
                }
        }else if(value==4){
lcdNumber->display(360);
            Data[0]=0x02;
            for(int i=0;i<512;i++)
                {
                    Reversal();
```

```
            }
        }
    }
}
```

4. 软件控制界面

通过功能实现的操作界面（如图 7-24 所示），能够很好地控制硬件的操作。

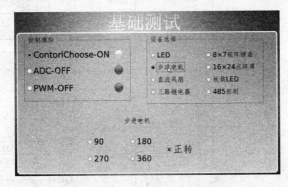

图 7-24　步进电机驱动界面

7.4.6　继电器控制驱动案例

电磁继电器是一种电子控制器件，它具有控制系统（又称为输入回路）和被控制系统（又称为输出回路），通常应用于自动控制电路中。它实际上是用较小的电流、较低的电压控制较大电流、较高的电压的一种"自动开关"。故在电路中起着自动调节、安全保护、转换电路等作用。

1. 硬件结构

继电器硬件结构与原理图如图 7-25 所示。

开发平台所采用的硬件地址为 10H，采用一个 74HC595 来控制；74HC595 从低到高的八位数据线功能如下所示。

KP1	KP2	KP3	NC	NC	NC	NC	NC

图 7-25　继电器硬件结构与原理图

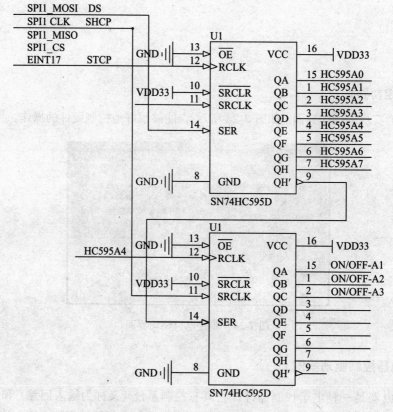

图 7-25 （续）

2. 操作指导

1）选择三路继电器，则可控制继电器的测试板。

2）有 4 种控制方式：

①选择一到三路的时候，可单独对三路继电器分别控制开关。

②选择测试按钮的时候，会循环地控制三个继电器闭合操作一次。

3. 实验典型代码

```
if(allToolBtn.at(btn)->text() == trUtf8(" 一路 "))
{
    Data[0]=0x10;
if(Relay==1)
    {
    Relay-=1;
    Data[1]=0xfc;
    write(HC595_fd, Data,2);
    }else if(Relay==0){
Relay+=1;
Data[1]=0xf8;
write(HC595_fd, Data,2);
    }
stackedWidget->currentIndex();
    }else if(allToolBtn.at(btn)->text() == trUtf8(" 二路 ")){
```

```
    Data[0]=0x10;
    if(Relay==1)
        {
        Relay-=1;
    Data[1]=0xfa;
    write(HC595_fd, Data,2);
        }else if(Relay==0){
        Relay+=1;
        Data[1]=0xf8;
        write(HC595_fd, Data,2);
        }
    }else if(allToolBtn.at(btn)->text() == trUtf8("三路")){
        Data[0]=0x10;
        if(Relay==1)
        {
        Relay-=1;
        Data[1]=0xf9;
        write(HC595_fd, Data,2);
        }else if(Relay==0){
        Relay+=1;
        Data[1]=0xf8;
        write(HC595_fd, Data,2);
        }
    }else if(allToolBtn.at(btn)->text() == trUtf8("测试")){
        for(int j=0;j<5;j++)
        {
            Data[0]=0x10;
            Data[1]=0xf8>>j;
            write(HC595_fd, Data,2);
            usleep(1000* 1000);
        }
        Data[0]=0x10;
        Data[1]=0xf8;
        write(HC595_fd, Data,2);
    }
```

4. 软件控制界面

软件操作界面如图7-26所示。

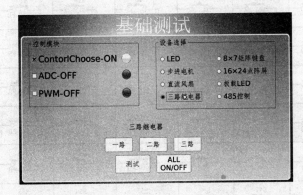

图7-26 继电器驱动的操作界面

7.4.7 8×7 矩阵键盘驱动案例

矩阵键盘是笔者在对读者了解单片机的基础上设计的一种键盘驱动案例,主要目的是考察读者对基础理论的应用。开发平台所采用的硬件地址为 08H,采用两个 74HC595 来控制,对于 74HC595 从低到高的八位数据线功能如下所示。

第一组:

T0	T1	T2	T3	T4	T5	T6	NC

第二组:

A(A1-A8)	B(A1-A8)	C(A1-A8)	NC	NC	NC	NC	NC

A(A1-A8)、B(A1-A8)、C(A1-A8) 来控制 CD4051 八选一选择器,所对应的采集 I/O 端口为 GPH0(7),其中 GPH0(7) 硬件上拉,低电位有效。

1. 硬件结构

8×7 矩阵键盘硬件结构与原理图如图 7-27 所示。

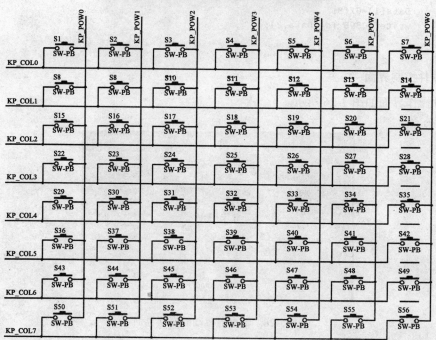

图 7-27 8×7 矩阵键盘硬件结构与原理图

2. 操作指导

1）选择 8×7 矩阵键盘，则可控制按键的测试板。

2）有 1 种扫描方式和停止选择。

①按下对应的按键，会将当前的键值显示在对应的文本框里。

②按下后面的取消按钮会停止扫描。

3. 实验典型代码

```
void TestBasic::on_KeyBoradRdBtn_clicked()
{
     stopped1 =false;
stackedWidget->setVisible(true);
stackedWidget->setCurrentIndex(1);
myKeyThread->start();
     emit sendHC595Sql(HC595_fd,stopped1);
toolButton_15->setEnabled(true);
toolButton_15->setStyleSheet("background-color: rgb(255, 255, 255)");
}
// 此处功能函数是跳转至一个单独的线程去接收
void QKeyThread::run()
{
qDebug("Task Thread Start !");
     while (!stopped2) {
          char Data[5]={0};
          char Data_in[5]={0};
          for(int i=0;i<7;i++)
           {
                Data[0]=0x08;
                Data[1]=~(0x01<<i);
                for(int j=0;j<8;j++)
                {
                  Data[2]=j;
                  write(HC595_fd,Data,3);
usleep(10);
                  if(read(HC595_fd,Data_in,1)==1){
                       if(Data_in[0]==0)
                        {
                          int value = 7*j+i+1;
QString str;
                          str.sprintf("%d",value);
                          emit sendKeySql(str);
                         // stopped2=true;
                          break;
                        }
                   }
                }
           }
      }
}
```

4. 软件控制界面

控制界面如图 7-28 所示。

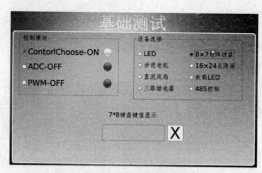

图 7-28　软件控制界面

7.4.8　16×24 点阵屏驱动案例

LED 点阵屏通过 LED 组成，以灯的亮灭来显示文字、图片、动画、视频等，是各部分组件都模块化的显示器件，通常由显示模块、控制系统及电源系统组成。LED 点阵屏制作简单，安装方便，被广泛应用于各种公共场合，如汽车报站器、广告屏以及公告牌等。它是工业中常用的一种简单显示器件。地址 20H 采用 5 个 74HC595 来控制，74HC595 从低到高的八位数据线功能如下所示。

第一组：

H1	H2	H3	H4	H5	H6	H7	H8

第二组：

H9	H10	H11	H12	H13	H14	H15	H16

第三组：

R1	R2	R3	R4	R5	R6	R7	R8

第四组：

R9	R10	R11	R12	R13	R14	R15	R16

第五组：

R17	R18	R19	R20	R21	R22

1. 硬件结构

16×24 点阵屏硬件结构如图 7-29 所示。

2. 操作指导

1）选择 16×24 点阵屏，则可在点阵屏测试板上显示需要的信息。
2）有 4 种控制选择。
①选择对应字的时候，可在屏上显示对应的信息。

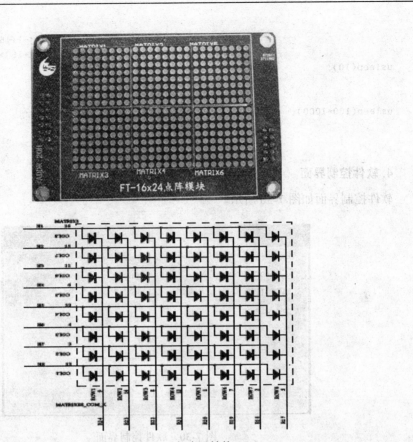

图 7-29　16×24 点阵屏结构

②选择测试的时候，会动态显示文字。

3. 实验典型代码

```
for(int i=0;i<4;i++){
        for(int z=0;z<8;z++)
        {
            for(int j=0;j<8;j++)
                {
                    Data[0]=0x20;
                    Data[1]=0x80>>j;
                    Data[2]=0x00;
                    Data[3]=0xFF;
                    Data[4]=code_str_logo[i][2*j+1]>>z;
                    Data[5]=code_str_logo[i][2*j]>>z;
usleep(10);
                    write(HC595_fd, Data,6);
                }
        }
        for(int j=0;j<8;j++)
            {
                Data[0]=0x20;
                Data[1]=0x00;
                Data[2]=0x80>>j;
                Data[3]=0xFF;
```

```
                            Data[4]=code_str_logo[i][2*j+1+16]>>j;
                            Data[5]=code_str_logo[i][2*j+16]>>j;
    usleep(10);
                            write(HC595_fd, Data,6);
                    }
    usleep(100*1000);
                }
            }
```

4. 软件控制界面

软件控制界面如图 7-30 所示。

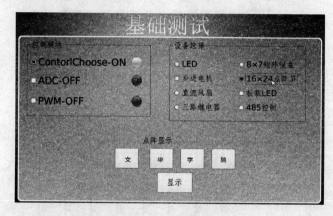

图 7-30　软件控制界面

第 8 章 嵌入式综合项目案例

8.1 开源硬件 pcDuino3 的开发基础

pcDuino3 在出厂时本身固化了相关嵌入式系统,我们在使用时首先要通过本身的系统连接到嵌入式 Linux 桌面。

8.1.1 通过 VNC 访问 pcDuino3 桌面

pcDuino3 的 Ubuntu 系统有一个特殊的功能:Ethernet over USB。借助这个功能,可以在 PC 上通过 USB-OTG 接口用 VNC 远程登录到 pcDuino3 桌面。首先使用一台安装了 Windows 7 的 PC 访问一个没有 HDMI 显示器和键盘的 pcDuino3。这里我们需要在 Windows 7 上面安装和运行 VNC Viewer,并需要连接好 pcDuino3 硬件,如图 8-1 所示。

图 8-1 VNC 软件和 pcDuino3 与 PC 连接方式

pcDuino3 上面有两个 Micro USB 口。要仔细看标注,一个在 USB Host 旁边的是 USB-OTG 口,另外一个在 HDMI 旁边的是电源口(5V,2A)。我们通过电源口给 pcDuino3 供电,然后通过 USB-OTG 口连接到 PC 的 USB 口。首先需要安装驱动来让 Windows 识别 pcDuino3。

连接 pcDuino3 到 PC 的 USB 口之前,我们先利用设备管理器查看,如图 8-2 所示。

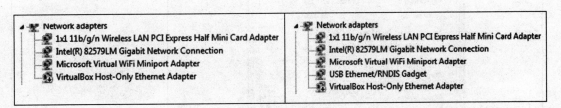

图 8-2 设备管理器

我们发现多了一个名为"USB Ethernet/RNDIS"的网卡，它就是 pcDuino3。如果你的 Windows 不能识别 pcDuino3，需要在下面的链接中下载驱动：http://www.driverscape.com/download/rndis-ethernet-gadget。

- 配置网络特性

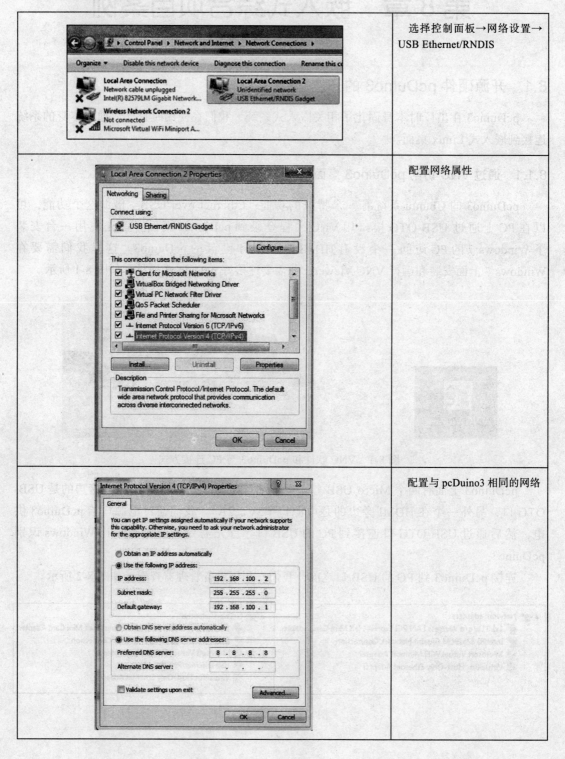

- RealVNC

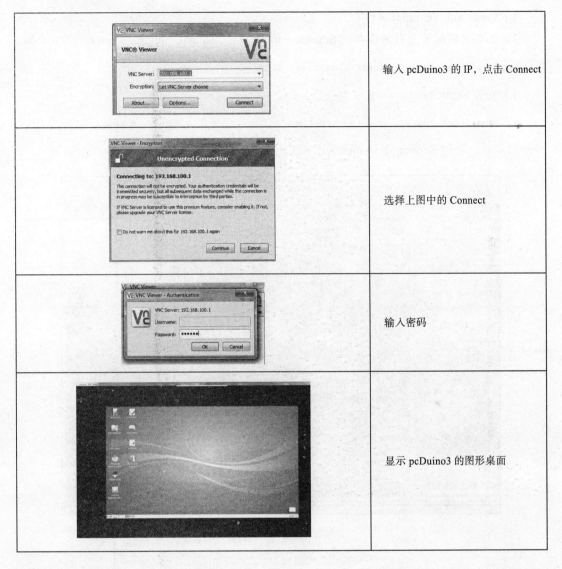

	输入 pcDuino3 的 IP，点击 Connect
	选择上图中的 Connect
	输入密码
	显示 pcDuino3 的图形桌面

8.1.2 基于 pcDuino 的编程

Scratch（http://scratch.mit.edu）是一种人人能快速上手的语言。它可以用来创造互动故事、游戏、音乐和艺术，然后把这些作品在线分享。pcDuino 团队为 pcDuino 定做了一款 Scratch。在这款定制的 Scratch 上，GPIO、PWM 和 ADC 引脚都可以从 Scratch 控制面板访问。这款定制的 Scratch 有以下特点。

1）添加了 PWM 和 ADC 的硬件支持。ADC 可以用来读出毫伏级的电压信号。

2）添加了 GPIO 支持。

3）修改了图形界面（UI）。

4）增加了中文语言支持。

在 pcDuino 上用"apt-get install"命令可以安装 pcDuino 版本的 Scratch，安装步骤

如下。

1）`$sudo apt-get update`

2）如果之前板子上有老版本的 Scratch，请先移除"squeak-plugins-scratch"。

`$sudo apt-get remove squeak-plugins-scratch`

3）安装 Scratch：

`$sudo apt-get install pcduino-scratch`

启动后，看到 Scratch 图形界面如图 8-3 所示。

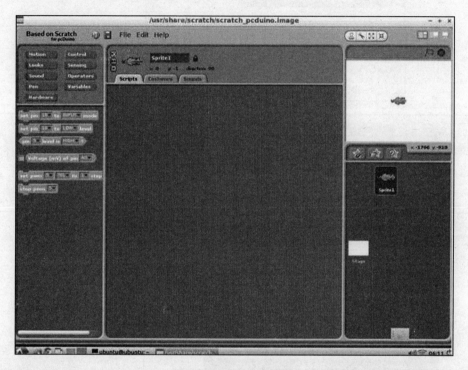

图 8-3　Scratch 界面

8.1.3　pcDuino BSP 的开发

在 pcDuino 的官网上有大量相关的说明性文档及手册，按手册中的方法就能把开发环境搭建好。

1. 移植 U-Boot

（1）搭建交叉编译环境

`#sudo apt-get install g++-arm-linux-gnueabihf git`

（2）下载 U-Boot 源码

`#git clone https://github.com/linux-sunxi/u-boot-sunxi.git`

（3）查看是否支持 pcDuino V3

```
#cd u-boot-sunxi
#grep sunxi boards.cfg | awk '{print $7}'
```

（4）新建编译文件夹，配置 U-Boot

```
#mkdir build
#make CROSS_COMPILE=arm-linux-gnueabihf- Linksprite_pcDuino3_config  O=build
```

（5）编译 U-Boot

```
#make CROSS_COMPILE=arm-linux-gnueabihf- O=build -j 8
```

得到 u-boot-sunxi-with-spl，就是我们要下载到 pcDuino 开发平台上的引导程序的文件。

（6）由于从 NAND Flash 启动的 boot0 和 boot1 是不开源的，这里只提供 SD 卡的制作方式，这同样也适用于 eMMC 启动。先对 SD 进行分区。

```
# fdisk /dev/mmcblk0
Command (m for help): n
Partition type:
   p   primary (0 primary, 0 extended, 4 free)
   e   extended
Select (default p): p
Partition number (1-4, default 1): 1
First sector (2048-15523839, default 2048): 2048
Last sector, +sectors or +size{K,M,G} (2048-15523839, default 15523839): +15M
 Command (m for help): n
Partition type:
   p   primary (1 primary, 0 extended, 3 free)
   e   extended
Select (default p): p
Partition number (1-4, default 2): 2
First sector (32768-15523839, default 32768): 32768
Last sector, +sectors or +size{K,M,G} (32768-15523839, default 15523839): +240M
Command (m for help): p
Disk /dev/mmcblk0: 7948 MB, 7948206080 bytes
4 heads, 16 sectors/track, 242560 cylinders, total 15523840 sectors
Units = sectors of 1 * 512 = 512 bytes
Sector size (logical/physical): 512 bytes / 512 bytes
I/O size (minimum/optimal): 512 bytes / 512 bytes
Disk identifier: 0x17002d14
        Device Boot      Start         End      Blocks   Id  System
/dev/mmcblk0p1            2048       32767       15360   83  Linux
/dev/mmcblk0p2           32768      524287      245760   83  Linux
Command (m for help): w
The partition table has been altered!
Calling ioctl() to re-read partition table.
```

（7）将 U-Boot 写入 SD 卡

```
#dd if=u-boot-with-spl.bin of=/dev/mmcblk0 bs=1024 seek=8
```

（8）格式化第一分区

```
#mkfs.vfat/dev/mmcblk0p1
```

（9）挂载第一分区

```
# mount -t vfat /dev/mmcblk0p1 /mnt
```

（10）建立 U-Boot 环境变量文件

```
#cd /mnt
#vi uEnv.txt
fdt_high=ffffffff
loadkernel=fatloadmmc 0 0x46000000 uImage
loaddtb=fatloadmmc 0 0x49000000 dtb
bootargs=console=ttyS0,115200 earlyprintk root=/dev/mmcblk0p2 rootwait
uenvcmd=run loadkernel&& run loaddtb&&bootm 0x46000000 - 0x4900000
```

（11）上电启动

2. 移植 Linux kernel

（1）下载最新的 Linux 内核源码

```
#git clone git://github.com/mripard/linux.git -b sunxi-next
```

（2）添加 pcDuino 的相关配置

```
#vi arch/arm/boot/dts/sun7i-a20-pcduino3.dts
#include <dt-bindings/input/input.h>
    {
        model = "LinkSpritepcDuino V3";
        compatible = "linksprite,a20-pcduino", "allwinner,sun7i-a20";
    aliases {
        spi0 = &spi1;
        spi1 = &spi2;
    };
    soc@01c00000 {
        spi1: spi@01c06000 {
pinctrl-names = "default";
pinctrl-0 = <&spi1_pins_a>;
            status = "okay";
        };
        spi2: spi@01c17000 {
pinctrl-names = "default";
pinctrl-0 = <&spi2_pins_a>;
            status = "okay";
        };
mmc0: mmc@01c0f000 {
pinctrl-names = "default", "default";
pinctrl-0 = <&mmc0_pins_a>;
pinctrl-1 = <&mmc0_cd_pin_reference_design>;
            cd-gpios = <&pio 7 1 0>; /* PH1 */
            status = "okay";
        };
usbphy: phy@01c13400 {
            usb1_vbus-supply = <&reg_usb1_vbus>;
            usb2_vbus-supply = <&reg_usb2_vbus>;
            status = "okay";
        };
ehci0: usb@01c14000 {
            status = "okay";
```

嵌入式综合项目案例

```
        };
ohci0: usb@01c14400 {
            status = "okay";
        };
ahci: sata@01c18000 {
            target-supply = <&reg_ahci_5v>;
            status = "okay";
        };
ehci1: usb@01c1c000 {
            status = "okay";
        };
ohci1: usb@01c1c400 {
            status = "okay";
        };
pinctrl@01c20800 {
            led_pins_pcduino3: led_pins@0 {
allwinner,pins = "PH2";
allwinner,function = "gpio_out";
allwinner,drive = <1>;
allwinner,pull = <0>;
            };
        };
lradc: lradc@01c22800 {
allwinner,chan0-step = <200>;
            linux,chan0-keycodes = <KEY_VOLUMEUP KEY_VOLUMEDOWN
                        KEY_MENU KEY_SEARCH KEY_HOME
                        KEY_ESC KEY_ENTER>;
            status = "okay";
        };
uart0: serial@01c28000 {
pinctrl-names = "default";
pinctrl-0 = <&uart0_pins_a>;
            status = "okay";
        };
uart6: serial@01c29800 {
pinctrl-names = "default";
pinctrl-0 = <&uart6_pins_a>;
            status = "okay";
        };
uart7: serial@01c29c00 {
pinctrl-names = "default";
pinctrl-0 = <&uart7_pins_a>;
            status = "okay";
        };
        i2c0: i2c@01c2ac00 {
pinctrl-names = "default";
pinctrl-0 = <&i2c0_pins_a>;
            status = "okay";
        };
        i2c1: i2c@01c2b000 {
pinctrl-names = "default";
pinctrl-0 = <&i2c1_pins_a>;
            status = "okay";
        };
        i2c2: i2c@01c2b400 {
pinctrl-names = "default";
```

```
        pinctrl-0 = <&i2c2_pins_a>;
                    status = "okay";
                };
    gmac: ethernet@01c50000 {
    pinctrl-names = "default";
    pinctrl-0 = <&gmac_pins_mii_a>;
    phy = <&phy1>;
    phy-mode = "mii";
                    status = "okay";
    phy1: ethernet-phy@1 {
                        reg = <1>;
                    };
                };
            };
    leds{
            compatible = "gpio-leds";
    pinctrl-names = "default";
    pinctrl-0 = <&led_pins_pcduino3>;
                green {
                    label = "a20-pcduino:green:usr";
    gpios = <&pio 7 2 0>;
                    default-state = "on";
                };
            };
    };
```

（3）修改 arc 参数

```
#vi arc
{
    soc@01c00000 {
pio: pinctrl@01c20800 {
ahci_pwr_pin_a: ahci_pwr_pin@0 {
allwinner,pins = "PB8";
allwinner,function = "gpio_out";
allwinner,drive = <0>;
allwinner,pull = <0>;
                };
            };
        };

        reg_ahci_5v: ahci-5v {
            compatible = "regulator-fixed";
pinctrl-names = "default";
pinctrl-0 = <&ahci_pwr_pin_a>;
            regulator-name = "ahci-5v";
            regulator-min-microvolt = <5000000>;
            regulator-max-microvolt = <5000000>;
            enable-active-high;
gpio = <&pio 1 8 0>;
        };
};
```

（4）修改 sun4i-a10-usb-vbus-reg.dtsi 文件

```
#vi arch/arm/boot/dts/sun4i-a10-usb-vbus-reg.dtsi
```

```
{
    soc@01c00000 {
pio: pinctrl@01c20800 {
                usb1_vbus_pin_a: usb1_vbus_pin@0 {
allwinner,pins = "PH6";
allwinner,function = "gpio_out";
allwinner,drive = <0>;
allwinner,pull = <0>;
                };
                usb2_vbus_pin_a: usb2_vbus_pin@0 {
allwinner,pins = "PH3";
allwinner,function = "gpio_out";
allwinner,drive = <0>;
allwinner,pull = <0>;
                };
        };
    };
    reg_usb1_vbus: usb1-vbus {
        compatible = "regulator-fixed";
pinctrl-names = "default";
pinctrl-0 = <&usb1_vbus_pin_a>;
        regulator-name = "usb1-vbus";
        regulator-min-microvolt = <5000000>;
        regulator-max-microvolt = <5000000>;
        enable-active-high;
gpio = <&pio 7 6 0>;
    };
    reg_usb2_vbus: usb2-vbus {
        compatible = "regulator-fixed";
pinctrl-names = "default";
pinctrl-0 = <&usb2_vbus_pin_a>;
        regulator-name = "usb2-vbus";
        regulator-min-microvolt = <5000000>;
        regulator-max-microvolt = <5000000>;
        enable-active-high;
gpio = <&pio 7 3 0>;
    };
};
```

（5）修改 Makefile 文件

```
#vi arch/arm/boot/dts/Makefile
dtb-$(CONFIG_MACK_SUN7I) +=
sun7i-a20-pcduino3.dtb
```

（6）新建编译文件夹，配置内核（如图 8-4 与图 8-5 所示）

```
# mkdir build
# make sunxi_defconfig ARCH=arm O=build
# make menuconfig ARCH=arm O=build
```

在主界面中选择"System Type —>"。

（7）配置好后，保存退出，开始编译

```
#make uImagedtbs    ARCH=arm CROSS_COMPILE=arm-linux-gnueabihf-LOADADDR=0x40008000
    O=build -j 8
```

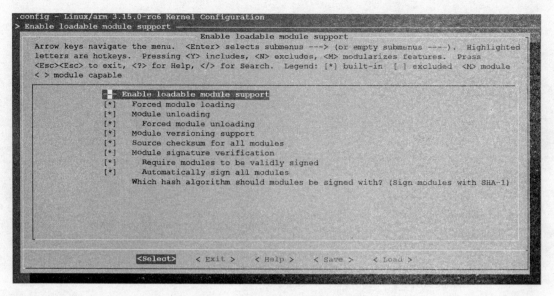

图 8-4　make menuconfig 主界面

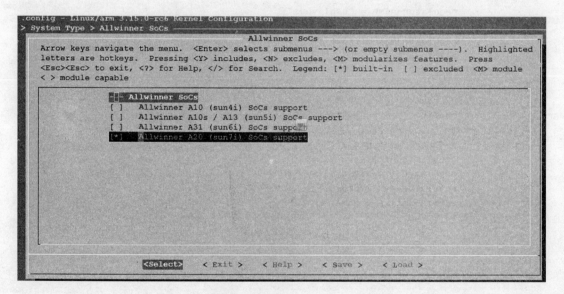

图 8-5　System Type 界面

（8）把编译好的 uImage 文件拷贝到 SD 卡，其中 5BC6-6413 是 TF 卡的第一分区号

```
#cp arch/arm/boot/uImage    /media/5BC6-6413/
#cp cp arch/arm/boot/dts/sun7i-a20-pcduino3.dtb      /media/5BC6-6413/
```

（9）重启系统

3. 构建根文件系统

（1）新建 rootfs 目录

```
#mkdir  rootfs
```

（2）拷贝 pcDuino V3 的 initramfs 到 rootfs，initramfs 是官方提供的用于升级的文件系统

```
#cp ~/a20-kernel/linux-sunxi/rootfs/sun7i_rootfs.cpio.xz  rootfs
```

（3）解压 rootfs

```
#xz -d sun7i_rootfs.cpio.xz
#cpio -idmv < sun7i_rootfs.cpio
```

（4）修改 init，去掉升级的参数

```
#vi rootfs/init
break
```

找到 break 字符串所在行，并在 break 前面加 # 号。

（5）配置内核，让内核支持 initramfs

```
#make menuconfig ARCH=arm CROSS_COMPILE=arm-linux-gnueabihf-LOADADDR=0x40008000
    O=build -j 8
```

在主界面中选择 "General setup—>" 并选中以下选项：

```
[*] Initial RAM filesystem and RAM disk (initramfs/initrd) support
(../../linux-sunxi/rootfs) Initramfs source file(s)
```

（6）编译

```
#make uImagedtbs ARCH=arm CROSS_COMPILE=arm-linux-gnueabihf-LOADADDR=0x40008000
    O=build -j 8
```

把 uImage 和 dtb 拷贝到 SD 卡，重启系统。

8.2 基于 S5PV210 的嵌入式无线路灯控制系统

8.2.1 项目背景

路灯不仅仅是人们日常生活的必需设备，而且在城市的建设中，路灯更是一道独特的风景线，起着展示城市魅力和装饰城市环境的作用。路灯照明不仅是一门科学，更是一种文化，一门艺术。路灯给人们黑暗的夜晚带来光明、辉煌、绚丽和便利。随着 IT 业的发展，路灯的控制和管理也变得自动化和智能化。传统的路灯控制和管理有诸多问题和不便，比如管理成本、环保节能、工程施工难度、故障检测和维护等。照明自动监控与管理系统能够很好地解决以上问题，它具备很多传统管理方式所不具备的优势，效果图如图 8-6 所示，照明自动监控与管理系统的优点有：
- 智能控制，定时开关灯，检测环境亮度并调整。
- 集成控制，通过计算机即可了解所有路灯的运行情况。
- 自动故障检测，了解运行状况。
- 实时控制灯光亮度，降低能耗，并延长了设备的使用寿命。
- 节能环保，获得良好的经济效益。
- ……

图 8-6　运用嵌入式系统运行的路灯效果

8.2.2　方案介绍

这套"基于 S5PV210 的 ZigBee 无线路灯控制系统"由作者与第三方公司完全为客户定制和开发,采用工业级的 ZigBee 无线网络控制。用户可以通过手机、计算机或控制终端进行远程控制。

ZigBee 技术是一种新兴的短距离、低速率无线网络技术。目前已经广泛应用于无线网络监控行业,并取得了较好的效果。本方案基于 ZigBee 技术组建一个无线网络的通信系统,实现无线远程路灯监控。

本系统由三种设备节点构成树形拓扑结构,分别为协调器(Co-ordinator)节点、路由器(Router)节点和终端(End Device)节点,树形拓扑结构如图 8-7 所示。

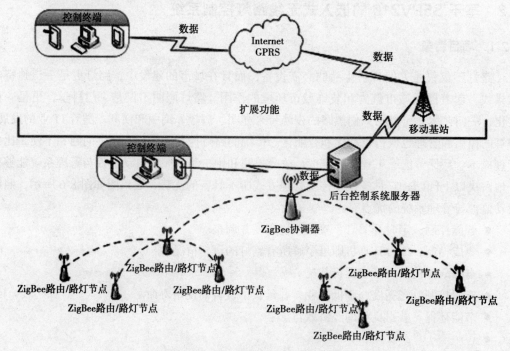

图 8-7　无线网络组网系统拓扑图

处在树形顶端的"ZigBee 协调器"为协调器节点,在末端的路灯为终端节点,在中间的路灯还承担着路由节点的功能。控制终端可以是计算机、手机或者专用控制设备,控制终端通过网线、WiFi、GPRS 或者 3G 网络连接到 Internet。后台控制系统一端与 Internet 相连,另一端连接 ZigBee 协调器,控制整个 ZigBee 网络,从而完成对整个路灯系统的控制和管理。控制终端也可以不通过 Internet,直接通过内部局域网与后台控制系统、后台服务器相连,达到控制整个路灯系统的目的。后台控制系统以 S5PV210 核心板作为硬件主控平台,嵌入式 Android 系统作为软件系统平台,7 寸 TFT 液晶作为控制平台的显示,并带有触摸屏控制功能。通过网口、3G 模块或者 GPRS 实现上网功能,SD 卡实现存储功能。通过 UART 接口与 ZigBee 模块通信,控制 ZigBee 节点路灯,读取路灯信息。硬件原理框图如图 8-8 所示。

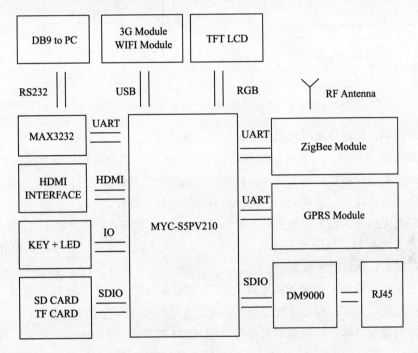

图 8-8 嵌入式 S5PV210 开发平台硬件二次开发原理图

ZigBee 模块采用专用的 2.4G MCU+RF 的 SoC 设计,MCU 带 IO、ADC、UART、SPI 和 PWM 等数字模拟接口。I/O 采用带有 IR 传感器的检测、按键和 LED 显示功能,ADC 检测环境光强度,UART 与主控 CPU 通信,PWM 控制路灯亮度,SPI 接口留作备用,以方便其他应用。RF 模拟输出,直接输入 RF 信号到 RF 处理电路,提高整个系统的集成度和稳定性。硬件原理框图 8-9 所示。

8.2.3 功能实现

本系统的主要功能在各方多次协商后确定下来,部分功能如下:
- 分组控制:可灵活采取多路灯、多路段、单路灯和单路段的远程控制方式。
- 分时控制:可自定义路灯控制方案,自由添加和减少控制时段、控制日期和所控制的路灯数量。可制定每天、每周等周期性控制方案,也可指定某天的某个时段进行单次控制。

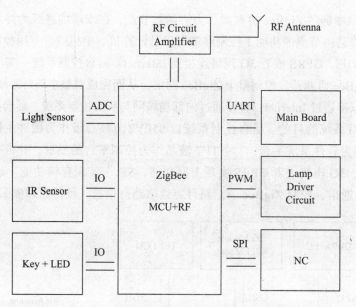

图 8-9　无线传输网络二次开发硬件结构图

- 手动控制：可选择某一盏路灯进行手动控制。
- 故障检测与报警：可实时监控各路灯的工作状态，当检测到故障时通过声光报警等方式及时通知路灯管理人员，并自动定位出故障的路灯编号（位置）。
- 应急控制：设置应急开关，一键对所有路灯进行开灯控制。
- 远距离无线通信：无线通信距离最大可达 300m，在有障碍物条件下也能稳定通信。
- 弱光智能控制：当白天遇恶劣天气等因素造成道路光线不足时将自动打开路灯，情况好转后自动恢复常规控制。
- 高安全性：路灯之间的无线通信数据经过 AES 加密，防止非授权终端加入网络进行非法控制。同时，所有合法的控制终端也需要经过身份验证才可登录。
- 友好的控制终端：控制终端服务器使用 ARM 高性能的 Cortex A8 系列芯片，触摸屏控制。

8.2.4　后台控制系统

后台控制系统是整个系统的核心部分，并担负着整个运营的过程，控制后台运行的是嵌入式 Linux 系统与 Android 系统，并充分利用前面章节介绍的运行平台。

	登录界面

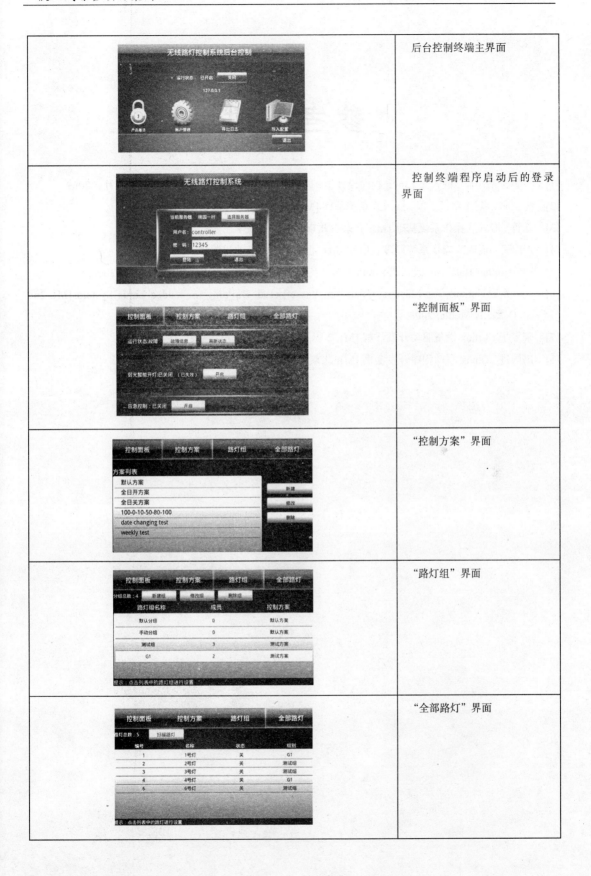

参 考 文 献

[1] 喻辉，刘小洋. 嵌入式 Linux 程序设计案例与实验教程 [M]. 北京：机械工业出版社，2009.

[2] 姜志海，刘连鑫，王蕾. 嵌入式系统基础 [M]. 北京：机械工业出版社，2009.

[3] 任哲. 嵌入式操作系统基础 [M]. 北京：北京航空航天大学出版社，2006.

[4] 严海蓉. 嵌入式操作系统原理及应用 [M]. 北京：电子工业出版社，2012.

[5] Christopher Hallinan. 嵌入式 Linux 开发（英文版）[M]. 北京：人民邮电出版社，2008.

[6] Karim Yaghmour, Jon Masters, Gilad Ben-Yossef, et al. Building Embedded Linux Systems[M]. 2nd ed. O'Reilly Media, 2008.

[7] 宋宝华. Linux 设备驱动开发详解 [M]. 2 版. 北京：人民邮电出版社，2010.

[8] 冯国进. Linux 驱动程序开发实例 [M]. 北京：机械工业出版社，2011.

推荐阅读

嵌入式系统导论：CPS方法

书号：978-7-111-36021-6 作者：Edward Ashford Lee 等 译者：李实英 等 定价：55.00元

不同于大多数嵌入式系统的书籍着重于计算机技术在嵌入式系统中的应用，本书的重点则是论述系统模型与系统实现的关系，以及软件和硬件与物理环境的相互作用。本书是业界第一本关于CPS(信息物理系统) 的专著。CPS 将计算、网络和物理过程集成在一起，CPS的建模、设计和分析成为本书的重点。

全书从CPS的视角，围绕系统的建模、设计和分析三方面，深入浅出地介绍了设计和实现CPS的整体过程及各个阶段的细节。建模部分介绍如何模拟物理系统，主要关注动态行为模型，包括动态建模、离散建模和混合建模，以及状态机的并发组合与并行计算模型。设计部分强调嵌入式系统中处理器、存储器架构、输入和输出、多任务处理和实时调度的算法与设计，以及这些设计在CPS中的主要作用。分析部分重点介绍一些系统特性的精确规格、规格之间的比较方法、规格与产品设计的分析方法以及嵌入式软件特性的定量分析方法。此外，两个附录提供了一些数学和计算机科学的背景知识，有助于加深读者对文中所给知识的理解。

推荐阅读

计算机组成与操作系统
编著：李东 等 ISBN：978-7-111-51686-6 定价：49.00元

分布式计算、云计算与大数据
编著：林伟伟 等 ISBN：978-7-111-51777-1 定价：59.00元

Linux系统应用与开发教程 第3版
主编：刘海燕 等 ISBN：978-7-111-51343-8 定价：45.00元

SQL Server数据库管理与开发实用教程 第2版
主编：李丹 等 ISBN：978-7-111-51821-1 定价：39.00元

数据结构与算法：C语言描述 第2版
编著：沈华 等 ISBN：978-7-111-51142-7 定价：45.00元

软件工程实践教程
编著：王卫红 等 ISBN：978-7-111-51371-1 定价：35.00元

本书从嵌入式系统实际需求出发，本着实用原则，通过理论结合实践来介绍ARM Cortex A8在嵌入式系统开发中的应用。全书分为嵌入式基础、嵌入式核心和嵌入式驱动三部分，通过有针对性的案例循序渐进地帮助读者学习并掌握嵌入式系统开发，同时可将案例直接移植到实际应用项目中。

本书特色：

- 全面介绍嵌入式系统自身特点与普通应用的区别。
- 系统介绍了嵌入式系统开发中所需的嵌入式Linux知识。
- 注重基础和实用性，通过大量的实际操作和案例应用，帮助读者深入掌握嵌入式开发的相关技术与能力。

本书为所有读者提供部分章节的源代码，并为采用本书的教师提供教学课件，有需求的读者可到华章网站（www.hzbook.com）下载。

投稿热线：(010) 88379604
客服热线：(010) 88378991 88361066
购书热线：(010) 68326294 88379649 68995259

华章网站：www.hzbook.com
网上购书：www.china-pub.com
数字阅读：www.hzmedia.com.cn

上架指导：计算机\嵌入式

ISBN 978-7-111-58357-8

定价：49.00元